犬猫正常放射解剖与变化图谱

（第3版）

Atlas of Normal Radiographic Anatomy and Anatomic Variants
in the Dog and Cat, Third Edition

主　编：[美]唐纳德·E. 萨尔（Donald E. Thrall）

[美]伊恩·D. 罗伯逊（Ian D. Robertson）

主　译：戴榕全　邝　怡　谢富强

长江出版传媒

湖北科学技术出版社

著作权合同登记图字：17-2023-013 号

图书在版编目（CIP）数据

　　犬猫正常放射解剖与变化图谱：第 3 版 /（美）唐纳德·E. 萨尔（Donald
E. Thrall），（美）伊恩·D. 罗伯逊（Ian D. Robertson）主编；戴榕全，邝怡，
谢富强主译 . —武汉：湖北科学技术出版社，2024.3
　　书名原文：Atlas of Normal Radiographic Anatomy and Anatomic
Variants in the Dog and Cat,Third Edition
　　ISBN 978-7-5706-2358-7

　　Ⅰ . ①犬…　Ⅱ . ①唐…　②伊…　③戴…　④邝…　⑤谢…
Ⅲ . ①犬病－影像诊断－动物解剖学－图谱　②猫病－影像诊断－
动物解剖学－图谱　Ⅳ . ① S858. 202. 14-64

　　中国版本图书馆 CIP 数据核字（2022）第 253631 号

犬猫正常放射解剖与变化图谱（第 3 版）
QUAN-MAO ZHENGCHANG FANGSHE JIEPOU YU BIANHUA TUPU（DI 3 BAN）

责　　编：林　潇
责任校对：陈横宇　　　　　　　　　　　　　　　　　　封面设计：曾雅明

出版发行：湖北科学技术出版社
地　　址：武汉市雄楚大街 268 号（湖北出版文化城 B 座 13—14 层）
电　　话：027-87679468　　　　　　　　　　　　　　邮　　编：430070

印　　刷：北京金康利印刷有限公司　　　　　　　　　　邮　　编：100094

889×1194　　　　1/16　　　　　　　　　　　19.25 印张　　　522 千字
2024 年 3 月第 1 版　　　　　　　　　　　　　　2024 年 3 月第 1 次印刷
定　　价：268.00 元

ELSEVIER

Elsevier (Singapore) Pte Ltd.

3 Killiney Road, #08-01 Winsland House I, Singapore 239519

Tel: (65) 6349-0200; Fax: (65) 6733-1817

犬猫正常放射解剖与变化图谱（第3版）（戴榕全，邝怡，谢富强　主译）

ISBN: 978-7-5706-2358-7

译 委 会

主　译：戴榕全　邝　怡　谢富强

副主译：苏　畅　于　飞　吴　璇

参　译：（按姓氏笔画排序）

马　萌　王均均　曲莹莹　刘慜思

李铭婕　杨腾昆　张　静　张秋梅

陈可欣　郭瑞泽　陶琼瑶　康　博

简乐诗

译 者 序

自 19 世纪末，Wilhelm Röntgen 发表论文 *Ueber eine neue Art von Strahlen*（《一种新的射线》）以来，人类发现 X 线已经超过一百年了。彼时人类是第一次使用非侵入性方法，穿过血肉，看到人的骨骼。自此，无论是人类还是动物的医疗诊断都无法离开 X 线检查。那些精心保存了近百年的胶片，其成像对比度和图像细节与如今的数字 X 线片无明显差别。在小动物临床中，X 线检查的判读理论方法一直不断更新。时至今日，X 线检查以其快速、便宜、应用广泛的特性，成为兽医临床中重要的影像诊断手段。

与 *Textbook of Veterinary Diagnostic Radiology*（《兽医影像学》）一样，本书也出自兽医影像泰斗唐纳德·E. 萨尔（Donald E. Thrall）老师之手。本书广泛且详细地介绍了正常放射解剖和疾病征象，并对多个实例进行了解读。X 线检查是一个结合影像征象、患病动物体况和症状进行推理的过程。即使很多经验丰富的临床兽医在已经熟练掌握 X 线检查方法的状态下，也总会有一些"新发现"，让人无法分辨图像是否来源于疾病，或是否与临床症状相关。自 2011 年本书第 1 版面世以来，这本书一直是临床医生判读 X 线片的良册，很多"遗留问题"迎刃而解，每次阅读都有一种恍然大悟的感觉。同时，我们也惊叹于 Thrall 老师丰富的临床诊断经验，他已经把 X 线片判读变成了一门艺术，而这本书的每个细节都是他"艺术生涯"中的杰作。

我很荣幸可以成为这本书中文版的主译，也很高兴可以把这本书介绍给每一个热爱兽医行业、热爱小动物影像学的兽医同行。

戴榕全

2023.12.11 于北京中国农业大学动物医院

前　　言

　　成为一名 X 线片判读专家需要长时间的磨砺，实习生通常需要进行 3 ~ 4 年住院医师培训，并通过多个严格的阶段性考试，才能成为被委员会（译者注：美国兽医影像专科）认证的影像专科医生。然而，需要进行 X 线片判读的医生并不仅限于影像专科医生。大部分 X 线片判读是由临床医生完成的，但临床医生接受过的影像判读训练仅限于在校期间学习的理论知识，以及临床实习中的指导。所有兽医从业人员，无论是影像专科医生还是临床兽医师或学生，都应该熟识正常放射影像解剖、解剖变化，以及容易误诊为疾病的影像征象。

　　不同品种间的正常解剖差异十分明显。一般来说，猫的体型是相对一致的，而犬的体型差别很大，许多正常形态差异会被误认为疾病。除此之外，摆位不良导致的放射影像上的形态差异，进一步增加了判读的难度。影像专科医生在长时间的指导学习中，已经掌握相关知识。然而，非影像专科医生在校期间可能对正常放射影像解剖差异有所了解，但这些知识只占一名合格兽医师需掌握内容的一小部分，因此对这些知识的印象可能很模糊。因此，所有执业兽医师和兽医专业学生亟需一本关于正常放射解剖差异的图书。接受过训练的影像专科医生对某个解剖结构是否正常存在疑问时，也希望能有所参考。这些需求是我们撰写本图谱的初衷。

　　本书涵盖了每一个犬、猫临床重要解剖部位的 X 线特征，并采用多个实例进行解读。仅用简单的图注标记犬、猫解剖结构难以体现其临床相关性，因此，本书还提供了相关正常解剖结构的清晰文本描述。这使读者更易理解解剖结构的放射影像征象。对于读者来说，理解文本可能会比理解图片多花费一点儿精力，但这点时间成本有可能会使判读能力得到巨大的提升。同时我们也应该知道，在一定情况下，成像也会受到技术因素的影响。

　　从第 1 版到第 3 版，我们都采用了少量非数字 X 线片的示例。通过使用少量的二维和三维计算机断层扫描图像、磁共振图像和绘图来解释一些晦涩的概念。这种方法在第2 版中得到了扩展，并且在第 3 版中继续发扬光大。本版本已根据需要进行了修改，并提供了关于插图的更多示例。另外，本版本扩展了新生儿和未成年犬、猫的部分，还添加了在临床实践中常用的特殊造影影像。我们相信，这些修订可以更进一步提升本图谱的实用程度。

致 谢

我要感谢我的妻子和同事 Debbie，感谢她们的专业建议和支持。我还要感谢我可爱的孩子们，Heather 和 Matt，他们为我的兽医事业牺牲了太多的家庭时间。我对他们无条件的耐心和支持感到自愧不如。他们是我的英雄，我为他们感到骄傲。

伊恩·D. 罗伯逊（Ian D. Robertson）

我很享受和我的好朋友伊恩·D. 罗伯逊（Ian D. Robertson）一起撰写这本书。在我的职业生涯中，他一直是我的灵感和朋友，帮助我成为一名更好的放射科医师。我还要感谢我的孩子们，Hilary 和 Tristan，我为他们感到骄傲。我的工作分散了我原本可以与他们相处的时间。我感谢他们在我的职业生涯中对我的支持。

唐纳德·E. 萨尔（Donald E. Thrall）

本书中的大部分图片均来自北卡罗来纳州立大学兽医学院的患者数据库。另外，我们感谢 IDEXX 远程医疗提供的少量图片。

目　　录

入射点在背侧和内侧之间 45° 的斜位被称为背侧 45° 内侧 – 跖外侧斜位（D45°M–PtLO，通常缩写为 DM–PtLO）（表 1–3）。X 线束照射在背侧和内侧之间，成像板垂直于主 X 线束（图 1–11）。在此摆位下，背外侧和跖内侧边缘可以清晰显示（图 1–11 和图 1–12）。

入射点在背侧和外侧之间 45° 的斜位被称为背侧 45° 外侧 – 跖内侧斜位（D45°L–PtMO，通常缩写为 DL–PtMO）（表 1–3）。X 线束照射在背侧和外侧之间，成像板垂直于主 X 线束（图 1–13）。在此摆位下，背内侧和跖外侧边缘可以清晰显示（图 1–13 和图 1–14）。

再次强调，上述描述适用于后肢，拍摄前肢时需用掌侧替换跖侧。

并非所有的斜位都采用背 – 外侧或背 – 内侧间的点作为主 X 线束入射点。例如，一些特殊斜位，如肱二头肌结节间沟的斜位［肩关节头近端 – 头远端屈曲位（cranioproximalcraniodistal flexed view of shoulder）］和距骨近端表面的斜位［跗关节背跖侧屈曲位（dorsoplantar flexed tarsus）］是为了更好展示骨骼的特定部位而设计的。理解 X 线片的命名方式有助于认识这些特殊摆位，并理解此类图像为何如此表现。这些不太常用的斜位投照将会在图示中详细说明。

使用斜位投照可以更好地评估复杂关节的边缘，以确定其是否存在骨膜反应和皮质溶解，也可用于

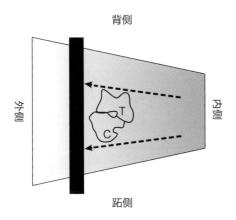

图 1–9　犬跗骨断层成像中患病动物距骨（T）和跟骨（C）的示意图。其中 X 线束从跗骨内侧入射。此类投照的正确命名为内外侧位投照，或简写为侧位。如虚线箭头所示，距骨（T）背侧缘和跟骨（C）跖侧缘可以清晰显示，以便于评估诸如骨膜反应或皮质溶解等异常表现。其他部分则因重叠影像而无法精确评估

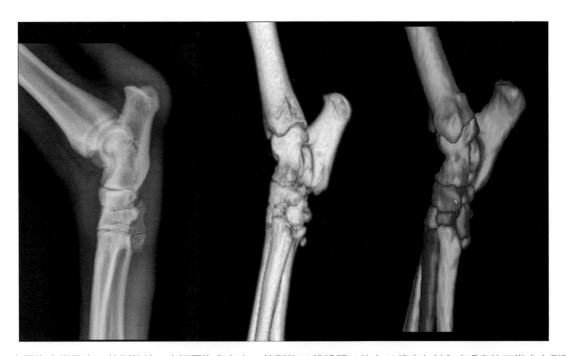

图 1–10　左图为犬跗骨内 – 外侧位片。中间图为参考内 – 外侧位 X 线投照，从主 X 线束入射角度观察的正常犬右侧跗骨的容积重建图。右图与中间图一致，但对图中骨骼进行了彩色渲染（彩图 2）。着色后便于展示解剖结构的重叠度，其中仅有背侧缘和跖侧缘可以清晰评估。跟骨的近端边缘也可清晰显示，因其未与任何解剖结构重叠

表 1-3　肢体斜位投照正确命名（X 线束从肢体正面和侧面之间入射，片盒或成像板置于肢体底部且垂直于主 X 线束）

正确名称	摆位
背侧 45° 外侧 – 掌内侧位	主 X 线束从前肢腕关节或其远端的背侧与外侧的中点入射。片盒或成像板垂直于主 X 线束。显示感兴趣区的背内侧和掌外侧影像
背侧 45° 外侧 – 跖内侧位	主 X 线束从后肢跗关节或其远端的背侧与外侧的中点入射。片盒或成像板垂直于主 X 线束。显示感兴趣区的背内侧和跖外侧影像（图 1-13 和图 1-14）
背侧 45° 内侧 – 掌外侧位	主 X 线束从前肢腕关节或其远端的背侧与内侧的中点入射。片盒或成像板垂直于主 X 线束。显示感兴趣区的背外侧和掌内侧影像
背侧 45° 内侧 – 跖外侧位	主 X 线束从后肢跗关节或其远端的背侧与内侧的中点入射。片盒或成像板垂直于主 X 线束。显示感兴趣区的背外侧和跖内侧影像（图 1-11 和图 1-12）
头侧 45° 外侧 – 尾内侧位	主 X 线束从前肢腕关节或后肢跗关节近端的头侧与外侧的中点入射。片盒或成像板垂直于主 X 线束。显示感兴趣区的头内侧和尾外侧影像
头侧 45° 内侧 – 尾外侧位	主 X 线束从前肢腕关节或后肢跗关节近端的头侧与内侧的中点入射。片盒或成像板垂直于主 X 线束。显示感兴趣区的头外侧和尾内侧影像

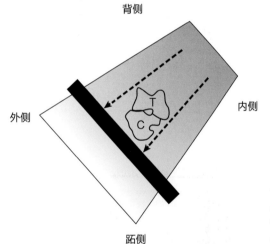

图 1-11　犬跗骨 CT 横断面图像中的距骨（T）和跟骨（C）的示意图。其中 X 线束从跗骨表面背侧与内侧的中点入射。此类投照的正确命名为背侧 45° 内侧 – 跖外侧位投照。在此摆位下，距骨（T）的背外侧缘和跟骨（C）跖侧缘可以清晰显示。图 1-12 可以更好地理解这一点。上述边缘可以评估诸如骨膜反应或皮质溶解等异常表现。其他部分则因影像重叠而无法精确评估

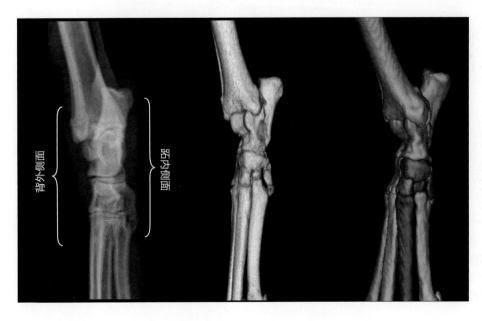

图 1-12　左图为犬跗骨背侧 45° 内侧 – 跖外侧位片。中间图为参考背侧 45° 内侧 – 跖外侧位 X 线投照，从主 X 线束入射角度观察的正常犬右侧跗骨的容积重建图。右图与中间图一致，但对图中骨骼进行了彩色渲染（彩图 3）。着色后便于展示解剖结构的重叠度，其中仅有背外侧缘和跖内侧缘可以清晰评估。跟骨的近端边缘也可清晰显示，因其未与任何解剖结构重叠

定位小的骨碎片。了解斜位视图的解剖结构有助于评估特殊解剖部位和发现异常。

生长板闭合

　　幼龄动物骨科疾病很常见，尤其是幼龄犬。许多疾病源于正常的生长板发育异常。品种、遗传、营养、并发疾病、活动和创伤都会对骨骼发育产生不利影响。了解正常生长板发育过程及其对应年龄阶段的放射学表现是辨别和处理此类疾病的先决条件。表 1-4 概述了各种骨化中心何时出现，表 1-5 展示了 X 线上生长板通常闭合的时间。需要注意的是，生长板闭合情况存在相当大的个体差异，这些表格仅可用作参考。这些表格汇编了多个来源的数据。表 1-6 记录了犬、猫头骨闭合的大致年龄。图 1-15 ～ 图 1-20 展示了 1 ～ 8.5 月龄的犬长骨和关节形态。图 1-21 ～ 图 1-28 展示了 3.5 周龄至 16.5 月龄的猫长骨和关节形态。

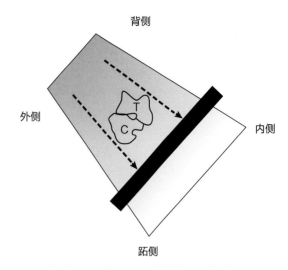

图 1-13　犬跗骨 CT 横断面图像中的距骨（T）和跟骨（C）的示意图。其中 X 线束从跗骨背侧与外侧的中点入射。此类投照的正确命名为背侧 45°外侧 - 跖内侧位投照。如虚线箭头所示，跟骨（C）跖外侧缘和距骨（T）背内侧缘可以清晰显示以便于评估诸如骨膜反应或皮质溶解等异常表现。其他部分则因重叠影像而无法精确评估

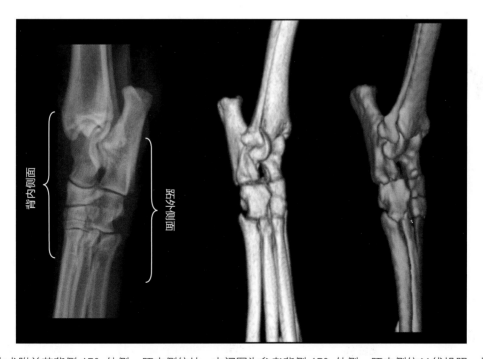

图 1-14　左图为犬跗关节背侧 45°外侧 - 跖内侧位片。中间图为参考背侧 45°外侧 - 跖内侧位 X 线投照，从主 X 线束入射角度观察的正常犬侧右跗骨的容积重建图。右图与中间图一致，但对图中骨骼进行了彩色渲染（彩图 4）。着色后便于展示解剖结构的重叠度。此外，参考标准方位原则，X 线片的背侧位于判读者的左侧。CT 容积重建图的背侧面则位于判读者的右侧，为正确的解剖模型方位，也是判读者看到的方向。此摆位中仅有背内侧缘和跖外侧缘可以清晰评估

表 1-4　犬、猫骨化中心出现的大致年龄

位置	犬	猫
肩胛骨		
肩胛骨体	出生时	出生时
盂上结节	6 ~ 7 周龄	7 ~ 9 周龄
肱骨		
近端骨骺（肱骨头及肱骨结节）	1 ~ 2 周龄	1 ~ 2 周龄
骨干	出生时	出生时
髁	2 ~ 3 周龄	2 ~ 4 周龄
内上髁	6 ~ 8 周龄	6 ~ 8 周龄
桡骨		
近端骨骺	3 ~ 5 周龄	2 ~ 4 周龄
骨干	出生时	出生时
远端骨骺	2 ~ 4 周龄	2 ~ 4 周龄
尺骨		
鹰嘴结节（Olecranon tubercle）	6 ~ 8 周龄	4 ~ 5 周龄
骨干	出生时	出生时
肘突	6 ~ 8 周龄	
远端骨骺	5 ~ 6 周龄	3 ~ 4 周龄
腕骨		
桡腕骨（3 个骨化中心）	3 ~ 6 周龄	3 ~ 8 周龄
其余腕骨	2 周龄	3 ~ 8 周龄
副腕骨		
骨干	2 周龄	3 ~ 8 周龄
粗隆（Apophysis）	6 ~ 7 周龄	3 ~ 8 周龄
拇长展肌籽骨	4 月龄	
掌骨 / 跖骨		
第 1 ~ 5 掌骨 / 跖骨骨干	出生时	出生时
第 1 掌骨近端骨骺	5 ~ 7 周龄	
第 2 ~ 5 掌骨远端骨骺	3 ~ 4 周龄	3 周龄
掌侧籽骨	2 月龄	2 ~ 2.5 月龄
背侧籽骨	4 月龄	
前指及后趾		
第 1 指 / 趾节		
第 1 ~ 5 指 / 趾骨干	出生时	出生时
第 1 指 / 趾近端骨骺	5 ~ 7 周龄	3 ~ 4 周龄
第 2 ~ 5 指 / 趾远端骨骺	4 ~ 6 周龄	3 ~ 4 周龄
第 2 指 / 趾节		
第 2 ~ 5 指 / 趾骨干	出生时	出生时
第 2 ~ 5 指 / 趾近端骨骺	4 ~ 6 周龄	4 周龄
第 3 指 / 趾节（单骨化中心）	出生时	出生时
骨盆		
髂骨 / 坐骨 / 耻骨	出生时	出生时
髋臼	2 ~ 3 月龄	
髂骨嵴	4 ~ 5 月龄	
坐骨结节	3 ~ 4 月龄	
坐骨弓（Ischial arch）	6 月龄	

续表

位置	犬	猫
股骨		
大转子	7 ~ 9 周龄	5 ~ 6 周龄
小转子	7 ~ 9 周龄	6 ~ 7 周龄
股骨头	1 ~ 2 周龄	2 周龄
骨干	出生时	出生时
远端骨骺	3 ~ 4 周龄	1 ~ 2 周龄
膝关节籽骨		
髌骨	6 ~ 9 周龄	8 ~ 9 周龄
腓肠豆（Fabellae）	3 月龄	10 周龄
腘豆（Popliteal sesamoid）	3 ~ 4 月龄	
胫骨		
胫骨粗隆	7 ~ 8 周龄	6 ~ 7 周龄
近端骨骺	2 ~ 4 周龄	2 周龄
骨干	出生时	出生时
远端骨骺	2 ~ 4 周龄	2 周龄
内侧踝	3 月龄	
腓骨		
近端骨骺	8 ~ 10 周龄	6 ~ 7 周龄
骨干	出生时	出生时
远端骨骺	4 ~ 7 周龄	3 ~ 4 周龄
跗骨		
距骨	出生时	出生时
跟骨		
跟骨结节（Tuber calcanei）	6 周龄	4 周龄
骨干	出生时	出生时
中央跗骨	3 周龄	4 ~ 7 周龄
第 1 和第 2 跗骨	4 周龄	4 ~ 7 周龄
第 3 跗骨	3 周龄	4 ~ 7 周龄
第 4 跗骨	2 周龄	4 ~ 7 周龄
脊柱		
寰椎，3 个骨化中心		
椎弓（双侧）	出生时	
间椎体（Intercentrum）	出生时	
枢椎，7 个骨化中心		
前寰椎椎体（Centrum of proatlas）	6 周龄	
椎体 1	出生时	
间椎体 2	3 周龄	
椎体 2	出生时	
椎弓（双侧）	出生时	
尾侧骨骺	3 周龄	
颈椎、胸椎、腰椎、荐椎		
椎体及成对的椎弓	出生时	
头侧及尾侧骨骺 [a]	2 周龄	

a. 最后 1 ~ 2 块尾椎骨通常不存在骨骺。

表 1–5 犬、猫生长板／骨化中心闭合大致年龄

骨骼	生长板（Physis）	犬	猫
肩胛骨	盂上结节	4～7月龄	3.5～4月龄
肱骨	近端	12～18月龄	18～24月龄
	内上髁	6～8月龄	
	髁与骨干间（Condyle to shaft）	6～8月龄	3.5～4月龄
	髁间（外、内侧髁）	6～10周龄	3.5月龄
桡骨	近端	7～10月龄	5～7月龄
	远端	10～12月龄	14～22月龄
尺骨	肘突	<5月龄	
	鹰嘴结节（Olecranon tuberosity）	7～10月龄	9～13月龄
	远端	9～12月龄	14～25月龄
腕骨	桡腕骨（桡腕骨中间体）	3～4月龄	
掌骨／跖骨			
第1掌骨	近端	6～7月龄	4.5～5月龄
第2～5掌骨	远端	6～7月龄	4.5～5月龄
前指及后趾			
第1及第2指／趾节	近端	6～7月龄	
骨盆	髋臼	3～5月龄	
	坐骨结节	10～12月龄	
	髂骨嵴	24～36月龄	
	耻骨联合	4～5月龄	
股骨	股骨头、股骨头生长板	8～11月龄	7～11月龄
	大转子	9～12月龄	13～19月龄
	小转子	9～12月龄	
	远端生长板	9～12月龄	
胫骨	胫骨粗隆	10～12月龄	9～10月龄
	胫骨平台	9～10月龄	12～19月龄
	远端生长板	12～15月龄	10～12月龄
	内侧髁	3～5月龄	
腓骨	近端	10～12月龄	13～18月龄
	远端（外侧髁）	12～13月龄	10～14月龄
跗骨			
跟骨	粗隆	6～7月龄	
脊柱骨化中心			
枢椎	椎弓联合（Arches fuse）	3～4月龄（106日龄）	
	间椎体	3～4月龄（115日龄）	
寰椎	前寰椎椎体＋第1颈椎	100～110日龄	
	间椎体2，椎体1及椎体2	3.3～5月龄	
	椎弓（双侧）	30日龄	
	尾侧生长板	7～12月龄	
颈椎、胸椎、腰椎	头侧生长板	7～10月龄	7～10月龄
	尾侧生长板	8～12月龄	8～11月龄
荐椎	头侧及尾侧生长板	7～12月龄	
尾椎	头侧及尾侧生长板	7～12月龄	

注：最常与临床疾病相关的生长板位置已用斜体标注。

表 1-6　犬、猫头骨闭合的大致年龄

骨骼	骨化中心	年龄
枕骨	基底部	2.5 ~ 5 月龄
	鳞状部	3 ~ 4 月龄
	顶骨间部（Interparietal part）	出生前
蝶骨	前蝶骨的体部及翼状部	出生前
	基蝶骨的体部及翼状部	3 ~ 4 岁
	基蝶骨及前蝶骨	1 ~ 2 岁
	蝶骨基底部骨缝（Sphenobasilar suture）	8 ~ 10 月龄
顶骨	顶骨间缝（Interparietal suture）	2 ~ 3 岁
额骨	额骨间骨缝（Interfrontal suture）	3 ~ 4 岁
颞骨	岩鳞骨缝（Petrosquamous suture）	2 ~ 3 岁
下颌骨	下颌联合（Intermandibular symphysis）	永不闭合或闭合非常晚

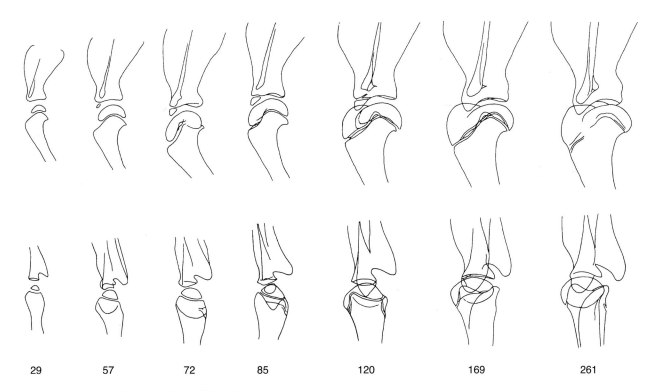

| | 29 | 57 | 72 | 85 | 120 | 169 | 261 |

图 1-15　犬肩部，侧位和头尾位。年龄为日龄

（经 Schebitz H, Wilkens H. *Atlas of Radiographic Anatomy of the Dog and Cat*. 4th ed. Saunders; 1986. 许可修改）

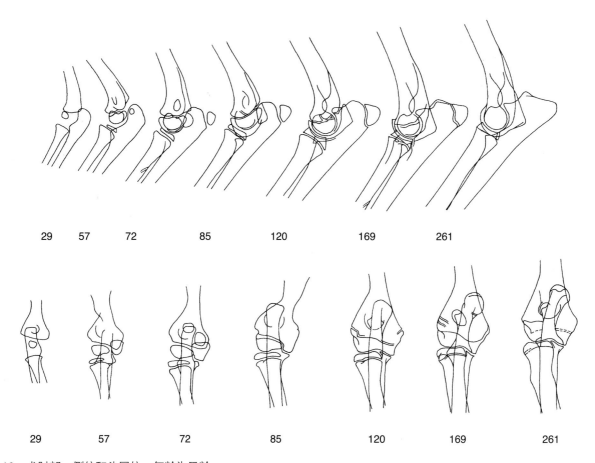

图 1-16　犬肘部，侧位和头尾位。年龄为日龄

（经 Schebitz H, Wilkens H. Atlas of Radiographic Anatomy of the Dog and Cat. 4th ed. Saunders; 1986. 许可修改）

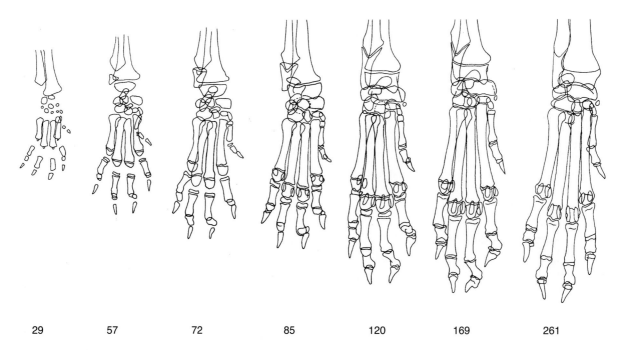

图 1-17　犬前爪，背掌位。年龄为日龄

（经 Schebitz H, Wilkens H. Atlas of Radiographic Anatomy of the Dog and Cat. 4th ed. Saunders; 1986. 许可修改）

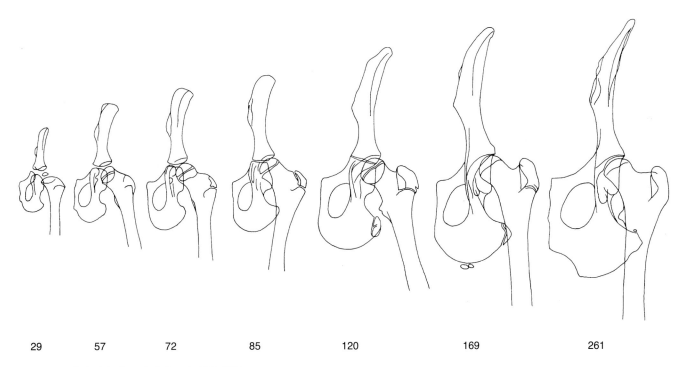

29　　57　　72　　85　　120　　169　　261

图 1-18　犬左半骨盆，腹背位。年龄为日龄

（经 Schebitz H, Wilkens H. Atlas of Radiographic Anatomy of the Dog and Cat. 4th ed. Saunders; 1986. 许可修改）

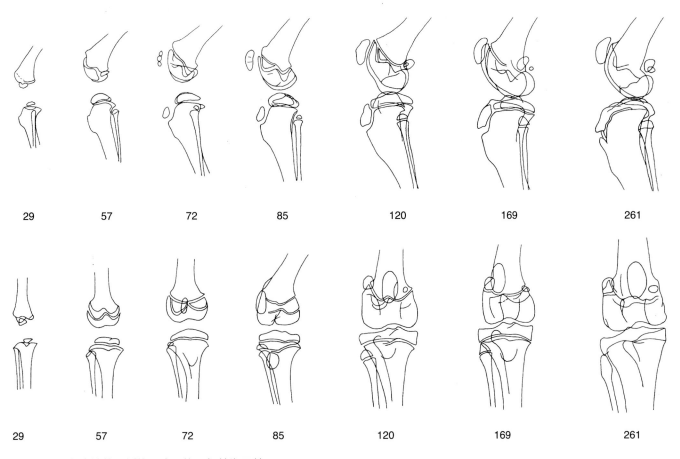

29　　57　　72　　85　　120　　169　　261

29　　57　　72　　85　　120　　169　　261

图 1-19　犬膝关节，侧位及头尾位。年龄为日龄

（经 Schebitz H, Wilkens H. Atlas of Radiographic Anatomy of the Dog and Cat. 4th ed. Saunders; 1986. 许可修改）

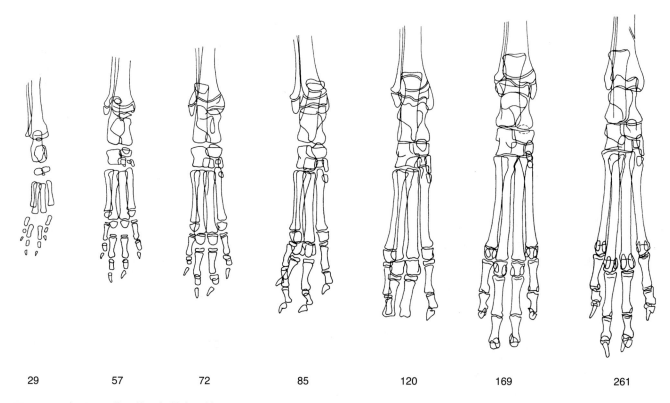

| 29 | 57 | 72 | 85 | 120 | 169 | 261 |

图 1-20　犬后足，背跖位。年龄为日龄

（经 Schebitz H, Wilkens H. Atlas of Radiographic Anatomy of the Dog and Cat. 4th ed. Saunders; 1986. 许可修改）

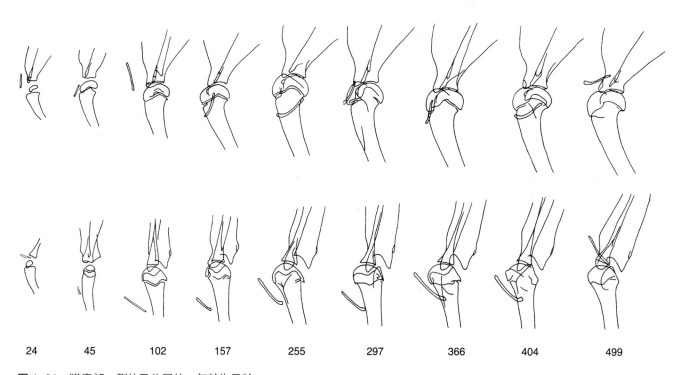

| 24 | 45 | 102 | 157 | 255 | 297 | 366 | 404 | 499 |

图 1-21　猫肩部，侧位及头尾位。年龄为日龄

（经 Schebitz H, Wilkens H. Atlas of Radiographic Anatomy of the Dog and Cat. 4th ed. Saunders; 1986. 许可修改）

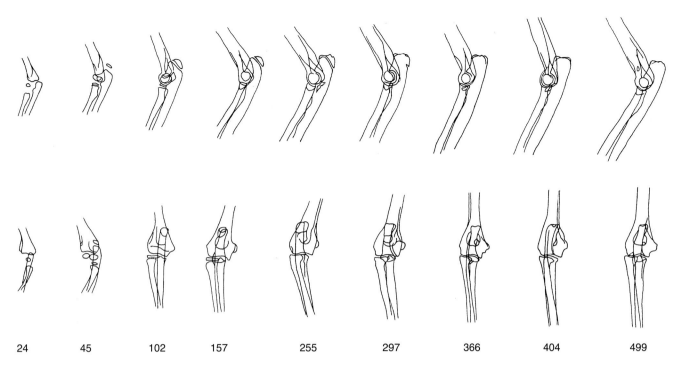

| 24 | 45 | 102 | 157 | 255 | 297 | 366 | 404 | 499 |

图 1-22　猫肘部，侧位和头尾位。年龄为日龄

（经 Schebitz H, Wilkens H. Atlas of Radiographic Anatomy of the Dog and Cat. 4th ed. Saunders; 1986. 许可修改）

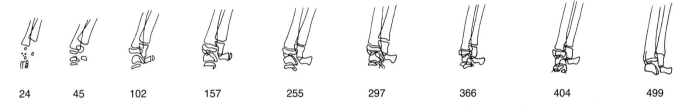

| 24 | 45 | 102 | 157 | 255 | 297 | 366 | 404 | 499 |

图 1-23　猫前肢远端和腕骨，侧位。年龄为日龄

（经 Schebitz H, Wilkens H. Atlas of Radiographic Anatomy of the Dog and Cat. 4th ed. Saunders; 1986. 许可修改）

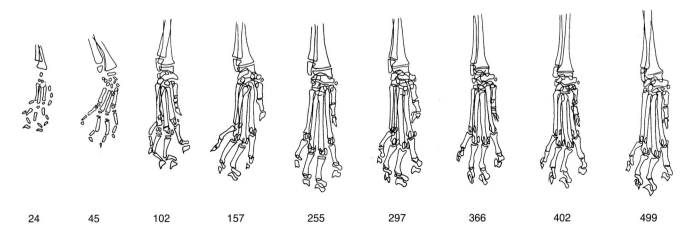

| 24 | 45 | 102 | 157 | 255 | 297 | 366 | 402 | 499 |

图 1-24　猫前爪，背内 - 跖侧斜位。年龄为日龄

（经 Schebitz H, Wilkens H. Atlas of Radiographic Anatomy of the Dog and Cat. 4th ed. Saunders; 1986. 许可修改）

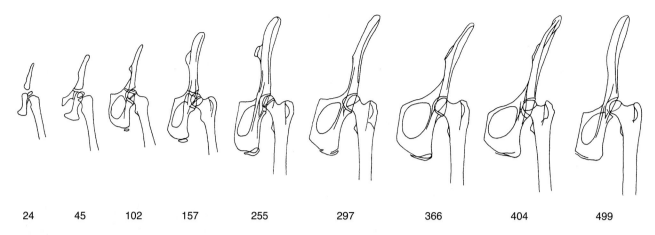

| 24 | 45 | 102 | 157 | 255 | 297 | 366 | 404 | 499 |

图 1-25　猫左半骨盆，腹背位。年龄为日龄

（经 Schebitz H, Wilkens H. Atlas of Radiographic Anatomy of the Dog and Cat. 4th ed. Saunders; 1986. 许可修改）

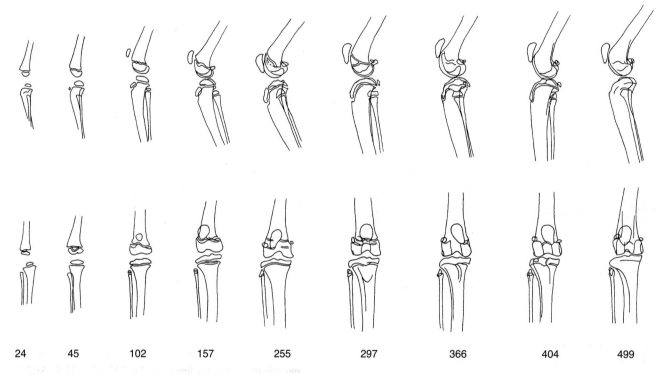

| 24 | 45 | 102 | 157 | 255 | 297 | 366 | 404 | 499 |

图 1-26　猫膝关节，侧位和头尾位。年龄为日龄

（经 Schebitz H, Wilkens H. Atlas of Radiographic Anatomy of the Dog and Cat. 4th ed. Saunders; 1986. 许可修改）

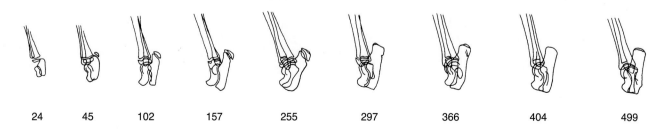

| 24 | 45 | 102 | 157 | 255 | 297 | 366 | 404 | 499 |

图 1-27　猫后肢远端，侧位。年龄为日龄

（经 Schebitz H, Wilkens H. Atlas of Radiographic Anatomy of the Dog and Cat. 4th ed. Saunders; 1986. 许可修改）

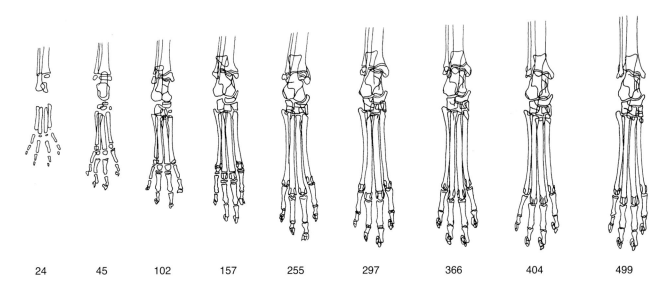

| 24 | 45 | 102 | 157 | 255 | 297 | 366 | 404 | 499 |

图 1-28　猫后足，背跖位。年龄为日龄

（经 Schebitz H, Wilkens H. Atlas of Radiographic Anatomy of the Dog and Cat. 4th ed. Saunders; 1986. 许可修改）

参考文献

Smallwood J, Shively M, Rendano V, et al A standardized nomenclature for radiographic projections used in veterinary medicine. Vet Radiol. 1985; 26:2-5.

骨骼成熟数据来源

1. Barone R. Caracteres Generaux Des Os. Anatomie Comparée des Mammifères Domestiques. Paris: Vigot Frères; 1976.
2. Chapman W. Appearance of ossification centers and epiphyseal closures as determined by radiographic techniques. J Am Vet Med Assoc. 1965; 147:138-141.
3. Constantinescu GM. The head. Clinical Anatomy for Small Animal Practitioners. Ames, IA: Iowa State Press; 2002.
4. Newton C, Nunamaker D. Textbook of Small Animal Orthopedics. Philadelphia: JB Lippincott; 1985.
5. Owens J, Biery D. Extremities in Radiographic Interpretation for the Small Animal Clinician. Baltimore, MD: Williams & Wilkins; 1999.
6. Smallwood J. A Guided Tour of Veterinary Anatomy. Raleigh, NC: Millenium Print Group; 2010.
7. Smith R. Appearance of ossification centers in the kitten. J Small Anim Pract. 1968; 9:496-511.
8. Smith R. Fusion of ossification centers in the cat. J Small Anim Pract. 1969; 10:523-530.
9. Smith R. Radiological observations on the limbs of young greyhounds. J Small Anim Pract. 1960; 1:84-90.
10. Sumner-Smith G. Observations on epiphyseal fusion of the canine appendicular skeleton. J Small Anim Pract. 1966; 7: 303-312.
11. Watson A. The Phylogeny and Development of the OccipitoAtlas-Axis Complex in the Dog. Ithaca, NY: Cornell University; 1981.
12. Watson A, Evans H. The development of the atlas-axis complex in the dog. Anat Rec. 1976; 184:558.
13. Watson A, Stewart J. Postnatal ossification centers of the atlas and axis of miniature schnauzers. Am J Vet Res. 1990; 51:264-268.
14. Frazho J, Graham J, Peck J, et al Radiographic evaluation of the anconeal process in skeletally immature dogs. Vet Surg.2010; 39:829-832.

第 2 章

头 部

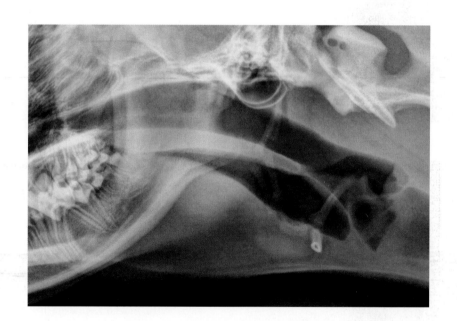

概述

由于头部复杂的骨结构在 X 线片上存在影像重叠，使头部 X 线片评估具有一定难度，从而限制了 X 线在头部病变评估中的应用。计算机断层扫描和磁共振成像更适合头部成像。因为 CT 可以解决影像重叠问题，且具有较佳的对比度和分辨率。然而，摆位标准、细节清晰、对比度良好的 X 线片，仍旧有助于指导患病动物选择后续治疗方案或进一步的成像方式。

虽然在患病动物意识清醒或轻度镇静的情况下拍摄头部 X 线片更方便，但即使这样也很难获得令人满意的头部 X 线片。摆位不良的 X 线片很难判读且诊断价值有限。鉴于头部解剖结构的复杂性，标准摆位显得尤为重要。拍摄前确认保定情况以及标准摆位可以显著提高获取有用信息的概率。

犬的头骨在尺寸和形态上比其他任何哺乳动物都要多样化。根据不同的测量参数对犬的头骨形态进行分类。"长头犬"是指头形长而窄的品种，如柯利犬和猎狼犬。"中头犬"是指头形比例中等的品种，如德国牧羊犬、比格犬和赛特犬。"短头犬"是指头形短而宽的品种，如波士顿㹴和京巴犬。

头部的 X 线评估通常需要包括侧位和背腹位（或腹背位）（图 2-1 和图 2-2）。

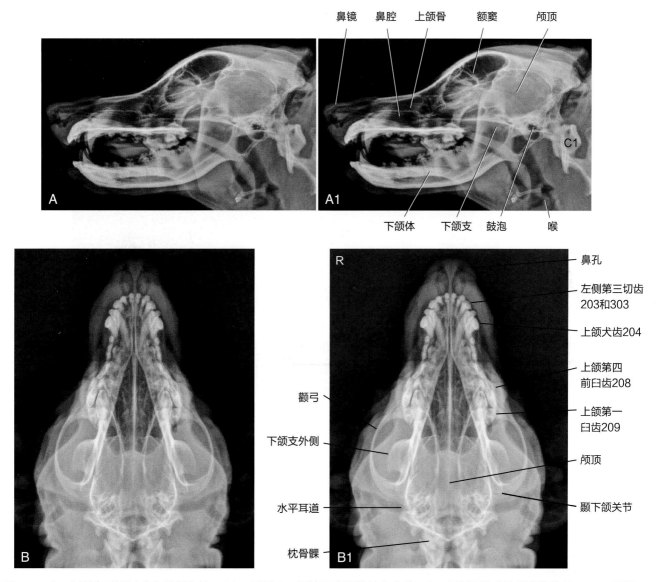

图 2-1　A，8 岁金毛寻回犬头部侧位片。A1，同图 A，标注了主要的结构名称。B，9 岁混种犬头部背腹位片。B1，同图 B，标注了主要的结构名称

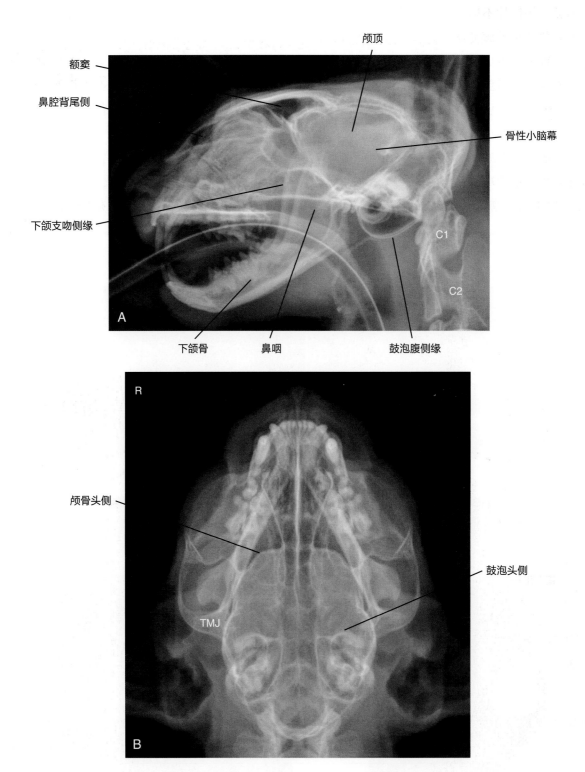

图2-2 A，3岁家养短毛猫侧位片，可见气管内插管。与犬相比，猫的骨性小脑幕更加发达，其主要功能为将大脑尾侧与小脑吻侧隔开。B，18岁家养短毛猫背腹位片。TMJ，颞下颌关节

头部其他体位的 X 线片需要在已获得标准的侧位和背腹位（或腹背位）的基础上根据感兴趣区域选择性拍摄。斜位片不能取代标准的侧位片，因为后者能更有效地帮助解释斜位图像。重要的是，如果没有使用容易理解的外部标记，则无法正确判读斜位片。做到这点需要正确识别物体的表面。在不明显的不对称病变中尤为重要。

头骨由大约 50 块骨头组成，其中大多是成对的。许多头骨无法通过 X 线片识别，且它们中的大多数与相邻骨骼融合致使难以区分边界。可在 X 线片中区分，且较大的头骨包括切齿骨（incisive bone）、鼻骨（nasal bone）、上颌骨（maxillary bone）、泪骨（lacrimal bone）、额骨（frontal bone）、颧骨（zygomatic bone）、翼骨（pterygoid bone）、蝶骨（sphenoid bone）、顶骨（parietal bone）、颞骨（temporal bone）和枕骨（occipital bones）。图 2-3 对这些骨骼进行了标注。

齿列

上切齿（上和下是用于描述牙弓的解剖学术语）位于切齿骨内，犬齿、前臼齿和臼齿则位于上颌骨内（图 2-4）。上颌骨是一块较大的骨头，除了切齿骨、

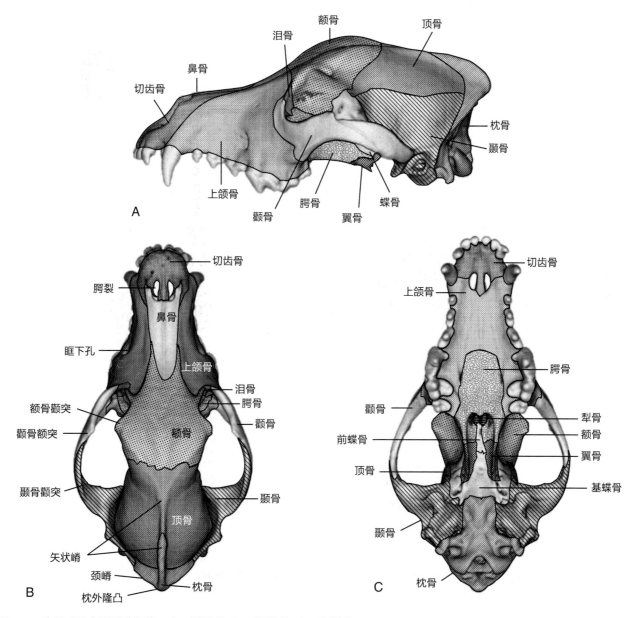

图 2-3 头骨 CT 容积重建图像。A，侧面观；B，背侧观；C，腹侧观

鼻骨以外，还包括大部分鼻腔及位于鼻腔两侧腹外侧的上颌隐窝。在上颌骨腹侧可见由上颌骨、上切齿骨和腭骨共同组成的硬腭。硬腭形成了鼻腔和口腔的物理分隔。上颌骨尾侧与额骨（包含额窦和头骨吻侧部分）融合。

犬齿式如下［I，切齿（incisors）；C，犬齿（canine）；PM，前臼齿（premolars）；M，臼齿（molars）］：

乳齿：I3/3，C1/1，PM3/3

恒齿：I3/3，C1/1，PM4/4，M2/3

犬上颌第四前臼齿和下颌第一臼齿因其具有剪切功能，又被称为**剪切齿**（carnassial teeth），犬牙齿解剖及萌出时间在表 2-1 中列出。

猫齿式如下：

乳齿：I3/3，C1/1，PM3/2

恒齿：I3/3，C1/1，PM3/2，M1/1

在猫中，下颌第四前臼齿齿根位于至眼眶水平（图 2-5）。猫剪切齿与犬剪切齿相同，均为最后一颗上颌前臼齿和第一颗下颌臼齿。在犬中，剪切齿

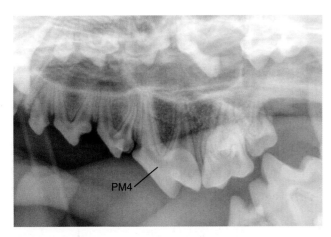

图 2-4　8 月龄混种犬上颌牙弓斜位照。可清晰辨认 4 颗前臼齿和 2 颗臼齿。上颌第四前臼齿（08）和下颌第一臼齿（09）亦称为剪切齿

表 2-1　犬牙齿解剖及萌发时间

犬上颌				
传统牙科命名系统	Triadan 牙科命名系统编号	乳齿萌发时间（周）	恒齿萌发时间（月）	恒齿 # 齿根数
切齿	1，2，3	2 ~ 3	3 ~ 4	1
犬齿	4	3 ~ 4	4 ~ 6	1
第一前臼齿（PM1）	5	3 ~ 6	4 ~ 6	1
第二前臼齿（PM2）	6	3 ~ 6	4 ~ 6	2
第三前臼齿（PM3）	7	3 ~ 6	4 ~ 6	2
第四前臼齿（PM4）	8	3 ~ 6	4 ~ 6	3
第一臼齿（M1）	9	n/a	5 ~ 7	3
第二臼齿（M2）	10	n/a	5 ~ 7	3
犬下颌				
切齿	1，2，3	3 ~ 4	3 ~ 4	1
犬齿	4	3	4 ~ 6	1
第一前臼齿（PM1）	5	4 ~ 12	4 ~ 6	1
第二前臼齿（PM2）	6	4 ~ 12	4 ~ 6	2
第三前臼齿（PM3）	7	4 ~ 12	4 ~ 6	2
第四前臼齿（PM4）	8	4 ~ 12	4 ~ 6	2
第一臼齿（M1）	9	n/a	5 ~ 7	2
第二臼齿（M2）	10	n/a	5 ~ 7	2
第三臼齿（M3）	11	n/a	5 ~ 7	1

萌发时间参考自 Wiggs R, Lobprise H, ed. Oral anatomy and physiology. Veterinary Dentistry: Principles and Practice. Lippincott-Raven; 1997.[1]

通常更靠近吻侧，齿根与鼻腔只由一层薄薄的骨皮质隔开（图 2-6）。

改良版 Triadan 系统（The modified Triadan system）

是另一种用于牙齿识别的牙科命名系统[2]（图 2-7）。第一位数字表示象限。右上象限为 1，左上象限为 2，左下象限为 3，右下象限为 4。第二位和第三位数字

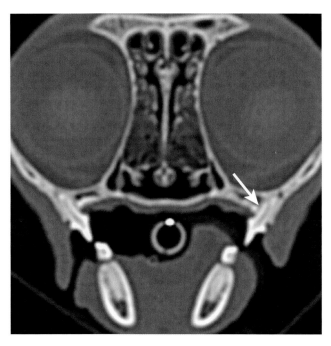

图 2-5　猫剪切齿吻侧水平 CT 横断面图像。该切面与硬腭垂直。白色箭头所指是左上颌第四前臼齿齿根（208 号牙齿，使用改良版 Triadan 系统命名）。注意齿根与眼球所在的眼眶紧密相邻

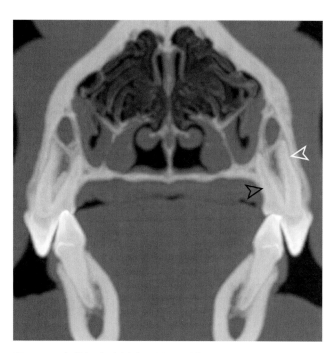

图 2-6　犬剪切齿吻侧水平的 CT 横断面图像。黑色空心箭头所指为腭面；白色空心箭头所指为左上颌第四前臼齿（208 号牙齿，使用改良版 Triadan 系统命名）的前庭（颊、唇）面。注意近中根与鼻腔之间紧密相邻。牙根脓肿是犬鼻腔疾病中的重要鉴别诊断之一

表 2-2　猫牙齿解剖及萌出时间

传统牙科命名系统	Triadan 牙科命名系统编号	乳齿萌发时间（周）	恒齿萌发时间（月）	恒齿 # 齿根数
猫上颌				
切齿	1，2，3	2 ~ 3	3 ~ 4	1
犬齿	4	3 ~ 4	4 ~ 5	1
第二前臼齿（PM2）	6	3 ~ 6	4 ~ 6	1（2）
第三前臼齿（PM3）	7	3 ~ 6	4 ~ 6	2
第四前臼齿（PM4）	8	3 ~ 6	4 ~ 6	3
第一臼齿（M1）	9	n/a	4 ~ 5	2
猫下颌				
切齿	1，2，3	2 ~ 3	3 ~ 4	1
犬齿	4	3 ~ 4	4 ~ 6	1
第三前臼齿（PM3）	7	3 ~ 6	4 ~ 6	2
第四前臼齿（PM4）	8	3 ~ 6	4 ~ 6	2
第一臼齿（M1）	9	n/a	4 ~ 5	2

萌发时间参考自 Wiggs R, Lobprise H, ed. Oral anatomy and physiology. Veterinary Dentistry: Principles and Practice. Lippincott-Raven; 1997.[1]

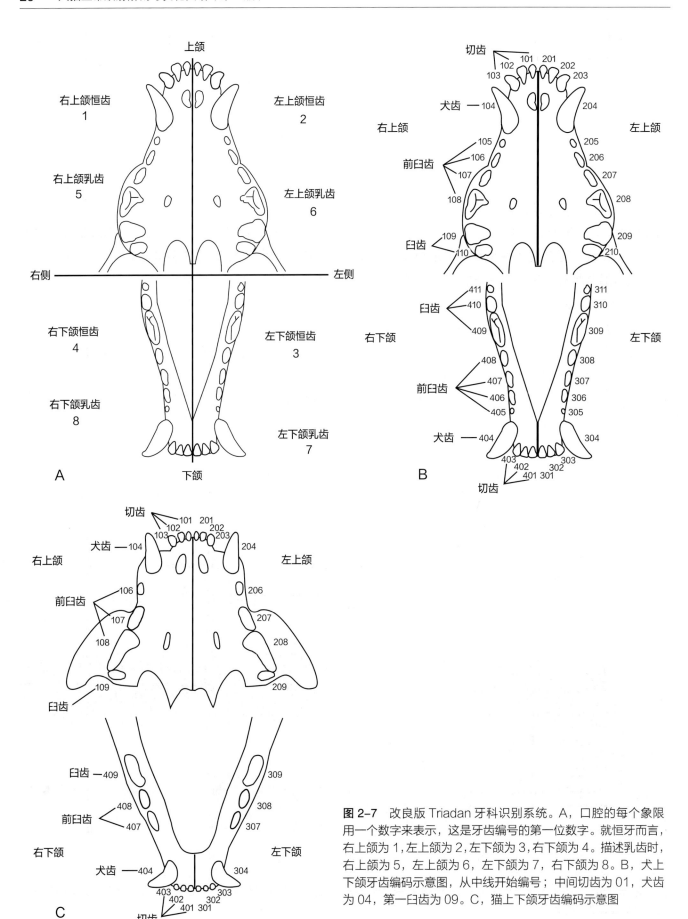

图 2-7 改良版 Triadan 牙科识别系统。A，口腔的每个象限用一个数字来表示，这是牙齿编号的第一位数字。就恒牙而言，右上颌为 1，左上颌为 2，左下颌为 3，右下颌为 4。描述乳牙时，右上颌为 5，左上颌为 6，左下颌为 7，右下颌为 8。B，犬上下颌牙齿编码示意图，从中线开始编号；中间切齿为 01，犬齿为 04，第一臼齿为 09。C，猫上下颌牙齿编码示意图

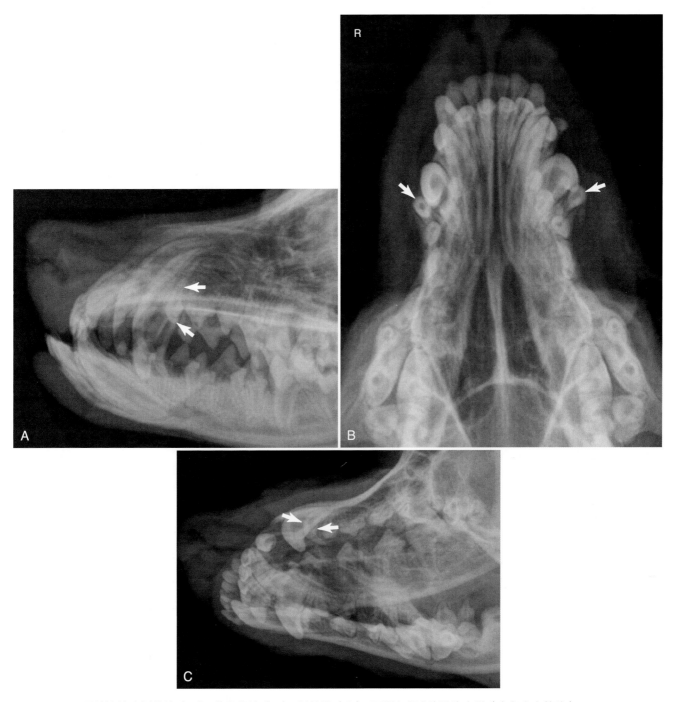

图 2-11 10 月龄比熊犬侧位片（A）、背腹位片（B）、斜位片（C）。双侧上颌犬齿乳齿未脱（白色实心箭头）

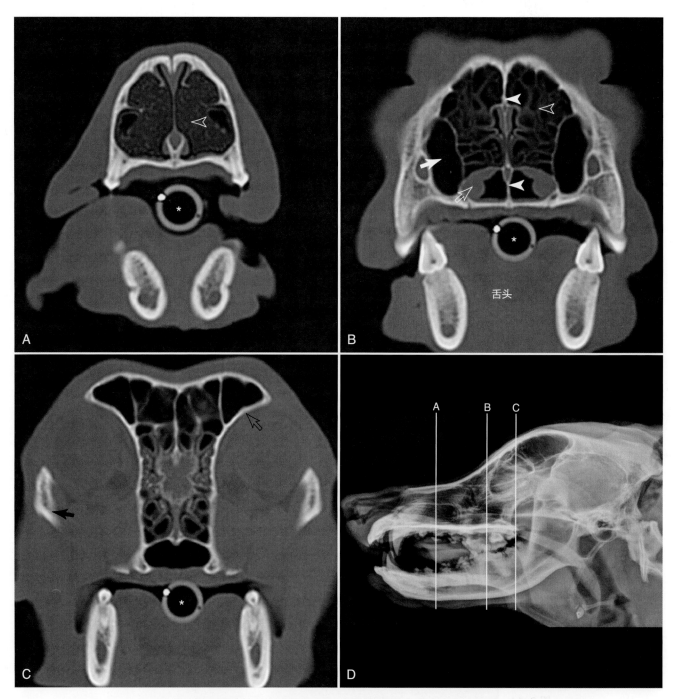

图 2-12　2 岁边境牧羊犬鼻腔的 CT 横断面图像。横断面 A、B、C 分别位于图 D 侧位片中垂直线所示水平。在图 A、图 B、图 C 中，星号所示为气管插管。图 A 和图 B 中的白色空心无尾箭头为支撑鼻黏膜的精细鼻甲结构。在图 B 中，白色实心箭头为右侧上颌隐窝，白色空心箭头为鼻腺（nasal organ），其内为富含血管的鼻黏膜。白色实心无尾箭头所指为犁骨和鼻中隔。图 C 中黑色实心箭头为颧弓，黑色空心箭头为左侧额窦腹侧缘

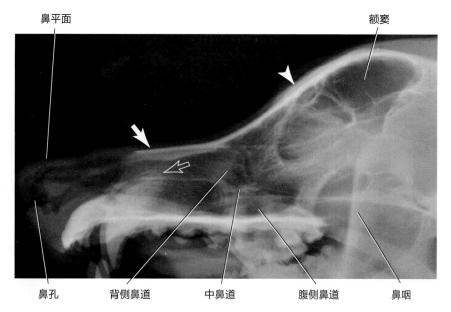

鼻平面　　　　　　　　　　　　　　　　　　　　额窦

鼻孔　　　背侧鼻道　　　中鼻道　　　腹侧鼻道　　　鼻咽

图 2-13　8 岁金毛寻回犬鼻腔的侧位片。由于患病侧与对侧正常含气侧重叠，单侧鼻腔疾病通常难以在鼻腔侧位图中发现。白色实心箭头是鼻骨。白色空心箭头是犬齿齿根。白色实心无尾箭头是额窦背侧的额骨

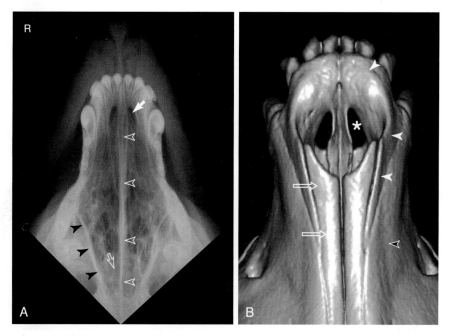

图 2-14　A，8 月龄混种犬的上颌口内 X 线片。将装有标准增感屏乙烯基暗盒中的胶片斜放入口腔中，获得背腹位片。通过这种成像方式，避免了下颌的影像重叠，能够获得理想的鼻腔视图。大多数鼻腔疾病是单侧的，此视图中便于进行左右比较。白色空心无尾箭头为由犁骨和软骨鼻中隔构成的鼻腔中线。黑色实心无尾箭头为眼眶内侧壁。白色空心箭头为筛板区域。白色实心箭头为切齿骨内成对的腭裂，位于硬腭最吻侧。在此图中，鼻腔内精细的鼻甲结构在空气衬托下十分明显。B，切齿骨、鼻骨和上颌骨背侧的 CT 表面容积重建图。白色实心无尾箭头为切齿骨。白色空心箭头为鼻骨。黑色实心无尾箭头为上颌骨。星号为腭裂

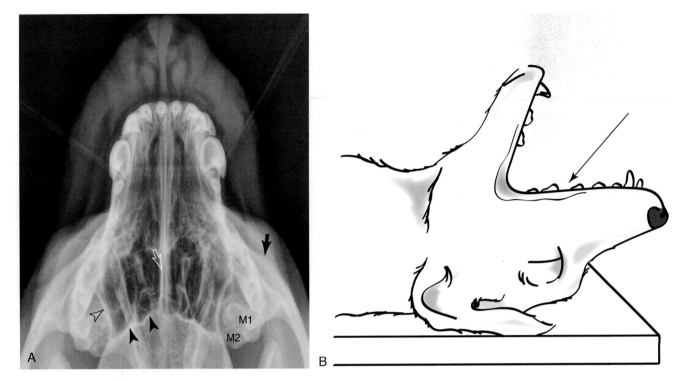

图 2-15   A，8 月龄混种犬的鼻腔 V20° R-DCdO 张口视图。这种拍摄技术可以替代口腔内 X 线成像，适合于无法将探测器放置入患病动物口腔的数字成像系统。由于 X 线束入射角度的原因，鼻腔影像会出现形变。可以在犬齿尾侧看到固定上颌骨的胶带或绳子的影像。黑色实心箭头为颧骨额突。黑色实心无尾箭头为头骨吻侧。黑色空心无尾箭头为额窦外缘。白色空心箭头为鼻中隔。B，图 A 患犬摆位示意图

（B，来自 Owens JM, Biery DN. Radiographic Interpretation for the Small Animal Clinician. Williams & Wilkins, 1999. ）

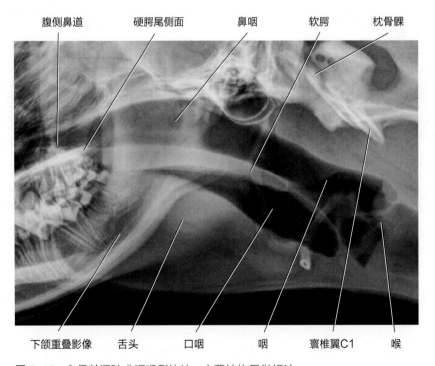

图 2-16   6 月龄混种犬咽喉侧位片。主要结构已做标注

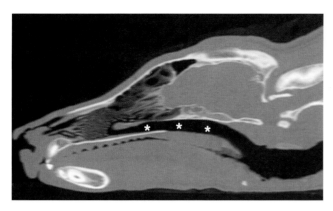

图 2-17　长头犬 CT 矢状面图，优化为骨窗。白色星号为鼻咽，其前段位于硬腭背侧，后段位于软腭背侧。无论头型如何，在头部侧位片上都可以轻易地辨识到充满空气的鼻咽部

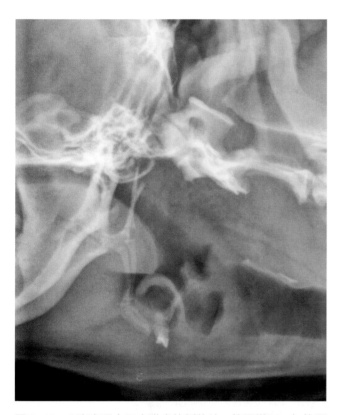

图 2-18　8 岁查理士王小猎犬的侧位片。软腭增厚，与软腭的软组织冗余和舌根部紧贴软腭有关。软腭增厚大多数存在品种相关性，常见于中头犬和短头犬

腹侧鼻道　　尾侧鼻腔　　筛板　　额窦

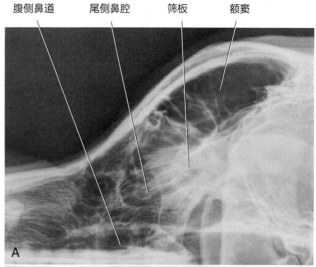

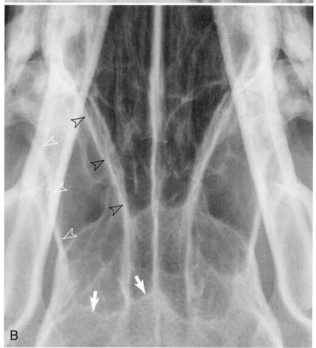

图 2-19　9 岁金毛寻回犬的侧位片（A）和背腹位片（B）。在图 B 中，白色空心无尾箭头为额窦侧缘。黑色空心无尾箭头为翼腭窝内侧壁，即眼眶。额窦位于翼腭窝的背内侧，并延伸至头骨吻侧的中线，其影像与筛板和额叶吻侧重叠。白色实心箭头为右侧额窦的尾内侧缘

颞下颌关节和鼓泡

　　颞下颌关节最好采用背腹位（或腹背位）片（图 2-25）和特定的斜位片评估。标准的侧位片对于评估颞下颌关节意义不大（图 2-26A）。斜位片可以尽量减少不必要的影像重叠。X 线检查的目的是在尽

可能少的形变情况下准确一致地评估关节形态（图 2-27）。需要注意的是，倾斜程度应以颞下颌关节形变最小为前提。最稳定可靠的方法是**抬鼻法**（nose-up technique）。使用该方法时，首先应该摆出标准的侧位片，随后将头骨（鼻）的吻侧抬高约 30°，同时避免其他方向转动。倾斜程度与头型相关，中头犬和长头犬将鼻部抬高 10°～30°，短头犬将鼻部抬高

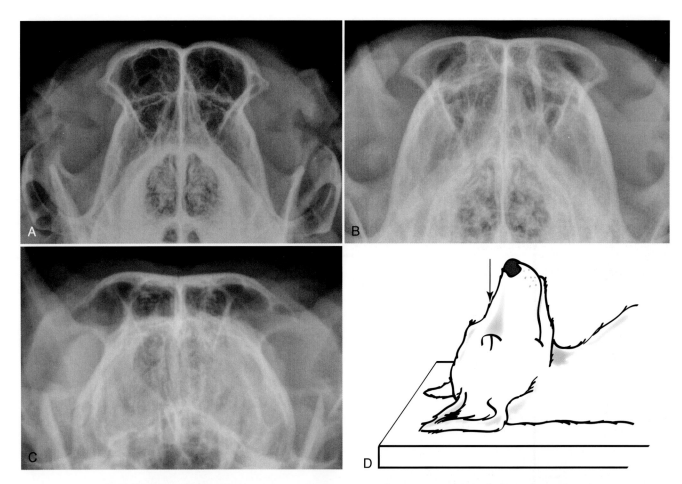

图 2-20 A，8 岁金毛寻回犬额窦的吻尾位片。图中可见额窦很大，对称且充满空气。充气的鼻腔也很容易识别。B，8 月龄混种犬额窦的吻尾位片。与图 A 相比，由于 X 线束角度和头型的不同，额窦成像存在差异。考虑到不同患病动物的头骨形态和 X 线拍摄时射线束角度的差异，在此视图下额窦的 X 线影像变化很大。该体位的主要目的是比较左右是否对称。C，3 岁家养短毛猫额窦的吻尾侧位片。标准摆位对左、右额窦对比十分重要。D，拍摄额窦吻尾侧位片的示意图

（D，来自 Owens JM, Biery DN. Radiographic Interpretation for the Small Animal Clinician. Williams & Wilkins; 1999.）

20° ~ 30° 均可获得理想的斜位片[4]（图 2-28）。离 X 线检查床最近的颞下颌关节向吻侧移位，这样可以最大限度地减少重叠和形变（图 2-29）。在一些患病动物中，沿矢状面轻微旋转（向背侧旋转 10°）可使关节吻侧缘显示更佳（图 2-30）。然而，沿矢状面过度旋转会导致颞下颌关节过度形变并与对侧角突重叠。

颞下颌关节的另一种拍摄方法是将患病动物的头部自然地放在 X 线检查床上。这使得颞下颌关节在矢状面和横断面上旋转产生一定倾斜以突显颞下颌关节，且没有影像重叠。重力侧的鼓泡（贴近 X 线检查床）相较于非重力侧通常更靠背侧，非重力侧的鼓泡受重叠干扰更少（图 2-31）。这种方法的成功率与头型相关，且成功率比前述的抬鼻法更不稳定。此外，

在使用该方法获得的 X 线片中，很难确定突显的颞下颌关节是哪一侧，因此不推荐使用此类摆位。

其他许多物种一样，犬、猫下颌骨髁突的关节面和颞骨下颌窝之间有一个薄薄的关节盘。除非出现少见的病理性矿化，否则在 X 线片中不明显。

评估鼓泡的最佳视图如下：

- 背腹位（或腹背位）
- 侧位
- 最小斜位
- 张口吻尾侧位，投照中心位于鼓泡水平

关于斜位片，其拍摄方法与评估颞下颌关节的摆位非常相似。通常，在长轴上旋转 10° ~ 20° 以减少鼓泡的重叠。患病动物应完全侧卧，然后使非重力侧的上下颌向背侧旋转，使得重力侧的鼓泡更靠腹

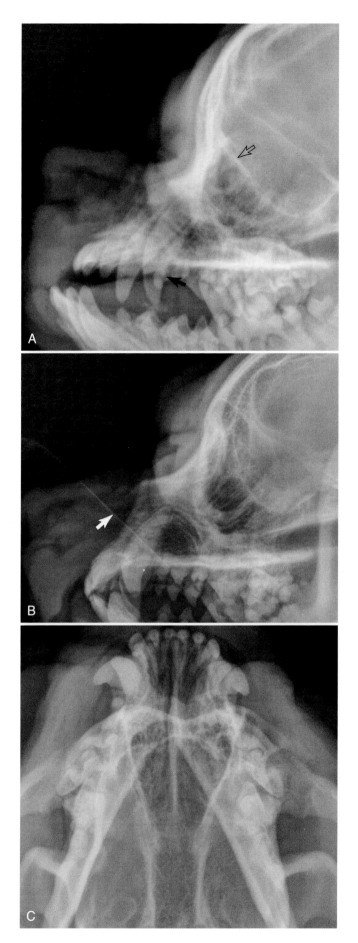

图 2-21　A，8 月龄西施犬的侧位片。未见明显充满气体的额窦影像。短头犬中常见此类情况。黑色空心箭头为鼻腔的尾背缘。另外，该犬存在上颌犬齿乳齿未脱（黑色实心箭头）。3 岁波士顿㹴的侧位片（B）和背腹位片（C）。侧位片或背腹位片均未见明显额窦影像。重叠在鼻腔吻侧的细斜线（白色实心箭头）是在拍摄 X 线片时用于固定鼻腔吻侧的填充物边缘

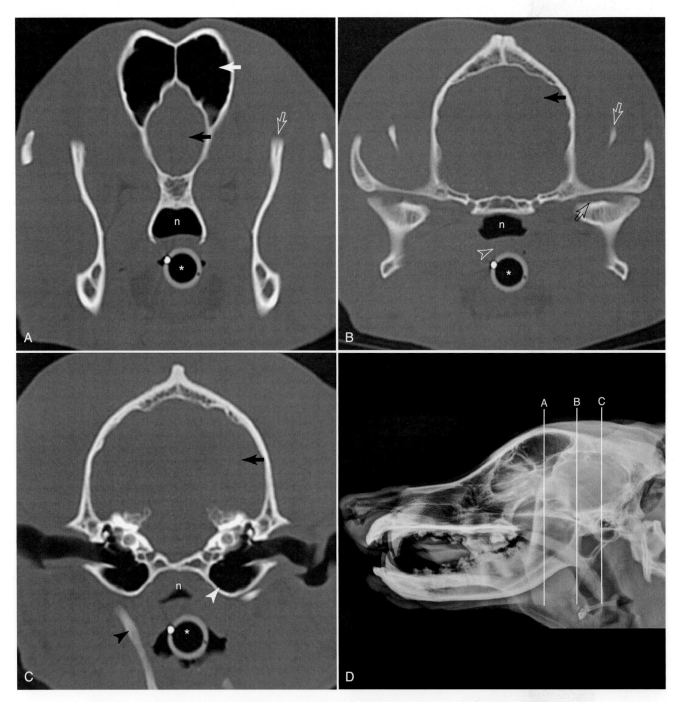

图2-22　2岁边境牧羊犬头骨尾侧CT横断面图像，与图2-12为同一患病动物。横断面A、B、C分别位于侧位片（D）中竖线所示水平。在图A、图B、图C中，星号为气管插管，n为鼻咽部，黑色实心箭头为脑部。白色实心箭头为左侧额窦（A），白色空心箭头（A、B）为下颌骨冠状突背侧缘。图B中黑色空心箭头为颞下颌关节，白色空心无尾箭头为软腭。图C中白色实心无尾箭头为左侧鼓泡腹侧缘，黑色实心无尾箭头为右侧茎突舌骨，其位置比左侧茎突舌骨稍偏吻侧

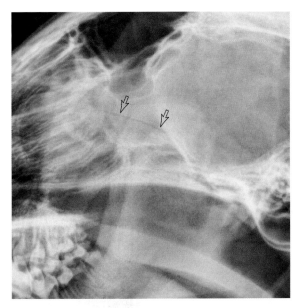

图 2-23 6 月龄混种犬的侧位片。黑色空心箭头勾勒出颧骨颞突和颞骨颧突之间的骨缝。在许多患病动物中，该骨缝很少完全融合，不应与骨折混淆

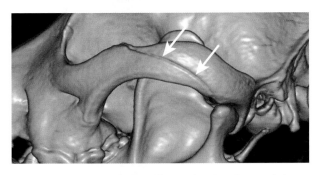

图 2-24 短头犬左侧颧弓的容积重建图像。颧骨颞突与颞骨颧突之间的骨缝因未完全融合而很明显（白色箭头）

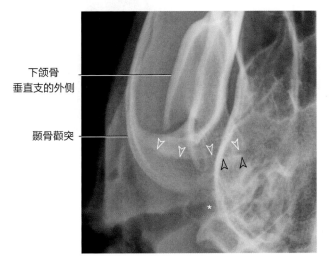

下颌骨垂直支的外侧

颧骨颧突

图 2-25 9 岁金毛寻回犬右侧颞下颌关节的背腹位片。白色空心无尾箭头为下颌骨髁突（关节突）的关节缘。黑色空心无尾箭头是由关节后突形成的颞骨颧突下颌窝。星号所示位置为水平耳道

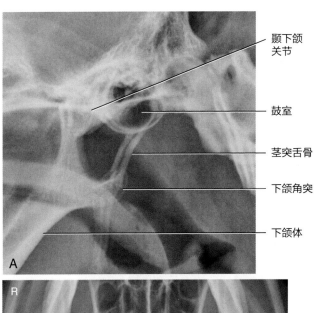

颞下颌关节

鼓室

茎突舌骨

下颌角突

下颌体

A

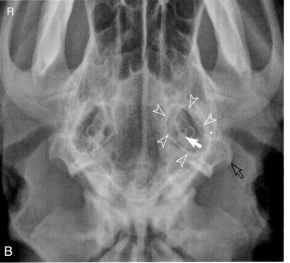

B

图 2-26 A，8 岁金毛寻回犬的侧位片。颞下颌关节重叠，评估受限。因此，评估时还需要斜位片。双侧薄壁鼓泡几乎完全重叠，鼓泡内气体影像明显。虽然在此视图中鼓泡表现为壁薄且和预期一样具有透射线性，但如果一侧鼓泡内有积液则可能由于影像重叠无法被观察到。为排除单侧疾病，需要进一步检查。B，1 岁拉布拉多寻回犬的腹背位图，白色空心无尾箭头勾勒出了其中一个鼓泡的壁。白色实心箭头表示致密的颞骨岩部，其中包含内耳骨迷路。黑色空心箭头为颞骨乳突。星号为鼓膜和水平耳道的最内侧面。通过该视图可以分别评估每侧鼓泡和相邻耳道

侧。应确保适当标记每个鼓泡，以免混淆（图 2-32）。旋转不足和过度旋转均可导致鼓泡形变，从而影响影像判读（图 2-33）。

当拍摄张口视图时，最好将舌头紧贴下颌骨，以减少与鼓泡的影像重叠（图 2-34）。由于猫的鼓泡存在分隔，因此张口视图尤为重要。猫鼓泡分为一个小的背外侧室和一个大的腹内侧室（图 2-35）。在

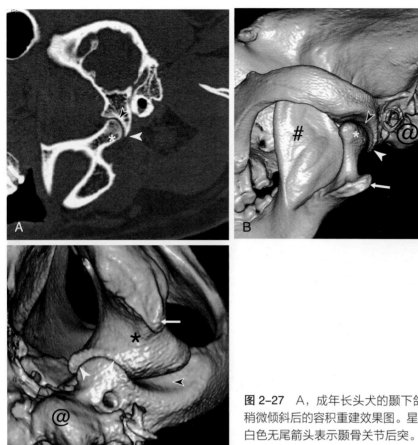

图 2-27　A，成年长头犬的颞下颌关节 CT 矢状面图。图 B 和图 C 为同一关节稍微倾斜后的容积重建效果图。星号为下颌骨髁突。黑色无尾箭头为颞骨下颌窝。白色无尾箭头表示颞骨关节后突。在评估颞下颌关节的斜位片时，一定要保证图像没有过度形变，以免关节正常形态丢失。在图 B 和图 C 中，白色实心箭头为下颌骨角突，@ 为同侧鼓泡。在图 B 中，黑色井号（ # ）为下颌支

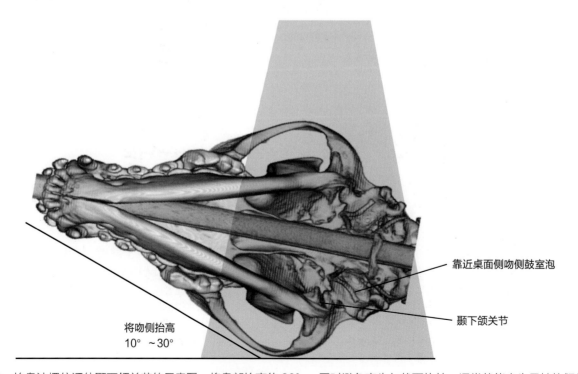

靠近桌面侧吻侧鼓室泡

颞下颌关节

将吻侧抬高
10°～30°

图 2-28　抬鼻法摆位评估颞下颌关节的示意图。将鼻部抬高约 30°，同时避免产生矢状面旋转，通常就能产生足够的倾斜度使非重力侧的颞下颌关节位于重力侧颞下颌关节尾侧，以消除非重力侧颞下颌关节的重叠干扰

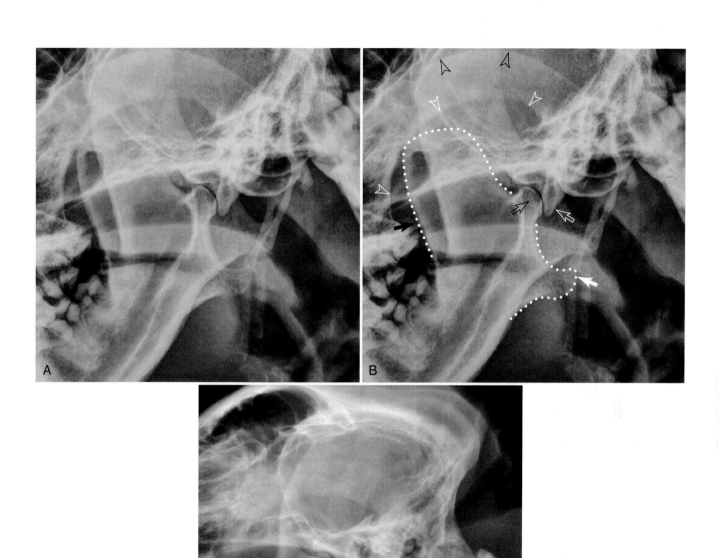

图 2-29 A,右侧颞下颌关节外侧斜位片。头部吻侧抬高约 30°,无其他任何方向的旋转（抬鼻法）。斜位片的目的是以最轻微的形变和最少的重叠干扰暴露出重力侧的颞下颌关节。B,与图 A 相同;黑色空心箭头为下颌骨髁突（关节突）。白色空心箭头为颞骨关节后突;颞下颌关节形成于下颌骨髁突和颞骨颧突腹侧面的下颌窝之间。关节后突的作用是增大关节的内侧面。白色实心箭头为下颌骨角突。虚线勾勒出下颌支;冠状突吻侧缘的黑色实心箭头为冠嵴。白色空心无尾箭头和黑色空心无尾箭头分别勾勒了颧弓的腹侧边界和背侧边界。在此 X 线片中,可分辨双侧鼓泡影像。C,10 月龄的拉布拉多混种犬使用抬鼻法拍摄的 X 线片,和图 A 相似,只是颞下颌关节的外观略有不同

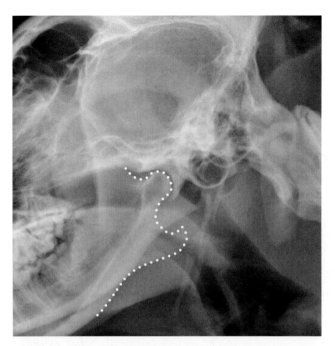

图2-30 10月龄拉布拉多寻回犬的30°抬鼻法拍摄的X线片。头部非重力侧上抬的同时向背侧旋转了10°。在一些患病动物中，需要轻微背侧旋转才能暴露颞下颌关节的吻侧缘

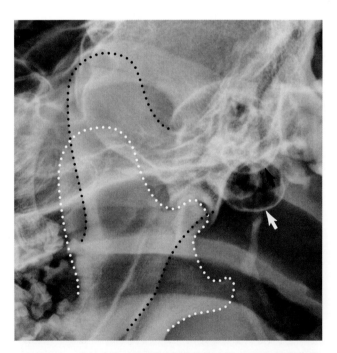

图2-31 1岁拉布拉多寻回犬外侧斜位片。患病动物自然地侧躺于检查床，头部自然旋转，鼻孔靠近检查床（鼻部向下）。此时的倾斜角度通常足够使鼓泡和颞下颌关节的影像分开。然而此摆位角度不稳定，很大程度上依赖于头型。此外，在这种拍摄方法中，通常非重力侧的颞下颌关节投影更靠吻腹侧。白色虚线为非重力侧的下颌支。黑色虚线为重力侧下颌支。白色实心箭头为非重力侧的鼓泡。黑色实心箭头为重力侧的鼓泡。不推荐用这种方法拍摄鼓泡和颞下颌关节的斜位片

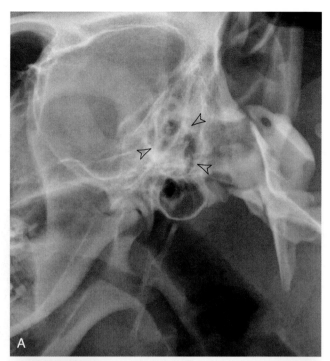

A

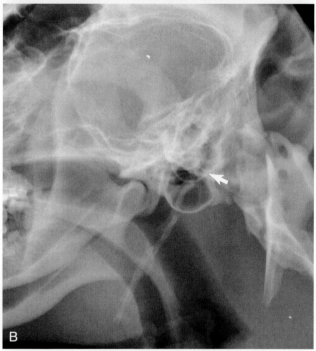

B

图2-32 A，8月龄的拉布拉多混种犬鼓泡斜位片。头部的非重力侧向背侧旋转20°～30°。离X线检查床最近的重力侧鼓泡位于图像腹侧，无重叠影像。鼓室和水平耳道清晰可见。非重力侧鼓泡位于背侧，并与邻近的结构重叠（黑色空心无尾箭头）。B，与图A为同一患病动物；可见旋转不足导致双侧鼓泡重叠。非重力侧鼓泡的腹侧缘（白色实心箭头）与重力侧鼓泡重叠

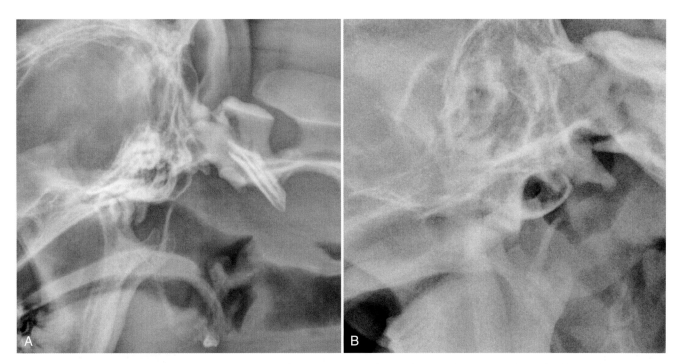

图 2-33 A，8 岁苏格兰㹴犬侧位片。该图中轻微倾斜导致腹侧鼓泡壁出现增厚的假象。B，8 月龄混种犬鼓泡的斜位片。头部的倾斜角度过大导致鼓泡变形

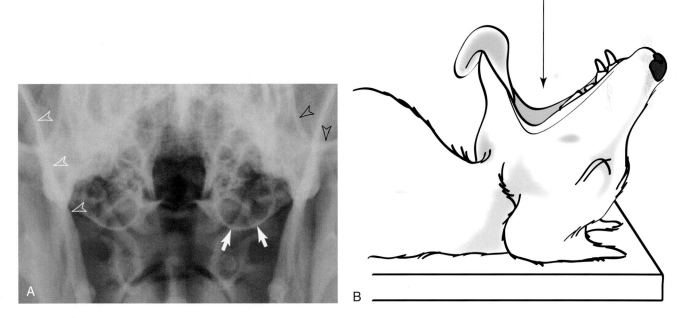

图 2-34 A，8 月龄混种犬以鼓泡为投照中心的张口吻尾侧位片。白色实心箭头为左侧鼓泡腹侧缘。鼓泡内的气体清晰可见。白色空心无尾箭头为右侧下颌支，黑色空心无尾箭头为颞骨颧突的背侧面。B，张口吻尾侧位摆位方法示意图

（图 B 来自 Owens JM, Biery DN. Radiographic Interpretation for the Small Animal Clinician. Williams & Wilkins; 1999. ）

X线片中能同时分辨出两个腔室十分关键。理想情况下，在拍摄前应及时拔除气管插管，以避免与鼓泡重叠（图2-36）。在猫中，经常使用另一种可替代

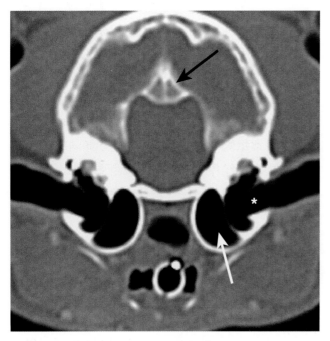

图2-35　猫鼓泡水平的CT横断面图像（优化为骨窗）。白色实心箭头为腹内侧鼓室，白色星号为左侧鼓泡背外侧鼓室。由于这不是软组织窗，因此鼓膜影像不明显。黑色实心箭头为骨性小脑幕。猫的骨性小脑幕较为发达，为覆盖有软脑膜的大脑尾侧面和小脑吻侧面之间的骨屏障

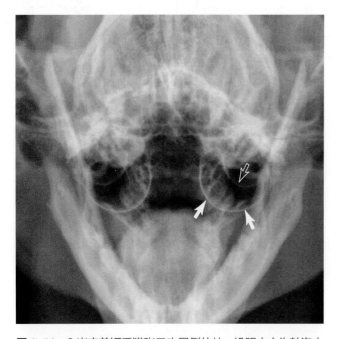

图2-36　3岁家养短毛猫张口吻尾侧位片，投照中心为鼓泡水平。X线拍摄前及时拔除气管插管。白色实心箭头为鼓泡较大的腹内侧鼓室壁，白色空心箭头为较小的背外侧室壁

的摆位评估鼓泡。患病动物摆位与张口摆位相类似，但口闭合，头部伸展，使下颌体的腹侧面与垂直平面成角约10°。X线束沿颞下颌关节尾侧垂直照射[5]（图2-37）。

枕骨包裹着头骨的尾侧面，脊髓通过位于头骨尾侧的枕骨大孔向外延伸。这是形态学上的一个重要的区域，但从X线片上难以评估（图2-38）。以枕

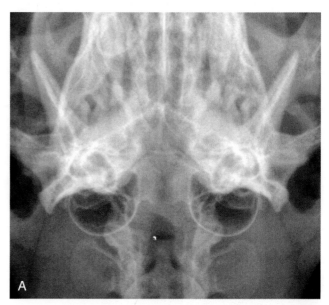

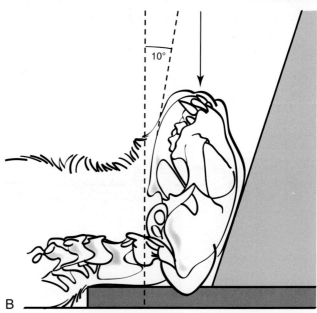

图2-37　A，6岁家养短毛猫的R10° V-CdO图。此摆位比图2-36所示的张口位更容易，是评估鼓泡腹内侧室的一种替代方法，但鼓泡背外侧室较难看到。B，R10° V-CdO摆位示意图

（图B来自Owens JM, Biery DN. Radiographic Interpretation for the Small Animal Clinician. Williams & Wilkins; 1999.）

骨大孔水平为中心的张口吻尾侧位有时可以观察到枕骨相关的形态学异常（图 2-39）。但需注意，如果存在外伤性或先天性寰枢椎不稳定等情况，该摆位可能会加重病情。

下颌骨和喉部

下颌骨分为左右两部分，在吻侧下颌联合处相连（图 2-40）。每侧下颌骨又可分为下颌体和更靠尾侧的下颌支。所有的牙齿都位于下颌体内。下颌支主要由冠突组成，冠突是矢状面上相对平坦的骨面，同时还是负责口腔闭合肌肉的附着点。下颌骨最尾侧的部分是髁突，为向中央横向延伸的突起结构，其与颞骨颧突形成颞下颌关节（图 2-25）。下颌角是下颌体和下颌支连接处的尾端。角突是向尾侧延伸的小突起，也是肌肉附着的重要部位（图 2-28B）。颏孔位于双侧下颌体的吻侧，紧靠第一和第二前臼齿的腹侧，通常每侧下颌体有两个，由于倾斜角度的原因，颏孔在 X 线片表现为紧靠两侧下颌犬齿尾侧的边界不清的透射线区域。不应与侵袭性病变混淆（图 2-41、图 2-42 和图 2-43）。

牙齿和上下颌咬合不正在犬中很常见，尤其是短头犬。严重的咬合不正在标准 X 线片中很容易辨识。轻微的咬合不正最好直接通过视诊确认。下颌前突在短头犬品种，尤其是斗牛犬中很常见（图 2-44）。其他品种则多见**短颌畸形**（brachygnathic mandibles），

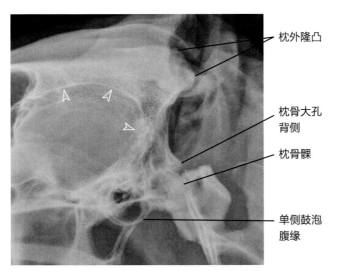

图 2-38　8 岁金毛寻回犬颅颈区域的侧位片。白色空心无尾箭头为头骨的尾背侧缘。耳朵向背侧伸展，与头骨尾背侧重叠的不规则气体密度影像是垂直耳道内的空气

枕外隆凸
枕骨大孔背侧
枕骨髁
单侧鼓泡腹缘

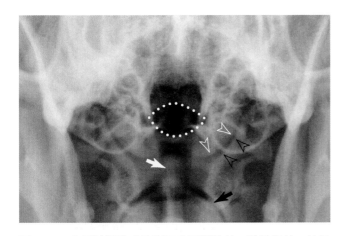

图 2-39　8 月龄混种犬的张口吻尾侧位片。除鼓泡外，枕骨髁和枕骨大孔也清晰可见。白色空心无尾箭头为左侧枕骨髁。黑色空心无尾箭头为寰椎前关节窝，也就是寰枕关节。白色虚线勾勒的是枕骨大孔；白色实心箭头为 C2 的齿突。黑色实心箭头为寰枢关节。虽然在此 X 线片中这些结构可以完美显示，但拍摄时需要将头部至少屈曲 90°，当怀疑枕骨－寰枢椎不稳定时不应使用

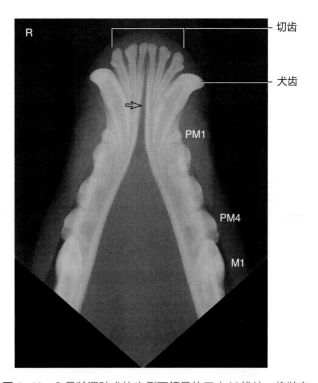

切齿
犬齿
PM1
PM4
M1

图 2-40　8 月龄混种犬的吻侧下颌骨的口内 X 线片。将装有标准增感屏乙烯基暗盒中的胶片斜放入口腔中，获取腹背位片。该拍摄方法避免了上下颌的重叠。黑色空心箭头为下颌联合。该纤维联合终生存在，在 X 线片中联合处通常表现为透射线

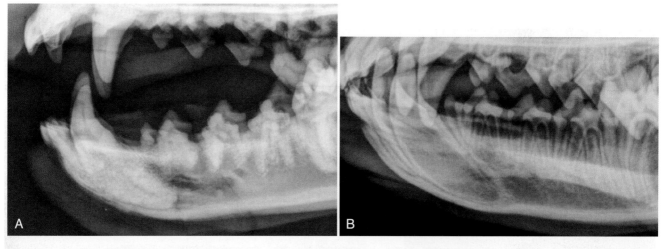

图 2-41 A，9 岁金毛寻回犬下颌骨吻侧侧位片。下颌犬齿尾侧和第一、二前臼齿腹侧可见透射线区域。这是由双侧下颌骨的两个或多个颏孔影像重叠所致。此重叠影像产生的不规则透射线性区域，不应与侵袭性病变混淆。如有疑问，应通过口内或张口斜位视图评估。B，6 月龄混种犬下颌骨吻侧侧位片。下颌犬齿尾侧可清楚观察到颏孔重叠的透射线区域

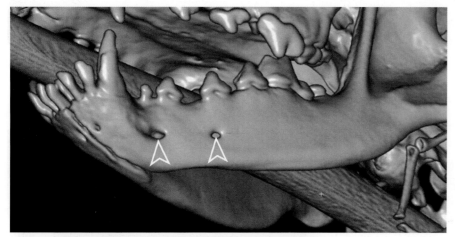

图 2-42 短头犬左下颌吻侧容积重建图像。白色空心无尾箭头所指的位于下颌吻侧的两个局灶性缺损为颏孔。这些孔为斜向穿过外侧骨皮质，在 X 线片上会形成边界不清的透射线区域

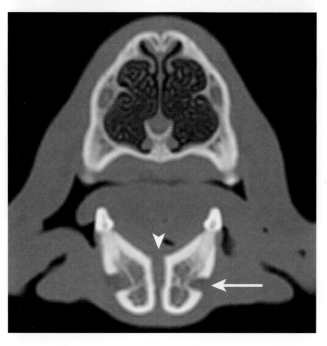

图 2-43 下颌第二前臼齿（306、406，改良版 Triadan 牙科命名系统）水平的 CT 横断面图像（优化为骨窗）。在下颌骨吻外侧面的两处局部缺损，白色实心箭头为颏孔。这些孔斜向穿过外侧骨皮质，在 X 线片中会形成边界不清的透射线区域。白色实心无尾箭头为下颌联合

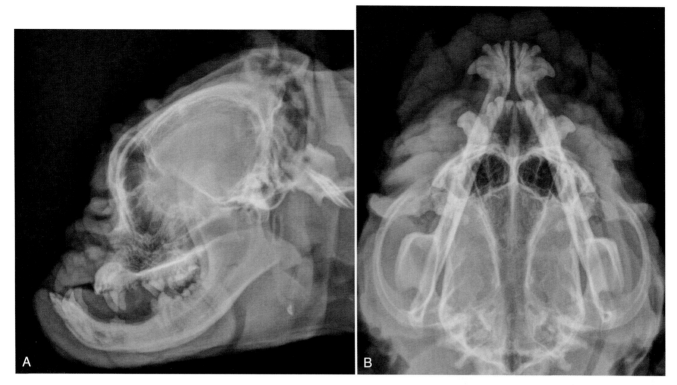

图 2-44　2 岁拳师犬的侧位片（A）和背腹位片（B）。可见明显的下颌前突。这在短头品种中很常见。该患病动物下颌前臼齿多颗齿缺

表现为下颌较短（图 2-45）。

　　喉是气管入口处的肌软骨结构。它由会厌软骨、甲状软骨、环状软骨、杓状软骨、籽骨和成对的杓间软骨组成（图 2-46）。籽骨和杓间软骨在 X 线片上不可见，杓状软骨部分可见。舌骨器包括成对的茎突舌骨、上舌骨、角舌骨、甲状舌骨和不成对的舌骨体（basihyoid bone）（图 2-47）。舌骨体横置于喉部，在侧位片中显得较厚。这导致基舌骨的不透射线性高于喉和其他舌骨。会厌的尾宽头窄，从喉的头腹侧延伸向头背侧，其与软腭的关系不固定，主要受镇静和气管插管的影响。会厌通常周围都是空气，可作为定位标志。然而有时舌头的轮廓会与口腔表面重叠，降低会厌的可见度，尤其是头屈曲的时候。猫的杓状软骨没有角突（corniculate）和楔形突（cuneiform）。

　　舌骨器和喉部影像最好使用摆位良好、头部轻微伸展的侧位片进行评估，头部过度屈曲会导致下颌骨与喉部重叠。在评估喉部时，要注意确保耳廓位于背侧，避免与感兴趣区域重叠，否则会造成软组

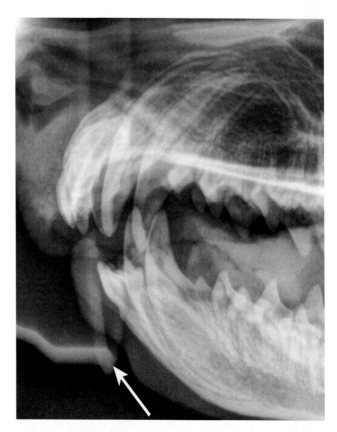

图 2-45　短颌畸形可卡犬的侧位片，该畸形与咬合不正无关。白色箭头为氧气面罩

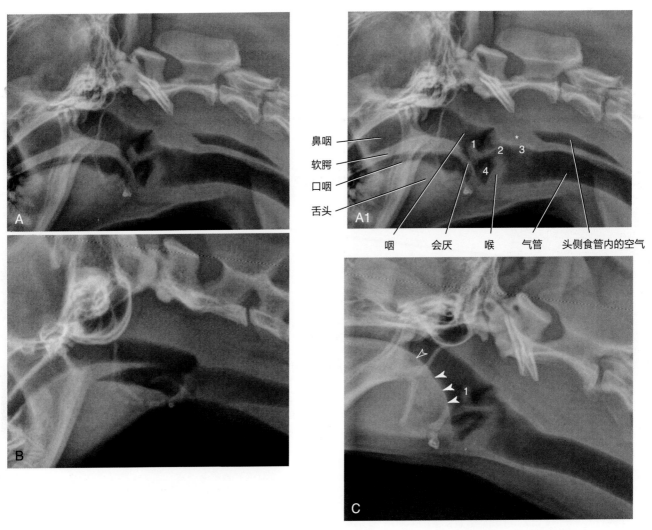

鼻咽
软腭
口咽
舌头

咽　　会厌　　喉　　气管　头侧食管内的空气

图2-46　A，8岁苏格兰㹴犬的咽喉部侧位片。A1，同图A，标注各结构：1.杓状软骨楔形突；2.甲状软骨；3.环状软骨；4.喉小囊。星号为食管括约肌。B，8月龄东奇尼猫的侧位片。软腭位于会厌背侧，此表现大多数无临床意义。C，2岁混种犬的侧位片。口咽部未见气体影像，软腭、舌根与会厌重叠。无法从该图评估会厌形态。杓状软骨的楔形突（1）清晰可见

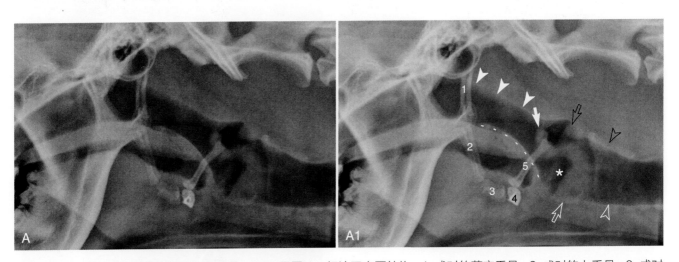

图2-47　A，8岁金毛寻回犬的喉部侧位片。A1，同图A，标注了主要结构：1.成对的茎突舌骨；2.成对的上舌骨；3.成对的角舌骨；4.单个舌骨体横截面；5.成对的甲状舌骨。白色虚线勾勒的是会厌。白色实心箭头为杓状软骨的楔形突。黑色空心箭头为甲状软骨的头背侧。白色空心箭头为甲状软骨的腹侧。白色实心无尾箭头为咽背面。黑色空心无尾箭头为环状软骨的背侧，白色空心无尾箭头为环状软骨的腹侧。星号为喉小囊内的气体

织和气体重叠影像，导致难以判读（图 2-48）。口服钡餐（液态或固态食物）可用于评估口咽功能（图 2-49）。对于有吞咽困难的患病动物，应避免喂食过于黏稠的钡餐，因为黏稠的钡餐容易造成喉部梗阻。对于有环咽功能障碍的患病动物，也应谨慎使用固体食物。

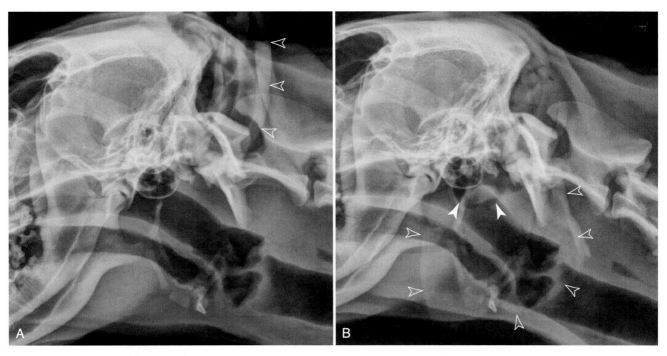

图 2-48　A，8 岁金毛寻回犬的轻度倾斜侧位片。耳朵向背侧拉伸。与头骨尾侧重叠的软组织和气体影像为垂直耳道。白色空心无尾箭头为耳廓的尾侧缘。喉部成像时，耳朵应固定于背侧，否则重叠影像会增加判读难度。B，耳廓下垂至腹侧。喉部可见气体和软组织密度的重叠影像，增加了判读难度。白色实心无尾箭头为耳廓重叠的腹侧边界。白色空心无尾箭头为耳廓边缘

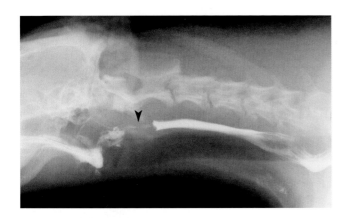

图 2-49　成年犬服用液体钡餐后的侧位片。口咽尾侧、咽喉部和食管头侧可见钡餐影像。黑色无尾箭头表示食管括约肌

参考文献

[1] Wiggs R, Lobprise H, eds: Oral anatomy and physiology. In: Veterinary Dentistry: Principles and Practice. Philadelphia: Lippincott-Raven; 1997.

[2] Floyd MR. The modified Triadan system: nomenclature for veterinary dentistry. J Vet Dent. 1991; 8:18-19.

[3] Thrall D, ed. Basic principles of radiographic interpretation of the axial skeleton. In: Textbook of Veterinary Diagnostic Radiology. 7th ed. Philadelphia: Elsevier; 2018:137-152.

[4] Dickie A, Sullivan M. The effect of obliquity on the radiographic appearance of the temporomandibular joint in dogs. Vet Radiol Ultrasound. 2001; 42:205-217.

[5] Hofer P, Bartholdi B, Kaser-Hotz B. Radiology corner: a new radiographic view of the feline tympanic bulla. Vet Radiol Ultrasound. 1995; 36:14-15.

第 3 章

脊　　柱

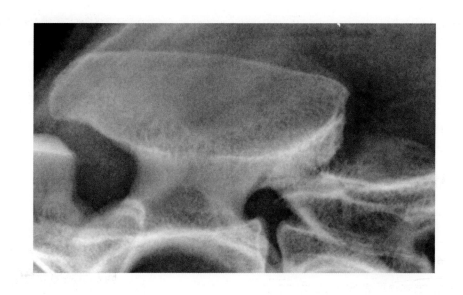

脊柱的 X 线片通常包括侧位片和腹背位片，这也是本章的重点内容。为了准确解读脊柱 X 线片，必须进行标准摆位，这通常需要镇静或麻醉。如果摆位不良，会容易因脊柱复杂的解剖结构出现误诊。

对于侧位片，脊柱的正中矢状面应平行于 X 线检查床。这通常需要用辅助海绵微抬胸骨，使脊柱和胸骨在同一平面上。即使胸骨被抬高，由于脊柱的自然生理曲度，也会出现脊柱部分下沉。下沉的椎体和椎间隙与 X 线束成角，从而出现失真伪影，可以使用辅助海绵纠正（图 3-1）。

关于脊柱侧位片的另一个重要考虑因素是主 X 线束的发散特性，这导致只有位于 X 线投照中心的几个椎间隙显示宽度代表其真实宽度。靠近边缘的 X 线束的投照角度会造成椎间隙假性狭窄（图 3-2）。为了校正这种情况，需要拍摄多个投照中心的侧位片，即颈椎的 X 线束中心为 C3 和 C6，胸腰椎的 X 线束中心为 T5、T9、T13、L3 和 L7。全身单张的侧位片（也称为犬全身照或猫全身照）不具有诊断价值。

脊柱腹背位片的摆位并不繁琐，应尽量使胸骨和脊柱重叠。与侧位片一样，在不同区域使用多个投照中心对腹背位片也很重要。

虽然不同节段脊柱的椎体大小和形状差异很大，但每个椎体都有一组核心成分。每个椎骨的主体部分都是椎体。**横突**（Transverse processes）从椎体向侧边延伸。**椎弓根**（pedicles）是从椎体两侧的背侧延伸，形成了**椎管**（vertebral canal）的侧缘。椎板由从椎弓根的背缘向内侧延伸形成的平板组成，在中线相交，形成椎管的背侧边界。**棘突**（spinous process）从椎板向背部延伸。每个椎弓根和椎板都被称为神经弓。椎弓根、椎板和棘突统称为**椎弓**（vertebral arch）（图 3-3）。

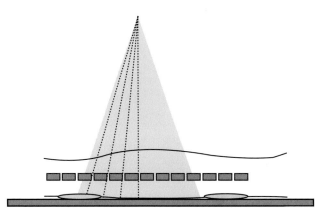

图 3-2 X 线束发散性对椎间隙宽度的影响示意图。灰色阴影区域代表主 X 射线光束。虚线表示通过四个相邻椎间隙的 X 线束。垂直 X 线束将通过中间的椎间隙，成像时会准确呈现出椎间隙的真实大小。但外周的 X 线束与椎间隙角度更加倾斜，这导致椎间隙成像上比实际的更加狭窄，不能代表其真实的大小

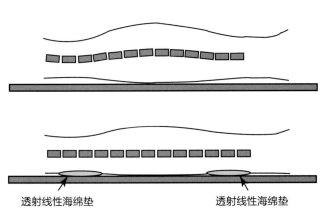

图 3-1 使用透射线摆位垫抬高脊柱下沉的部分使脊柱平行于 X 线检查床。这张图片是一只犬侧躺在 X 线检查床上，矩形代表椎体。如上图所示，当犬侧卧时，由于身体的自然弯曲，椎骨并未排列在同一水平。倾斜的椎体和椎间隙会在 X 线片中失真。在下图中，用透射线垫料垫高脊柱的自然下垂部分，使所有椎体和椎间盘间隙对齐成一条直线，以此减少图像失真

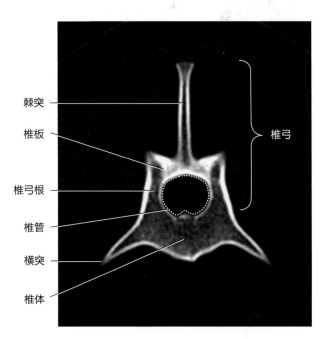

图 3-3 腰椎 CT 的横切面图像，显示所有椎体的主要组成成分

椎体间以两种方式连接：①**椎间盘**（intervertebral disc）连接相邻的椎体；②**关节突关节**（articular process joints）连接椎板。椎间盘是一种软骨和纤维结构，为脊柱活动提供缓冲。正常的椎间盘由外层纤维结缔组织纤维环和中央胶状核髓核组成。一个正常的椎间盘不含矿物质。因此，正常的椎间盘在X线片中表现为椎体间的软组织不透射线区域（即椎间隙）。

在大多数椎体上有4个关节突：左、右前关节突和左、右后关节突。关节突位于椎弓根和椎板交界处的椎弓上。前关节突与前一相邻椎体的后关节突连接，形成关节突关节（图3-4）。在关节突关节中，前关节突位于后关节突的外侧（图3-4）。关节突软骨覆盖的表面被称为**关节突面**（facet）或关节面。术语"关节面"一词不应该用来描述整个关节突或描述整个关节突关节。关节突关节是滑膜关节，含有关节软骨、关节囊和滑膜液。

从侧面看，相邻椎体的椎弓根凹陷形成了一个孔，即**椎间孔**（intervertebral foramen）。脊髓神经、动脉和静脉由此出入（图3-4）。

除了更复杂的 C1 和 C2 外，所有其他椎骨都有 3个主要的骨化中心：一个位于**椎体**（body or centrum），两侧椎弓各有一个[1]。在椎体的头尾两端各有一个生长板，或骺板和相邻次级骨化中心，即骨骺。椎体的生长板为软骨，X线表现为椎体和骨骺之间的线性软组织不透射线区域。在椎体生长板闭合之前，未成熟椎体的腹侧缘是不规则的、呈锯齿状样的（图3-5）。

颈椎

颈椎共有 7 个椎体，每个颈椎的大小和形状的差异比其他脊柱区域大。第一颈椎 C1，又叫**寰椎**（atlas），与枕骨髁相连形成寰枕关节。枕骨髁和 C1之间没有椎间盘。寰枕关节只有屈曲和伸展功能，不能横向或旋转运动。因此，寰枕关节有时被称为 yes

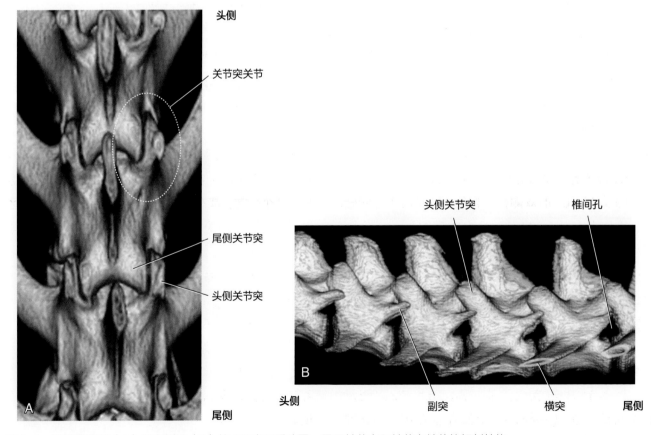

图 3-4　腰椎背侧观（A）和左侧观（B）的 CT 容积重建图，显示关节突和关节突关节的解剖结构

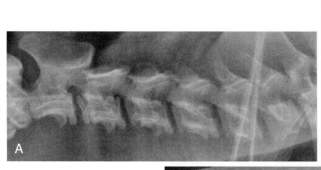
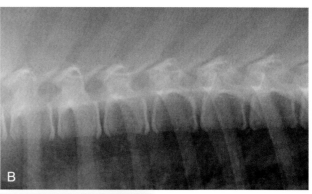
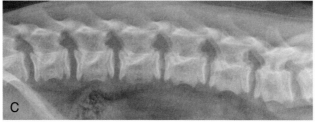

图 3-5 2月龄德国牧羊犬的颈椎（A）和腰椎（C），以及5月龄拉布拉多寻回犬的胸椎（B）侧位片。椎体头侧和尾侧可见垂直的透射线带，为椎体生长板。在骨骼未成熟的患病动物中，在脊柱腹侧，骨骺、生长板与椎体间连接处形成不规则边缘；这种不规则边缘在图A和图C中尤其明显。在生长板闭合后，椎体腹侧缘会变得更光滑

关节（点头关节）。C1的椎弓上没有典型的前后关节突，取而代之的是C1椎体上的前后关节窝，与枕髁和C2椎体分别形成关节结构。这些关节窝的形态在图3-6B中很明显。C1也没有棘突，与其他颈椎相比椎体较短[2]。C1的横突较大，又称为寰椎翼[3]（图3-6和图3-7）。C1两侧各有2个椎孔，分别为位于椎弓前背侧的椎外侧孔，以及位于寰枢翼上的横突孔（图3-6和图3-7）。椎动脉和静脉穿过椎外侧孔和横突孔，C1脊神经从椎外侧孔离开。

C1椎体有三个骨化中心：第1间椎体和双侧椎弓（图3-8）。C1的双侧椎弓在约100日龄于背侧融合，椎体在110～120日龄发生融合[2,4,5]。由于第1间椎体会和寰椎腹侧、齿突影像重叠，因此在X线片中很难被识别。当颈椎轻微旋转时，第1间椎体会像一个分离的骨碎片样结构（图3-9），可能会与骨折相混淆。

C2是最大的颈椎，又叫枢椎（axis）。它最典型的特征是具有较大的棘突，棘突前部与C1的椎板重叠（图3-6A）。与寰枕关节一样，C1和C2之间没有椎间盘。与C1一样，C2上没有前关节突。C2椎体前侧是圆形的，与C1尾部关节窝形成关节（图

3-6B）。C2的后关节突存在于其椎板上，在C2-C3关节的背侧，形成典型的关节突关节（图3-10和图3-10）。由于C2上没有前关节突，侧位片可见无遮挡的C1-C2椎间孔（图3-6A、A1）。在其他颈椎关节的侧位片上，关节突与椎间孔区域重叠。

通常情况下，从椎间孔穿出的脊神经是以椎间孔头侧椎体命名的。例如，L3脊神经是从L3和L4形成的椎间孔穿出。然而，C1脊神经从位于C1和C2椎间孔之前的C1椎外侧孔穿出，C2脊神经是从C1和C2之间的椎间孔发出，并以此类推。因此，虽然只有7个颈椎，却有8对颈段脊神经。这与胸腰椎区域不同，因为胸腰椎的脊神经数量等于椎骨的数量。

C2的另一个独特特征是**齿突**（dens），这是一个由C2椎体头侧形成长圆形突起并延伸至C1椎管的腹侧（图3-11、图3-12和图3-13）。由于齿突重叠在C1的腹侧，所以通常很难在侧位片中看到，但在CT图像中很容易看到，腹背位片通常也容易观察到齿突（图3-6B、B1）。如果需要在侧位片上观察齿突，可轻微旋转头部（图3-13），以避免齿突与寰椎翼的重叠。

寰枢关节可以侧弯或旋转运动，但不能屈曲或

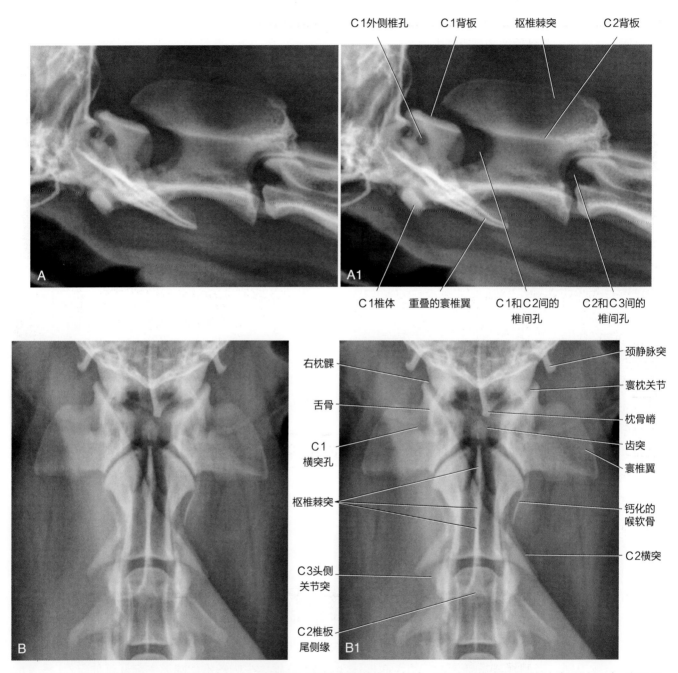

图 3-6 7 岁喜乐蒂牧羊犬的颈椎侧位片（A），6 岁比格犬的颈椎腹背位片（B），以及相应的标记 X 线片（A1、B1）。在图 B 中可见 C1 椎体头尾部的凹陷呈关节窝，这些没有被标记

伸展。这导致了寰枢关节有时也被称为"非关节"。屈伸受限的原因是 C1 和 C2 之间的多个相互连接的韧带起到了固定作用：齿突尖韧带、寰椎横韧带和寰枢椎背韧带（图 3-10、图 3-11 和图 3-12B）。齿突尖韧带有 3 个向头部延伸的韧带束；中间的韧带束延伸至枕骨大孔腹侧的基枕骨，而两侧更坚实的外侧韧带束附着在枕骨上（图 3-12B）。寰椎横韧带很坚实，

从 C1 一侧绕过齿突背侧连结到另一侧，将其固定在 C1 椎体上（图 3-12B）[6]。寰枢椎背韧带是一条粗大的韧带，从 C2 棘突的前腹侧一直延伸到 C1 的椎板（图 3-10）[7]。

有时，由于先天性畸形或创伤或两者都有，会造成寰枢关节不稳定，导致寰枢椎角度异常。评估寰枢关节是否脱位是依据 C1 背板和 C2 背板间的角度（图 3-14）。在正常情况下，两背板应呈近似直线排列（图 3-14）。而 C2 的棘突和 C1 背板之间重叠程度

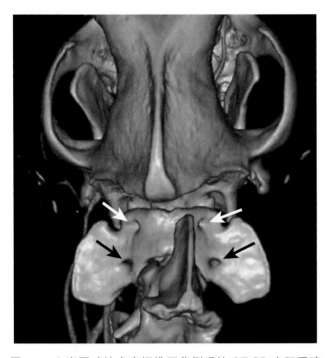

图 3-7　9 岁罗威纳犬寰枢椎区背侧观的 CT 3D 容积重建图。注意 C1 中椎外侧孔（白色箭头）和横突孔（黑色箭头）的位置。由于脊柱没有完全对齐，C2 的棘突向右移位。注意 C1 上的大横突，也称寰椎翼

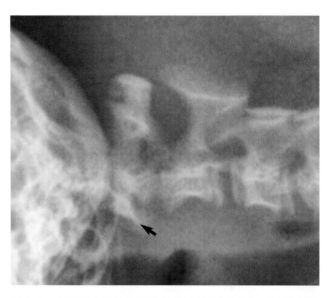

图 3-9　8 周龄吉娃娃的颈椎侧位片的头侧区域。C1 的间椎体尚未和椎弓融合，在椎体腹侧呈分离的骨性结构（黑色箭头）。间椎体因为拍摄体位轻微的倾斜而可见；注意鼓泡没有重叠

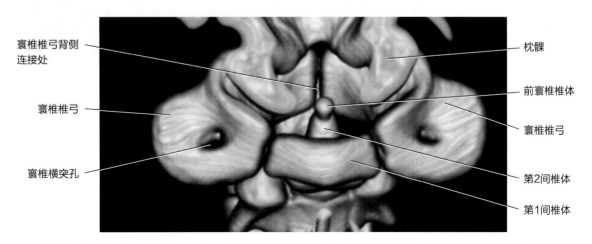

寰椎椎弓背侧连接处

寰椎椎弓

寰椎横突孔

枕髁

前寰椎椎体

寰椎椎弓

第 2 间椎体

第 1 间椎体

图 3-8　11 周龄秋田犬寰枢椎区腹侧的 CT 容积重建图。图上标记了未成熟的寰枢椎区域的骨性组成部分。寰椎的椎弓尚未在背侧融合

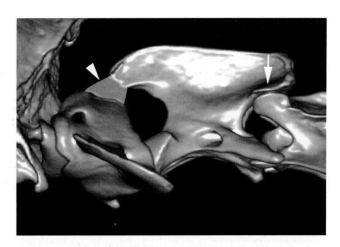

图 3-10　9 岁猎浣熊犬 C1 和 C2 关节连接处的左侧观 CT 容积重建图。在 C1-C2 的背侧没有骨性关节，但有一个发达的寰枢椎背侧韧带（白色无尾箭头），这是稳定寰枢关节的韧带之一。在 C2 上有后关节突，形成了 C2-C3 间典型的关节突关节（白色箭头）

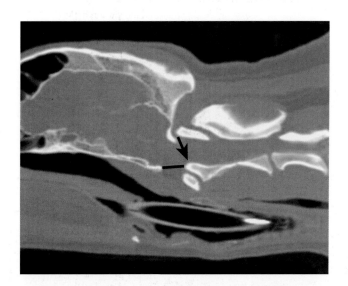

图 3-11　7 岁德国牧羊犬寰枢椎矢状面的矢状面重建 CT 图像。齿突（黑色箭头）从 C2 的前腹侧延伸到 C1 椎管的腹侧。齿突的腹侧结构是 C1 的椎体。黑线表示寰枢关节齿突尖韧带的位置，这是稳定寰枢关节的韧带之一

并不是准确的评估指标，因为在不同的患病动物之间可能有很大的差异，而且他们间距离也因个体而异。然而，C1 和 C2 背板的平行或近平行关系是相对恒定的，是评估 C1-C2 排列是否排列正常的良好指标（图 3-15）。

　　有时会拍摄颈椎屈曲位侧位片来评估是否存在寰枢椎不稳定。操作必须非常谨慎，因为如果存在寰枢椎不稳定，屈曲时可能会因为齿突向背侧移位

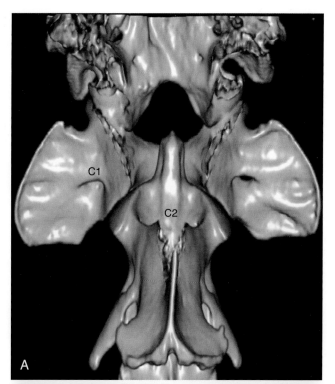

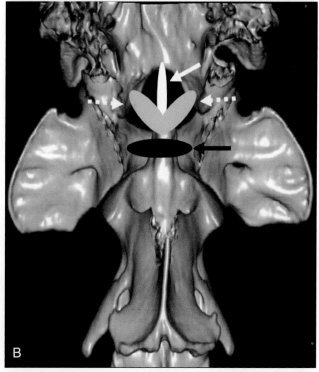

图 3-12　9 岁猎浣熊犬背侧观的 CT 容积重建图像。图像中部分背侧头骨和 C1 和 C2 的背侧椎板已移除。在图 A 中，齿突从 C2 椎体向前侧延伸到 C1 椎管的腹侧。在图 B 中，可以看到多条稳定 C1-C2 关节以防止其屈曲的韧带。中线上的白色韧带（白色实心箭头）是齿突尖韧带的中束，连接着齿突和基枕骨。灰色韧带（虚线的白色箭头）是齿突尖韧带的侧束，连接齿突和枕骨。黑色韧带（黑色箭头）是横跨齿突背侧的寰椎横韧带

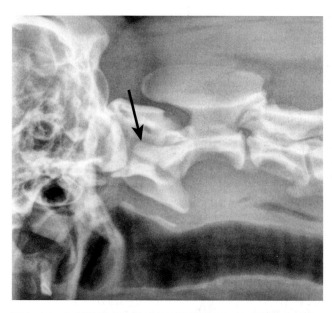

图 3–13　2 岁腊肠犬轻微旋转颈椎侧位片。注意鼓泡未重叠，齿突（黑色箭头）因未被寰椎翼重叠而更显影

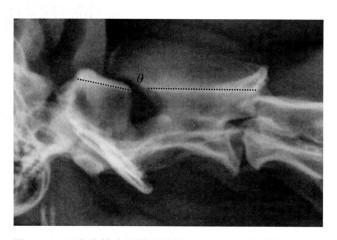

图 3–14　7 岁比格犬颈椎侧位片。C1 和 C2 的背板已用虚线勾勒出。这些椎体的椎板之间的关系应该是平行的或只有很小的角度，如图所示。用 θ（angle theta，θ）表示角度，θ 可以略大于或略小于 180°

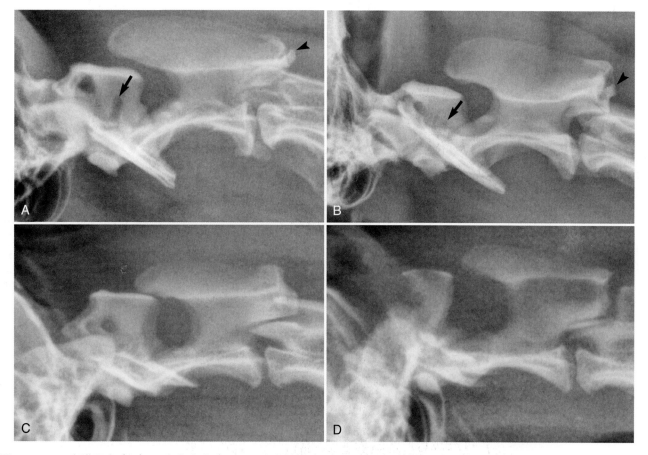

图 3–15　12 岁腊肠犬（A）、7 岁杂交犬（B）、7 岁吉娃娃（C）和 3 岁玩具贵宾犬（D）的前段颈椎侧位片。C2 棘突与 C1 背板的重叠程度以及距离远近在犬之间有所不同，但 C1 和 C2 背板的直线关系是恒定的。每只犬都能看到椎外侧孔。在图 D 中，椎外侧孔的头侧是不完整的，在椎板的头侧形成了一个有缺口的边缘。横突孔在图 A 和图 B 中可见（黑色箭头），但在图 C 和图 D 中不太明显。在图 A 和图 B 中，注意 C2 椎板最背尾侧的不规则边缘（黑色无尾箭头）。这种影像是正常的，避免与病理性新骨生成相混淆

而压迫脊髓，导致不可逆的脊髓损伤。在寰枢椎韧带正常的犬中，屈曲位时 C1 与 C2 的相对位置应该没有变化或变化极小（图 3-16）。

C2 在胚胎时期发育是复杂的，因为它有 7 个骨化中心：2 个椎弓、第 2 椎体、尾侧骨骺（the caudal epiphysis）、第 2 间椎体、第 1 椎体和前寰椎体（centrum of the proatlas）（图 3-17）。前寰椎体也是 C1 胚胎学的一部分[4,5]。第 1 椎体和前寰椎体形成齿突（图 3-8）。前寰椎体与第 1 椎体在 100 ~ 110 日龄融合，第 2 间椎体与第 1 椎体、第 2 椎体在 115 ~ 150 日龄融合，尾侧骨骺与 C2 在 220 ~ 400 日龄融合[2]。

有时，在成年犬的 C2 椎弓中也有明显的线性透射线区域。这处为血管通道，不应与骨折或骨溶解相混淆（图 3-18）。此外，C2 椎弓部分可看见骨小梁，通常是非常不均匀、粗糙的圆形透射线区域。这种外观也不应与骨溶解相混淆（图 3-19）。C2 椎弓中这些局灶性透射线区域的原因尚不清楚。

C2 和 C3 关节突关节背侧、C2 椎弓尾部通常是不规则的。这种正常的影像不应被误为病理性新骨生成（图 3-15A、B 和图 3-19A、C）。

C3、C4 和 C5 是相似的，没有明显不同的特征（图 3-20）。与 C1 和 C2 一样，C3、C4 和 C5 中每个

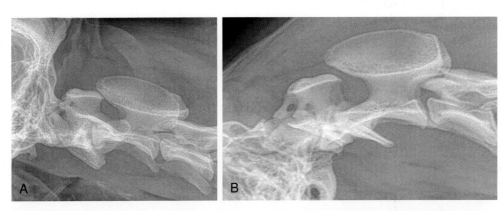

图 3-16   6 岁杂交犬颈椎前段侧位片（A）和屈曲位片（B）。在图 A 中，齿突不可见，可能是由于先天性的缺失。在图 B 中，C1 与 C2 的背板呈平行关系。在没有寰枢椎不稳定的犬中，屈曲时 C1 与 C2 的角度应该没有变化或变化极小

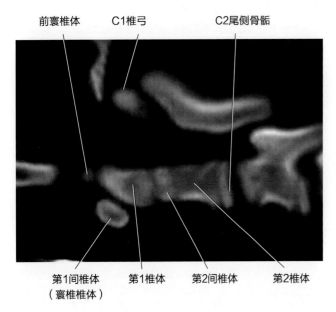

图 3-17   4 月龄秋田犬颈椎前段矢状面的 CT 容积重建图像。在这张图片中标记了 C2 的一些组成结构

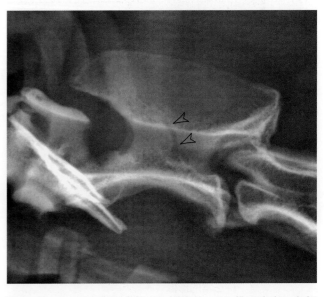

图 3-18   10 岁大麦町犬的 C2 侧位片。C2 椎弓内有一条粗的透射线血管通道（黑色空心无尾箭头）。这不应与骨折或骨溶解相混淆

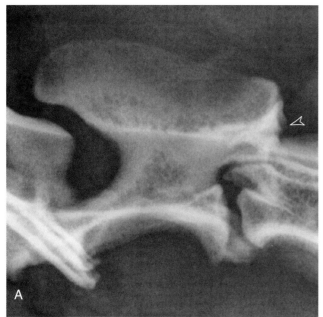

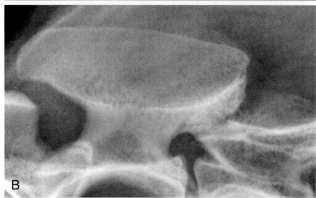

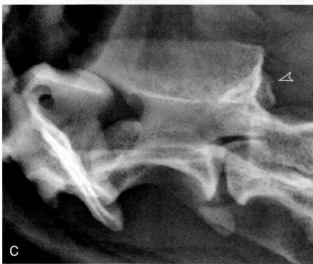

图 3-19　15 岁杂交犬（A）、8 岁巴吉度犬（B）和 10 岁波士顿狸（C）的 C2 侧位片。在每只犬中，枢椎的部分椎弓会出现多个类似局灶性骨溶解区域外观，这其实是粗糙的骨小梁形态。这是一种正常的影像，不应与病理性骨溶解相混淆。C2-C3 关节突关节背侧、C2 椎弓尾侧通常不规则，这种正常的影像不应与病理性新骨生成相混淆（图 A 和图 C 中的无尾箭头）

椎弓根都有椎动脉通过横突孔。C3、C4、C5 的前关节突明显大于胸腰椎的关节突。因此，在侧位片中，C3–C7 的前关节突与椎间孔重叠（图 3-20 和图 3-21）。C3 的前关节突小于 C4-C7 的前关节突，因此 C2-C3 椎间孔上的重叠影像较少（图 3-6A、A1）。

椎体在胚胎期分节失败，也称**融合椎**（block vertebra），是一种在头侧至中段颈椎区域常见的发育异常。融合椎是由于椎体分节过程紊乱。融合的椎体之间的椎间盘不完全发育，但可能存在残留的透射线的椎间隙。因此，融合椎间的椎间隙变窄或消失[8]（图 3-22）。融合椎通常包括 2 个相邻的椎体，但也可发生 3 个相邻椎体的融合（图 3-22E、F）。融合椎引起的生物力学改变可导致邻近椎体的退行性病变和椎间盘疾病（图 3-22），但融合椎本身不会造成临床症状。

与 C3、C4、C5 相比，C6 棘突稍大、横突非常大（图 3-23 和图 3-24）。如果投照范围有限，较大的横突是识别 C6 的非常好的标志物（图 3-25 和图 3-26）。C6 的椎弓根上也有供椎动脉通过的横突孔（transverse foramen）（图 3-24 和图 3-27）。在横突孔较大的犬中（图 3-27），横突孔的形成会导致局部骨密度下降，使得侧位片上椎弓根和椎体中形成局灶性的、相对边缘清晰的透射线区域，应避免与病理性骨溶解相混淆（图 3-28）。

C7 在外观上与 C3-C5 相似，只是棘突较大（图 3-25）。此外，C7 的椎弓根内没有横突孔；因此，椎动脉在此位于横突的腹侧（图 3-29）。C5-C6 和 C6-C7 处的椎间孔在侧位 X 线上被大的关节突所遮挡（图 3-26）。

先天性移行椎（transitional anomalies）常见于颈胸椎、胸腰椎和腰荐椎交界处。这些异常是由于连接处的椎体同时具有相邻区域的不同特征。颈胸交界处最常见的移行椎是 C7 上出现了肋骨。颈椎的肋骨很可能是由于异常发育的横突形成，也可能是小的、孤立的骨性结构（图 3-30）或更发达的骨性结构与第 1 胸椎肋骨形成关节，在这种情况下的第 1 胸椎肋骨通常也是畸形的（图 3-31）。颈椎肋骨无临床意义。

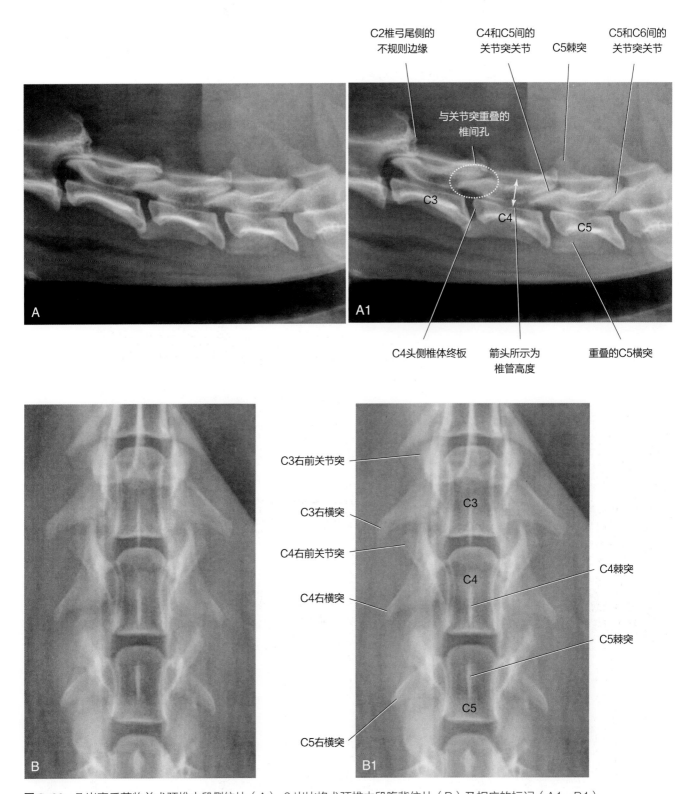

图 3-20 7 岁喜乐蒂牧羊犬颈椎中段侧位片（A），6 岁比格犬颈椎中段腹背位片（B）及相应的标记（A1、B1）

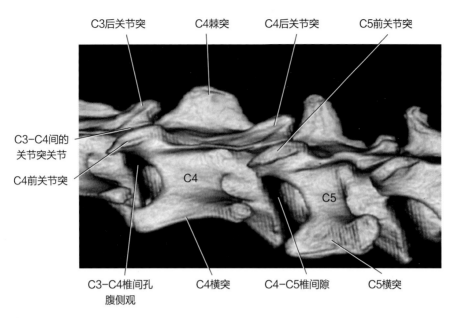

C3后关节突　　C4棘突　　C4后关节突　　C5前关节突

C3-C4间的
关节突关节

C4前关节突

C4

C5

C3-C4椎间孔
腹侧观　　　C4横突　　C4-C5椎间隙　　C5横突

图 3-21　8岁灰猎犬颈中段 CT 容积重建图左侧观。注意在颈椎侧位片上大的前关节突会掩盖部分椎间孔影像。在胸椎和腰椎区域，关节突较小，椎间孔被遮挡得较少

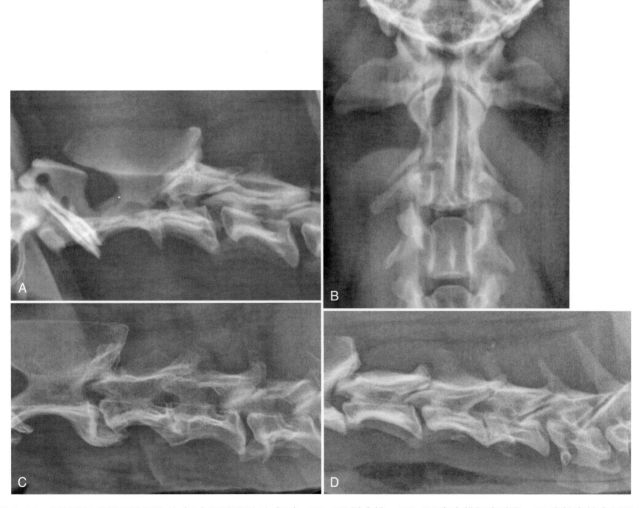

图 3-22　5岁腊肠犬的颈椎侧位片（A）和腹背位片（B）。C2-C3 融合椎，C3-C4 存在椎间盘矿化。10岁拉布拉多寻回犬的侧位片（C），C3-C4 为融合椎。在 C2-C3 和 C4-C5 处都有椎关节强直。5岁澳大利亚牧羊犬的侧位片（D），C4-C5 为融合椎

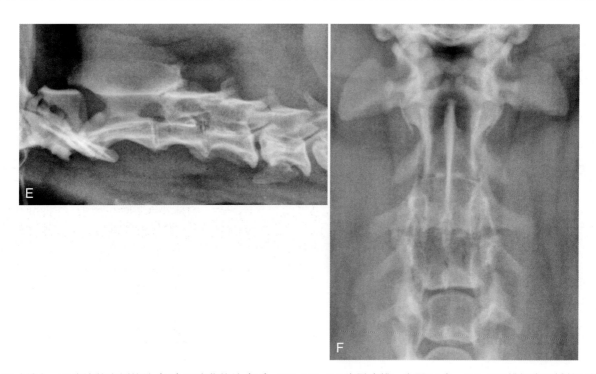

图 3-22（续） 12 岁比熊犬侧位片（E）和腹背位片（F），C2-C3-C4 为融合椎。在图 E 中，C4-C5 椎间盘区域的局灶性透射线影像是由于融合椎牵引所致的真空现象

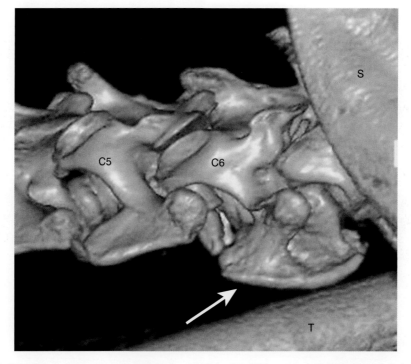

图 3-23 9 岁猎浣熊犬后段颈椎左侧观 CT 容积重建图像。注意与 C5 相比，C6 上的横突较大（白色箭头）。S，肩胛骨；T，气管

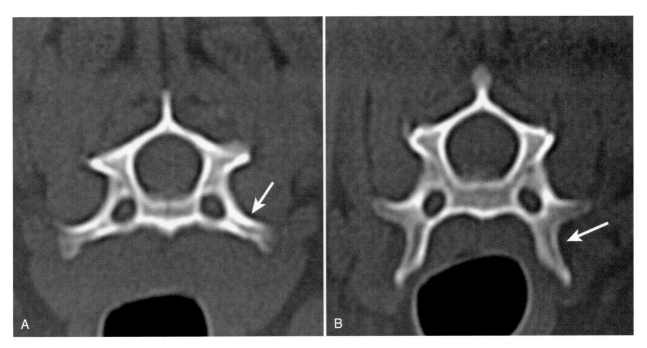

图 3-24　9 岁腊肠犬的 C5（A）和 C6（B）的横断面 CT 图像。注意 C6（图 B 中箭头）与 C5（图 A 中箭头）相比，C6 上有较大的、更向腹侧突出的横突。椎弓根上可见横突孔

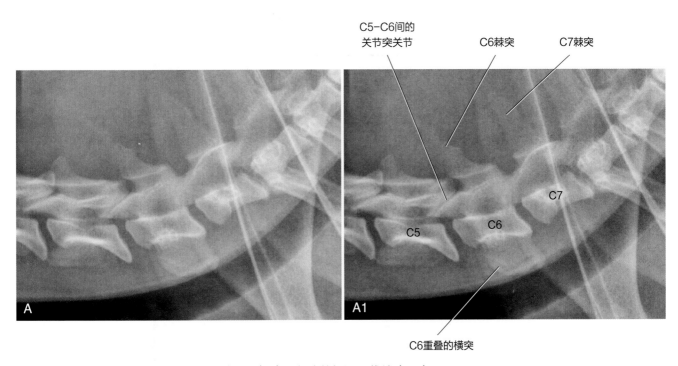

图 3-25　7 岁苏格兰牧羊犬的后段颈椎侧位片（A）和相应的标记 X 线片（A1）

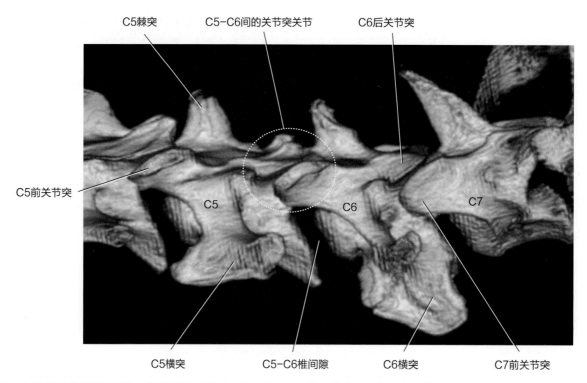

图 3-26   8 岁灵猩犬后段颈椎的左侧观 CT 容积重建图。注意 C6 的大横突，可作为在颈椎 X 线片中识别 C6 的标志物

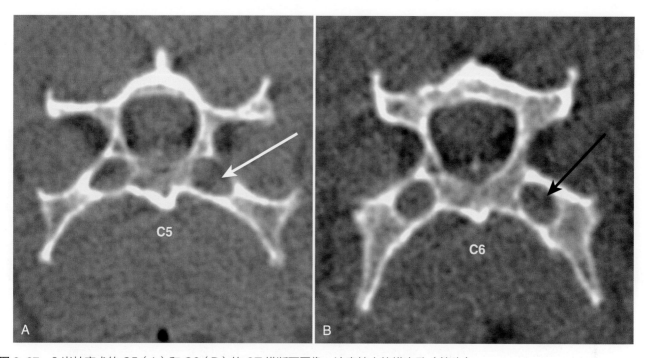

图 3-27   8 岁杜宾犬的 C5（A）和 C6（B）的 CT 横断面图像。注意较大的横突孔（箭头）

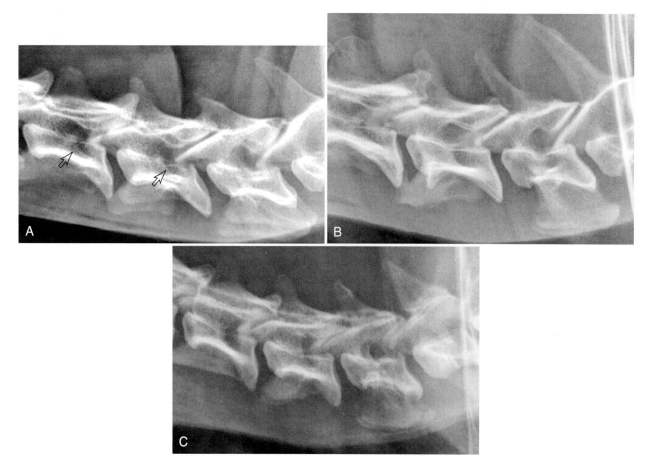

图 3-28　8 岁混种犬（A）、14 岁混种犬（B）和 15 岁混种犬（C）的颈椎后段侧位片。在每张 X 线片中，C4、C5 和 C6 背侧椎体有明显边缘清晰的透射线区域，向背侧延伸至椎弓根（图 A 中的黑色空心箭头）。这些是大的横突孔重叠影像，不应与病理性骨溶解相混淆

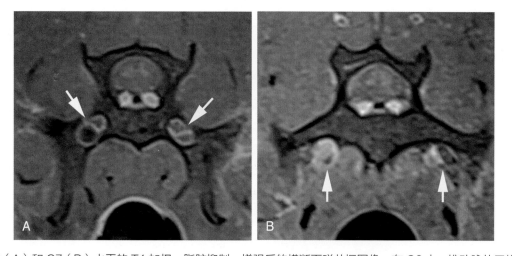

图 3-29　C6（A）和 C7（B）水平的 T1 加权、脂肪抑制、增强后的横断面磁共振图像。在 C6 中，椎动脉位于椎弓根上的横突孔内（白色箭头）。在 C7 中，椎弓根无横突孔，椎动脉（白色箭头）位于横突的腹侧

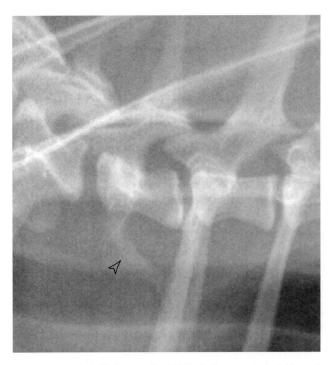

图3-30 9岁西施犬颈胸交界处侧位片。C7上有小的畸形肋骨影像（黑色空心无尾箭头）

与犬相比，猫的颈椎更趋于长方形，骨小梁形态较粗糙，C6横突较其他颈椎横突不明显（图3-32），猫C6的横突也更向外侧突出（图3-33）。此外，犬只有C6的横突突向腹侧，而猫中C4、C5和C6的横突都轻微地突向腹侧。这使得这些椎体腹侧出现类似新骨生成的影像，可能与椎关节强直相混淆（图3-32A和图3-34）。

胸椎

正常胸椎共有13个。之前描述的典型椎体的特征均适用于胸椎中（图3-35）。成对的肋骨与每个胸椎的头侧面相连。前几对肋骨头较后段肋骨分叶更明显（图3-36），特别是在腹背位片上这些分叶非常明显，可能被误认为病理过程导致的新骨形成（图3-37）。

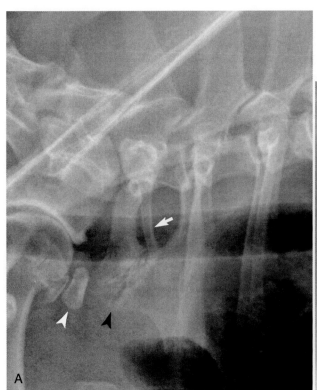

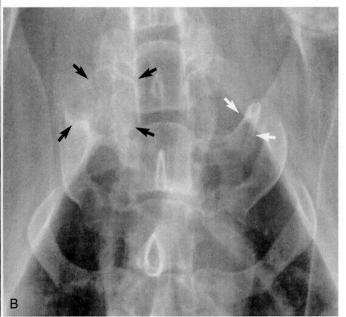

图3-31 14岁金毛寻回犬颈胸交界处侧位片（A）和腹背位片（B）。C7左侧有一个小的肋骨（白色箭头），C7右侧有一个大的肋骨。右侧较大的颈肋骨与右侧异常发育的第一肋骨形成关节（图A中的黑色无尾箭头），形成一个大的异形骨结构（图B中的黑色箭头）。肩关节尾侧有多个矿化骨碎片（图A中为白色无尾箭头），这些与颈椎肋骨畸形无关

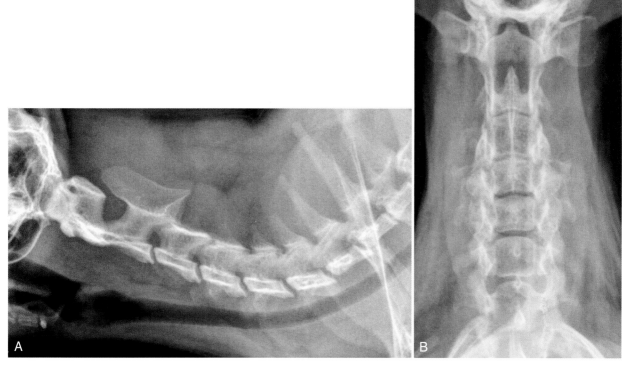

图 3-32　A，1 岁家猫的颈椎侧位片。B，7 岁家猫的腹背位片。一般来说，猫的椎体比犬更趋于长方形，骨小梁纹理更粗糙。C4、C5 和 C6 的横突都轻微地朝向腹侧，可能被误认为椎体腹侧的新骨生成

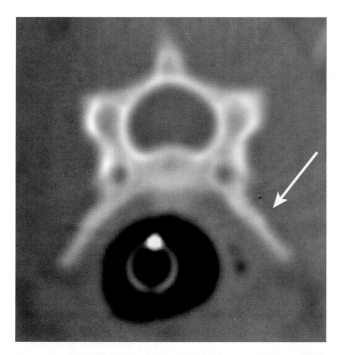

图 3-33　一只猫 C6 的 CT 横断面图像。与犬相比，猫的 C6 横突更向外侧而不是腹侧生长。这使得猫的横突不如犬的明显。与图 3-24B 进行比较

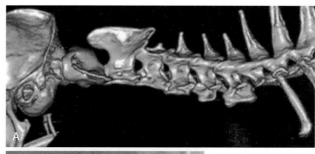

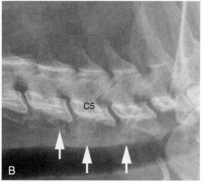

图 3-34　A，10 岁家猫颈椎的左侧观 CT 容积重建图像。注意 C4、C5 和 C6 横突的腹侧延伸。这可能在颈椎侧位片上有类似腹侧新骨生成的表现，从而被误诊为椎关节强直。B，12 岁波斯猫的颈椎侧位片。注意 C4-C6 上横突的腹侧延伸（箭头），这可能被误诊为椎关节强直导致的病理性新骨生成

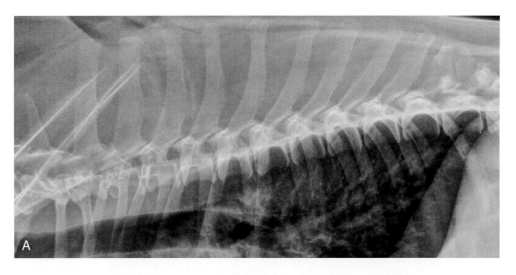

T1棘突　　单侧肩胛骨　　T3-T4间的椎间孔　　T5-T6间的关节突关节　　T7棘突

T4-T5间的椎间隙　　　　箭头所示为椎管高度

T11棘突　　T11-T12间的椎间孔　　T12-T13间的关节突关节

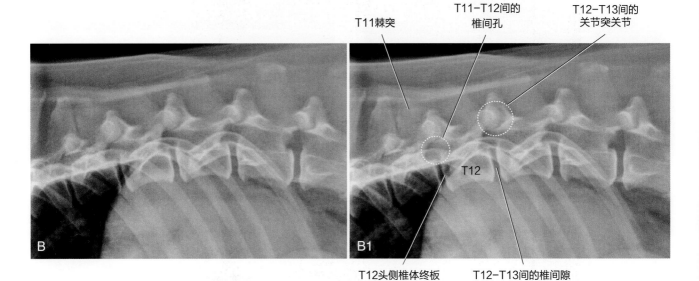

T12头侧椎体终板　　T12-T13间的椎间隙

图3-35　11岁金毛寻回犬胸椎侧位片（A、B）和腹背位片（C、D）

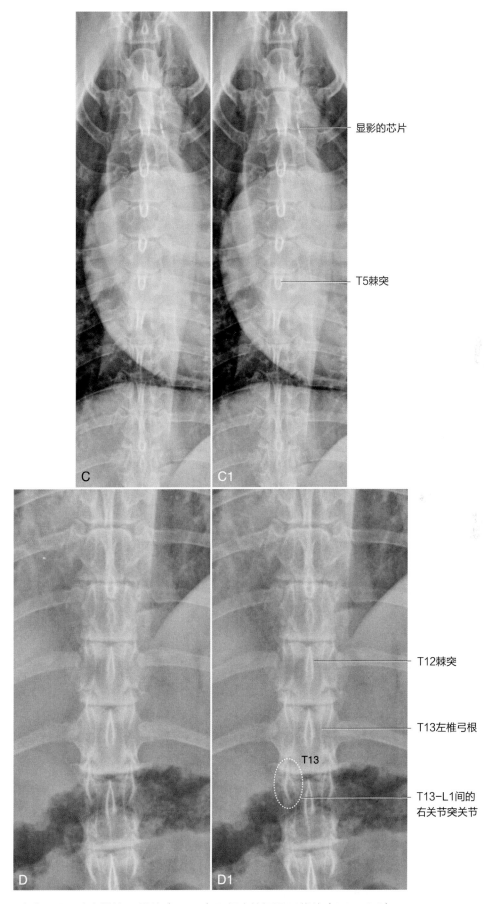

显影的芯片

T5棘突

T12棘突

T13左椎弓根

T13

T13-L1间的
右关节突关节

图 3-35（续） 11 岁金毛寻回犬胸椎的 X 线片（C、D）和相应的标记 X 线片（A1 ~ D1）

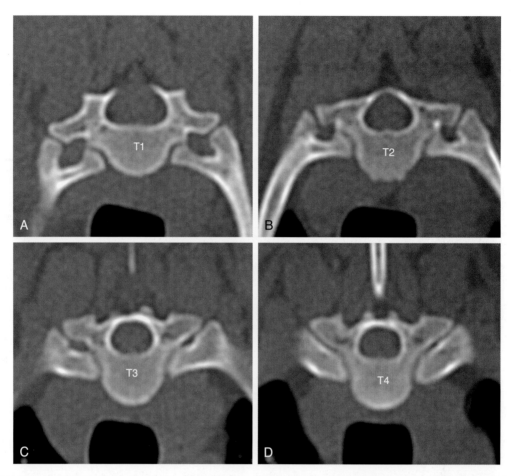

图 3-36 5岁德国腊肠犬的 T1（A）、T2（B）、T3（C）和 T4（D）的 CT 横断面图像。T1-T4 越尾侧的椎体，其肋骨头形态越趋向于单叶形。头侧胸椎肋骨头呈分叶状，在 X 线片上非常明显，且易被误认为膨大性骨病变（expansile bone lesion）

胸椎棘突高度从第一胸椎 T1 后逐渐降低，其形状也发生变化。胸椎棘突弯曲且背侧端较基部向尾侧的倾斜。越后段的胸椎，弯曲程度越小，棘突的背侧端越接近椎体的中心点。棘突垂直于椎体中心点的椎体称为**直棘椎体**（anticlinal vertebra）。自直棘椎体再往后椎体棘突再次呈弯曲样，但方向相反，即棘突的背侧端位于中线的头侧（图 3-38 和图 3-39）。虽然有其他的针对直棘椎体定义[9]，但最被广泛接受的定义还是棘突背侧端垂直于基部。直棘椎体最重要的意义就是作为解剖学上的标记点，但是直棘椎体的位置并不总是相同的。例如，大型犬的直棘椎体通常为 T11，而小型犬为 T10[9]（图 3-39）。

从胸椎中段开始往后，椎弓根尾侧缘出现了小的副突。由于肋骨影像重叠，在胸椎中通常看不到副突，但在一些犬中也可以看到（图 3-40）。

移行椎常出现在胸腰椎结合处。这些通常累及 T13 上的肋骨异常。肋骨可能表现为缺失、发育不全或畸形，出现异常的横突（图 3-41）。胸腰椎移行椎具有重要临床意义，因为侵入性操作，如细针抽吸或脊椎减压术，是以最后肋弓作为解剖标志物定位术部的。最后一对肋骨的不对称会使 T13 难以辨别，可能导致在错误的通路进行手术。

半椎体（hemivertebra）是另一种常见的先天性椎体异常。半椎体是由于椎体发育异常形成的楔形椎体（wedge-shaped vertebra）。半椎体通常无临床症状，但当出现严重的或多个半椎体时，可能导致脊柱排列不良和脊髓压迫。半椎体常见于斗牛犬、法国斗牛犬、波士顿㹴和巴哥犬的胸椎、荐椎和尾椎。在侧位片中，半椎体的腹侧通常比背侧窄，腹背位片呈蝶形（图 3-42）。

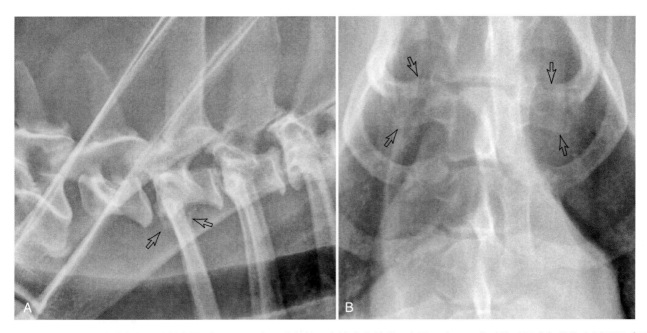

图 3-37 A,7 岁罗威纳犬前段胸椎侧位片。B,10 岁混种犬前段胸椎腹背位片。在图 A 中,T1 分叶状肋骨头与椎体腹侧重叠（黑色空心箭头），形成不透射线区域，可能被误认为异常的新骨生成。第一肋骨的分叶状肋骨头（图 B 中黑色空心箭头）尽管是双侧对称的，仍可能被误认为膨大性骨病变

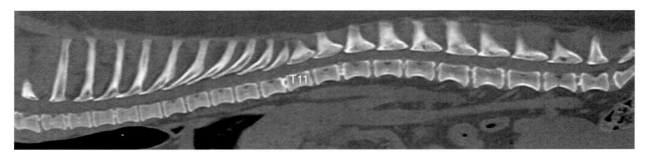

图 3-38 5 岁腊肠犬的胸腰椎 CT 矢状面图像。注意从 T1 开始向后棘突形态的变化。棘突变得更短和倾斜，在胸腰椎区域几乎垂直，然后往反方向倾斜。棘突几乎完全垂直的椎体被称为直棘椎体；这只犬的直棘椎体在 T11。多个椎间盘矿化

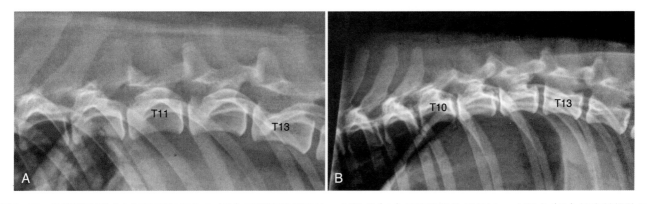

图 3-39 8 岁萨摩耶（A）和 7 岁北京犬（B）后段胸椎侧位片。大型犬（A）的直棘椎体是 T11；小型犬（B）的直棘椎体是 T10

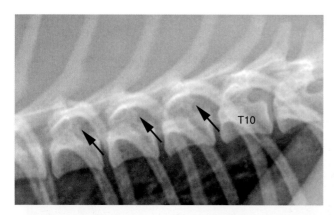

图 3-40　1 岁吉娃娃的胸椎侧位片。由于肋骨的形态和影像学摆位，可以看到几个副突（黑色箭头）

胸椎半椎体最常见于 T7、T8 和 T12[10]（图 3-43）。胸椎半椎体通常会导致脊柱的背弯，又称为**脊柱后凸**（kyphosis）。由于半椎体造成的生物力学特性的改变，相邻的正常椎体可发生重塑（图 3-43）。当胸椎中存在多个相邻的半椎体时，肋骨的位置通常比正常更紧密和拥挤（图 3-44）。椎体的拥挤也可能与相邻的椎体棘突融合有关（图 3-45）。

猫的胸椎没有犬独特的解剖特征。一般来说，猫的肋骨不像犬向背侧弯曲，这使得椎间孔在 X 线片中清晰可见（图 3-46）。这也使后段胸椎尾侧的副

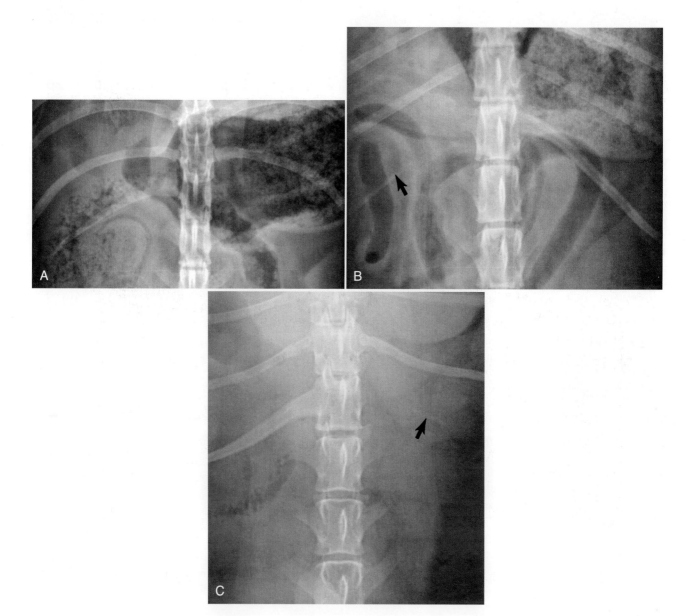

图 3-41　A，8 岁巴哥犬胸腰椎交界处腹背位片。左侧第 13 根肋骨缺失，右侧第 13 根肋骨发育不全。B，3 岁美国可卡犬胸腰椎交界处的腹背位片。右侧第 13 根肋骨发育不全（黑色实心箭头），左侧第 13 根肋骨发育为畸形横突。C，7 岁马尔济斯犬胸腰椎交界处腹背位片。左侧第 13 根肋骨发育不全（黑色实心箭头），右侧第 13 根肋骨发育为畸形横突

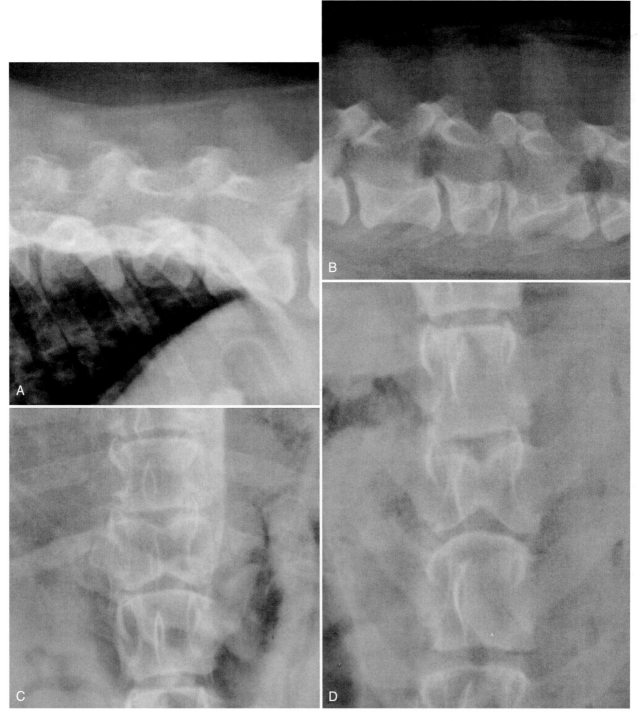

图 3-42 3 岁斗牛犬的侧位片（A、B）和腹背位片（C、D）。T13（A、C）和 L4（B、D）为半椎体。由于没有肋骨的重叠影响，半椎体在腰椎中更为明显。半椎体的腹侧通常比背侧窄，在腹背位片呈蝴蝶状，如图 C 所示

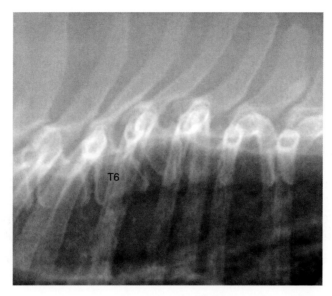

图 3-43　3岁波士顿犭更的侧位片。T7 为半椎体。畸形的椎体导致胸椎的背移，并且 T6 的尾侧存在继发性重塑

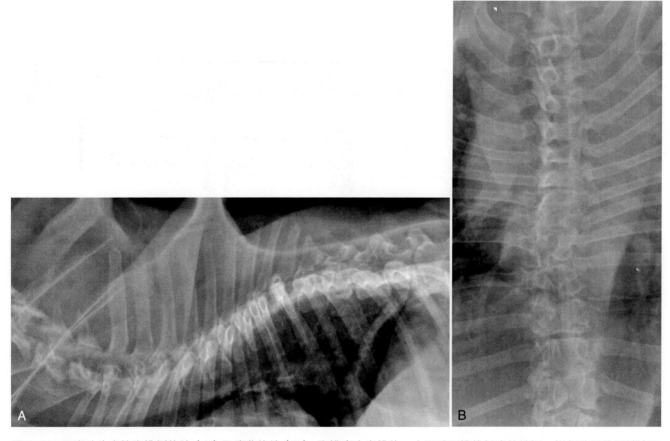

图 3-44　9岁斗头犬的胸椎侧位片（A）和腹背位片（B）。胸椎多个半椎体。由于畸形椎体长度的缩短，相邻肋骨的近端比正常情况下更紧密

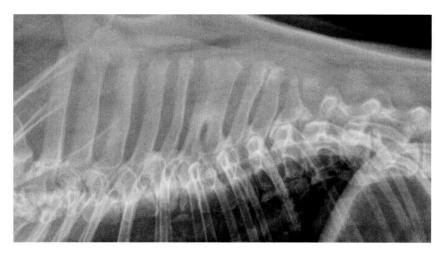

图 3-45　8 岁法国斗牛犬的胸椎。多个椎体畸形，其相关脊柱缩短也与 T6 和 T7 棘突融合有关

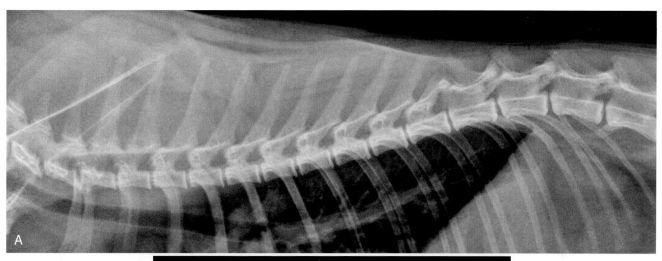

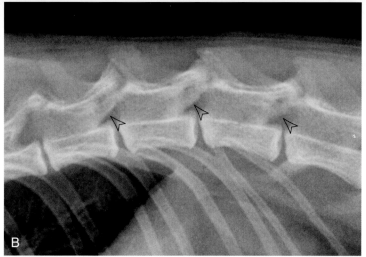

图 3-46　1 岁家猫的胸椎侧位片（A）和后段胸椎的放大图（B）。猫的肋骨不会像犬一样向背侧弯曲，这使得椎间孔不会受到太多遮挡，同时也使得胸椎副突清晰可见（图 B 中的黑色空心无尾箭头），这在犬上很少见

突更易被看到（图 3-46B 中黑色空心无尾箭头）。

腰椎

正常情况下，腰椎有 7 个。前文所述的脊椎的典型特征都适用于腰椎（图 3-47）。前几节腰椎的副突通常发育良好，并在侧位片上可见（图 3-4 和图 3-47B1）。L3 和 L4 腹侧的皮质可能较其他腰椎影像不清，尤其是在大型犬上更明显，并可能被误诊为侵袭性病变（图 3-47A、B 和图 3-48）。腰椎椎间孔在侧位片上清晰可见（图 3-47A）。

偶尔会因为 T13 肋骨缺失，而出现 8 个腰椎。胸腰椎通常包含 13 个胸椎和 7 个腰椎，超过 20 个椎骨的情况是罕见的[3]（图 3-49）。为了确定是否存在多余的腰椎，X 线片必须包括看到完整的胸椎和腰椎，以排除 T13 双侧肋骨同时缺失的可能。多生腰椎无临床意义。

腰荐结合处轻度屈曲 / 伸展都是正常的。通常很少通过 X 线片来评估这一点，但偶尔可以在疑似腰荐不稳定的患犬中，尝试先向前再向后的方式牵拉后肢来评估腰荐结合处的活动范围。图 3-50 所示为正常的活动范围。目前，正常范围的标准尚未无定论。

腰荐结合处是移行椎的常见位置。最常见于最后一个腰椎，这种腰椎具有荐椎的某些特征，称为腰椎荐椎化。L7 的荐椎化，最常见的畸形是 L7 的一侧与髂骨形成关节，另一侧保留横突（图 3-51 和图 3-52）。由于荐椎化，侧位片上的 L7 与荐椎之间的角度通常比正常时更平直。对比腰椎荐椎化的犬相对平直的腰荐角（图 3-52A）与正常犬的腰荐角（图 3-50A）。

L7 荐椎化的另一个表现是侧位片中腰荐结合处位于更靠尾侧的位置（图 3-53）。由于 L7 与髂骨形成关节，荐椎与髂骨形成的关节位于较正常位置更靠尾侧。脊柱与骨盆关节的不对称连接也会造成骨盆的骨骼发育不对称（图 3-53）。

与 L7 荐椎化相关的骨盆不对称也会导致腹背伸展位上难以摆正骨盆（图 3-54）。荐髂关节的左右不对称导致不可能获得左右对称的骨盆腹背位片。此外，由于生物力学改变导致退行性椎间盘疾病和椎关节强直，会造成神经压迫，L7 的荐椎化增加了马尾神经综合征发生的可能性[11]。

在一些犬上，L7 的长度会明显短于其他腰椎。这是一种正常的变异，不具有临床意义（图 3-55）。

猫腰椎的解剖特征与犬一致。一般情况下，猫的椎体长高比大于犬，横突相对较长（图 3-56）。

荐椎

荐椎由 3 个融合的椎体组成，从头到尾逐渐变小。荐椎与髂骨融合，将后肢 / 骨盆与脊柱的连接起来。将正常融合的 3 块荐椎节段作为一块完整的椎骨，定义为荐椎（图 3-57）。可能会出现各荐椎节段未完全融合的情况（图 3-58）。在猫上，第二和第三荐椎未融合的现象尤其常见（图 3-59）。S2 和 S3 未融合并不重要。腰荐结合处（如前所述）和荐尾结合处也会发生椎体移行（图 3-60）。如需明确是否存在荐椎移行椎，有必要拍摄完整腰荐椎 X 线片。

荐椎与髂骨形成关节的部分称为耳状面（图 3-61）。在骨盆侧位片上，耳状面在髂骨上的重叠有时表现为边缘不清的不透射线性增加区域。注意不应将这种表现误诊为病理性骨增生（图 3-62）。此外，荐椎腹侧缘有时略弯曲，或头侧和尾侧的角度略有不同（图 3-63）。荐椎非线性排列可能造成荐椎不连续的错觉，导致误诊为荐椎骨折（图 3-64）。最后，在拍摄腰椎和荐椎区域时，大多数犬由于降结肠和直肠中粪便的存在，腹背位片上粪便重叠形成的透射线线性结构，容易与荐椎骨折相混淆（图 3-65）。

曼岛猫携带一种突变基因，会导致不同程度的尾椎缺失。在 X 线片上，这类猫可能存在尾椎变形、尾椎缺失和（或）荐椎畸形（图 3-66 和图 3-67）。该区域的解剖异常还可能伴随神经功能障碍，导致后肢轻瘫 / 瘫痪、粪便潴留和便秘。

在一些猫中，荐椎的尾腹侧有一个光滑的突起，可能与骨痂混淆。这是正常的解剖变异，不提示有既往创伤病史（图 3-68）。

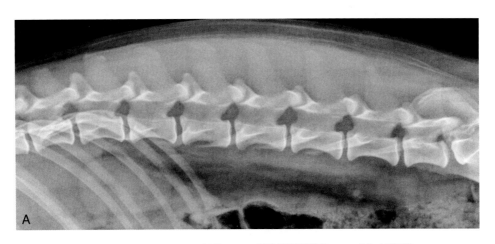

<table>
<tr><td>L2棘突</td><td>L3-L4间的
椎间孔</td><td>箭头表示椎管的
高度</td><td>L5-L6间的
关节突关节</td><td>髂嵴</td></tr>
</table>

L2

L4

L2-L3间的
椎间盘间隙 　　　　L5横突 　　　　椎间孔上重叠的荐椎
头侧关节缘

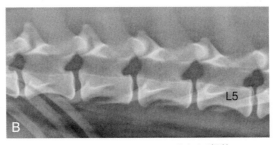

L5

L4-L5间的
关节突关节

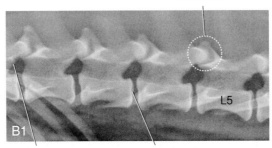

L5

L1副突 　　　　L3尾侧椎体终板

图 3-47　侧位片（A、B）

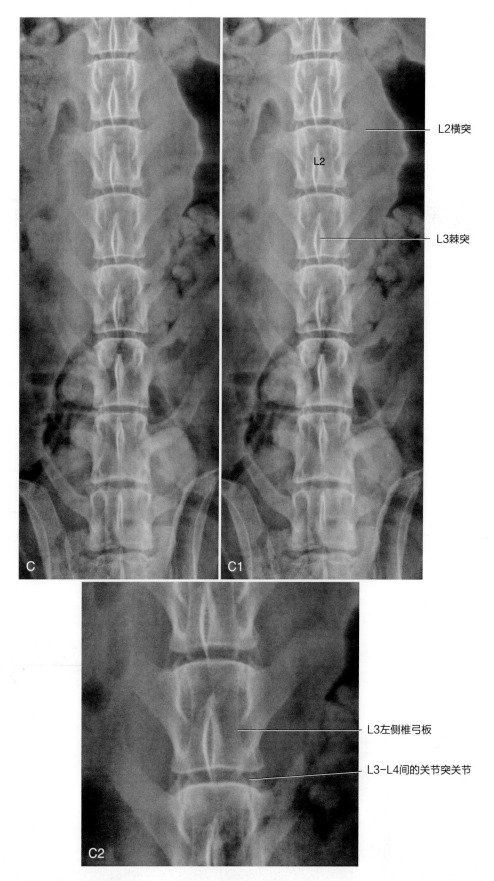

L2横突

L3棘突

L3左侧椎弓板

L3–L4间的关节突关节

图3-47（续） 10岁罗威纳犬腰椎的腹背位片（C）和相应的标记（A1～C2）。在图A和图B中，注意L3和L4椎体腹侧皮质相较L2和L5更模糊。这种正常的外观不应与侵袭性骨破坏疾病进程相混淆

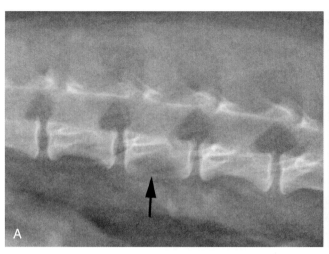
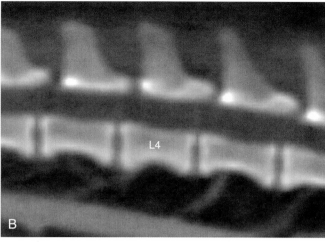

图 3-48 A，9 岁吉娃娃的腰椎侧位片。L4 椎体的腹侧缘（箭头）与相邻椎体的腹侧缘相比影像不清。这是许多犬中的正常现象，可能与病理性骨侵袭相混淆。B，图 A 中同一只犬的腰椎矢状面 CT 重建图像。L4 腹侧缘正常，没有侵袭性病变的迹象。X 线片中 L4 腹侧缘影像不清的原因尚不明确

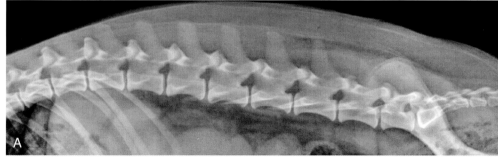
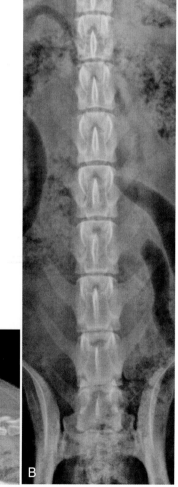

图 3-49 3 岁新斯科舍猎鸭寻回犬的腰椎侧位片（A）和腹背位片（B）。存在 8 个腰椎

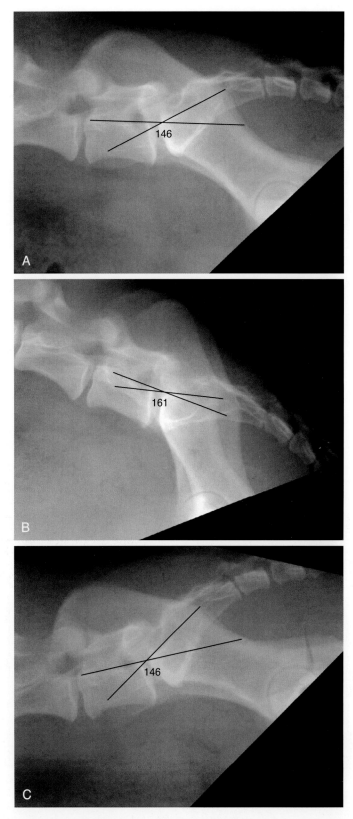

图 3-50　2 岁拉布拉多寻回犬腰荐结合处的侧位片，后肢处于自然状态（A）。后肢向头侧牵拉以屈曲腰荐结合处（B），后肢向尾侧拉伸以伸展腰荐结合处（C）。沿腰荐椎椎管底部作一条黑线，以放大 L7 和 S1 之间成角的可视程度。这些数字代表腰荐角的近似值，仅作为差异程度的参考，而非正常参考值。腰荐结合处有一定活动角度是正常的，但具体的活动范围参考值尚未量化。在这只犬上，自然状态和伸展位之间的腰荐角没有变化

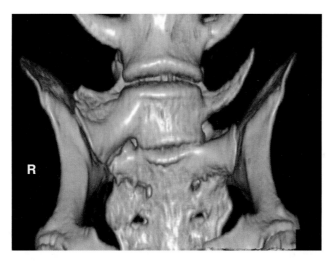

图 3-51　犬腰荐结合处的 CT 3D 容积重建图像，腹侧观可见 L7 荐椎化。L7 右侧（R）与髂骨融合，左侧横突正常。这种不对称会导致腰荐结合处生物力学负荷的改变，并可能导致 L7-S1 出现显著的退行性病变，以及髋关节炎过早出现

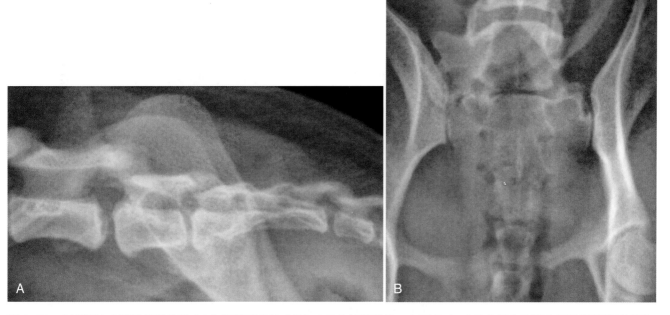

图 3-52　4 岁混种犬腰荐部侧位片（A）和腹背位片（B）。L7 右侧荐椎化。在图 B 中，L7 右侧向外增大呈类似荐椎的形状，并与右侧的髂骨相连，构成部分荐髂关节，此外，L7 的左侧有一个横突。左侧的荐髂关节比右侧短。与左侧相比，右侧异常的荐髂关节也与右侧髂骨的异常形状有关

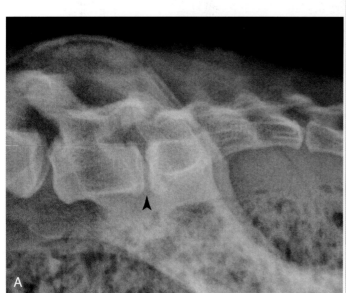
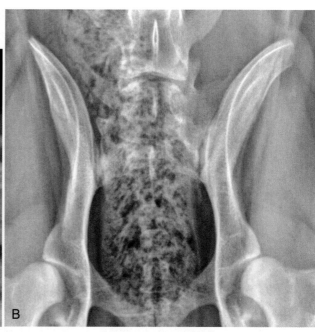

图3-53　1岁德国牧羊犬腰荐结合处的侧位片（A）和腹背位片（B）。L7荐椎化。L7的右侧有一个横突，而L7的左侧与髂骨之间形成了宽基样关节。如前文所述，在侧位片上，L7与荐椎之间的角度相对平直，且腰荐结合处比正常位置更靠尾侧（图A中黑色无尾箭头）。将上图腰荐结合处的位置与图3-50A进行对比。同时还可以看到，在图B中尽管骨盆尾侧缘摆位对称，但左侧的髂骨嵴更宽。这是由于L7与左侧髂骨的形成关节导致的骨骼重塑而造成了这种不对称

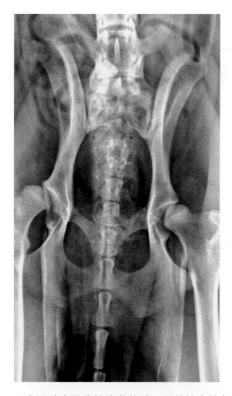

图3-54　1岁混种犬骨盆的腹背位片。腰荐结合处存在畸形。L7横突不对称，右侧荐髂关节略有伸长。这些变化导致骨盆相对脊柱正中矢状轴向右倾斜。注意双侧髋关节半脱位、右侧更严重，以及右侧出现了更严重的髋关节骨关节炎。由于腰荐结合处异常引起的生物力学改变可能导致了这种不对称的髋关节疾病。图像尾部的垂直白色条纹来自保定槽

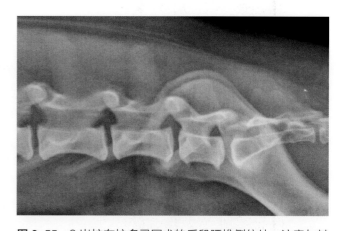

图3-55　3岁拉布拉多寻回犬的后段腰椎侧位片。注意与其他可见的腰椎相比，L7椎体较短。这是一种正常的变异，不具有临床意义。L7-S1有轻度的椎关节强直，但这与L7较其他腰椎更短无关

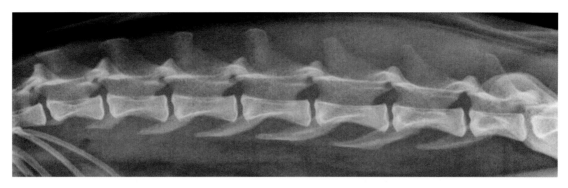

图 3-56　3 岁家猫腰椎的侧位片。注意与腰椎椎体高度相比，椎体长度相对较长；猫的脊椎长高比与大多数犬相比更大

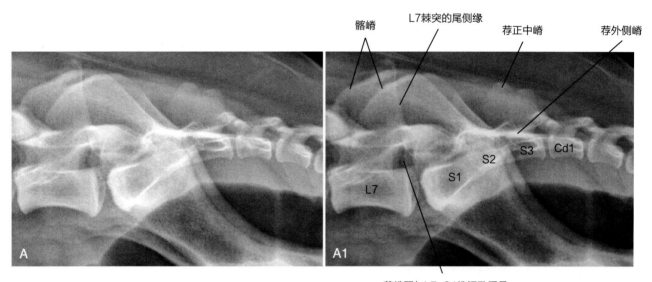

髂嵴　L7棘突的尾侧缘　荐正中嵴　荐外侧嵴

L7　S1　S2　S3　Cd1

荐椎翼与L7-S1椎间孔重叠

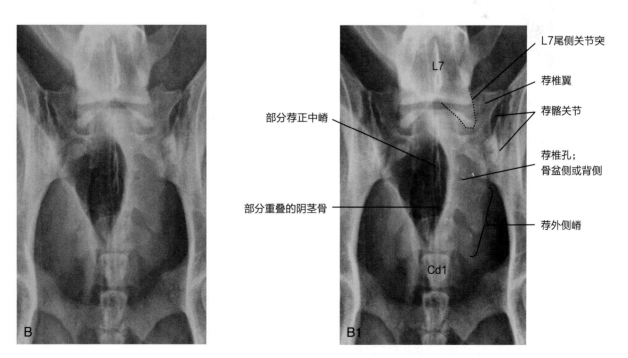

L7尾侧关节突

荐椎翼

荐髂关节

荐椎孔；
骨盆侧或背侧

荐外侧嵴

部分荐正中嵴

部分重叠的阴茎骨

L7

Cd1

图 3-57　4 岁德国牧羊犬荐椎水平的侧位片（A）和腹背位片（B）和相应标记（A1、B1）

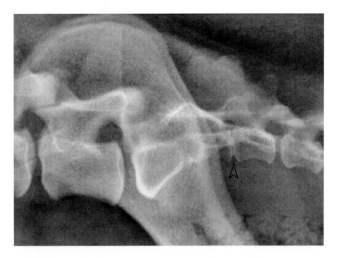

图3-58　7岁金毛寻回犬荐椎的侧位片。可见第二、第三荐椎融合失败（黑色空心无尾箭头）

尾椎

尾椎的数量根据品种不同和是否截尾而变化。椎弓仅存在于前几个尾椎上，而后迅速变小，直至仅剩背侧神经沟[3]（图3-69）。前段尾椎还以腹侧的血管弓为特征，该结构能保护尾正中动脉。血管弓是与Cd4、Cd5和Cd6的头腹侧相连的独立骨（图3-69）。前几个尾椎有关节突，但大约在Cd12之后消失[3]。随着尾椎向尾端进一步延伸，椎体逐渐呈现简单的棒状[3]（图3-70和图3-71）。

尾椎最常见的畸形是半椎体，这解释了螺旋尾品种犬的尾巴形态，如波士顿犭更、斗牛犬和法国斗牛犬（图3-72）。

猫尾椎的解剖特征与犬一致。

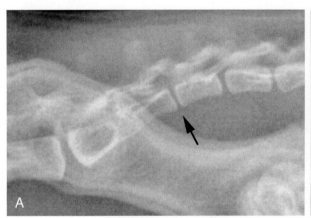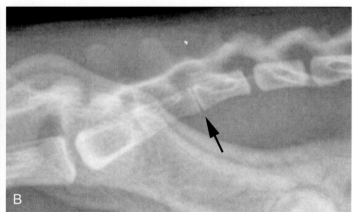

图3-59　3岁（A）和13岁（B）家猫的荐椎X线片。每只猫的第二、第三荐椎（黑色箭头）均融合失败。图B中存在部分融合

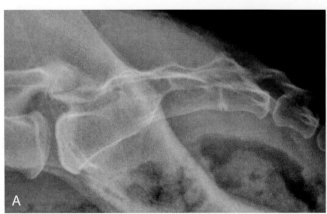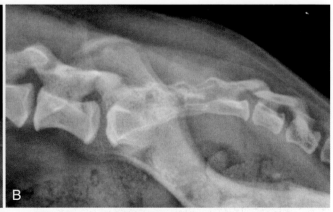

图3-60　7岁灰猎犬（A）和7岁迷你腊肠犬（B）的荐椎侧位片。每只犬的第三荐椎和第一尾椎不完全分离。图B中荐尾结合处完全融合。这种移行椎没有临床意义

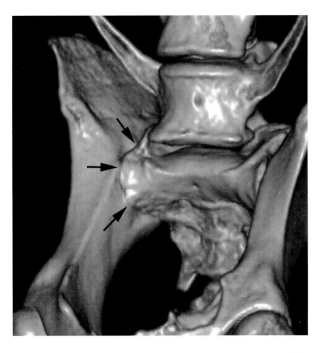

图 3-61 6 岁拉布拉多寻回犬荐髂区腹侧观 CT 3D 容积重建图像。特意将图像倾斜，以便从腹侧观察右侧荐髂关节。可见荐椎上大的耳状面（黑色箭头）

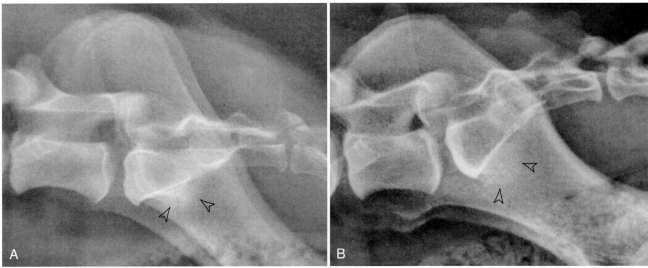

图 3-62 13 岁西伯利亚哈士奇犬（A）和 9 岁的混种犬（B）的荐椎侧位片。在每只犬中，叠加在髂骨上的荐椎耳状面表现为边缘不清的不透射线性增加区域（黑色空心无尾箭头），可能与病理性骨增生相混淆

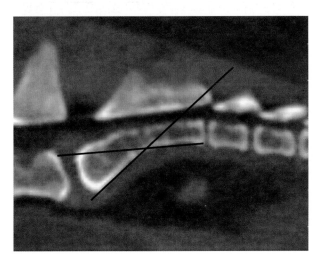

图 3-63 9 岁拉布拉多寻回犬腰荐区的矢状面 CT 图像。荐椎的腹侧缘不是一条直线。这在 X 线片上可能类似于荐椎骨折

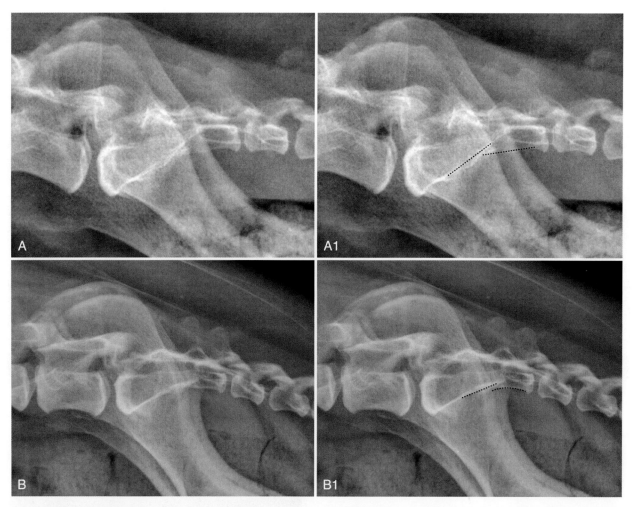

图3-64　11岁雌性金毛寻回犬（A）和11岁雄性金毛寻回犬（B）的荐椎侧位片。在每张X线片上，荐椎的腹侧缘都不是直线，可能被误诊为骨折。在图A1和图B1中，荐椎头腹侧和尾腹侧已经被勾画出来，以显示该部分之间的正常角度范围

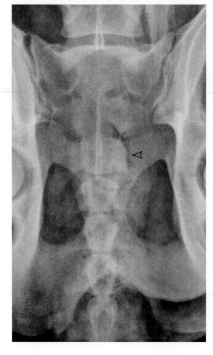

图3-65　10岁德国牧羊犬的荐椎腹背位片。与粪便重叠而出现的透射线线性结构，会被误诊为尾侧荐椎骨折（黑色空心无尾箭头）

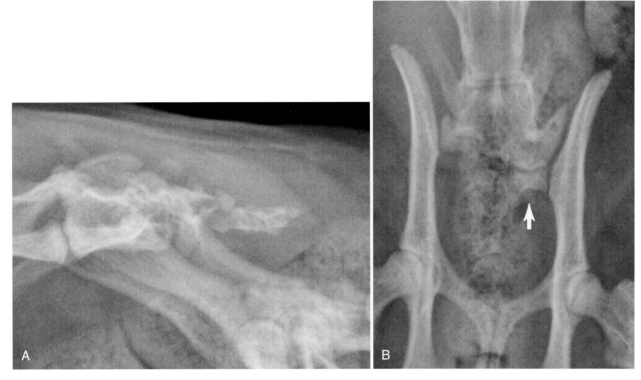

图 3-66　曼岛猫荐尾区域的侧位片（A）和腹背位片（B）。这只猫只有 6 节腰椎。L6 畸形，右侧较短，并与髂骨翼相连形成关节。可注意到骨盆相对于腰椎的不对称性。在图 B 中，L7 或 S1 残迹（白色箭头）与左侧髂骨相连。在侧位片中可见，荐椎和尾椎明显发育不良

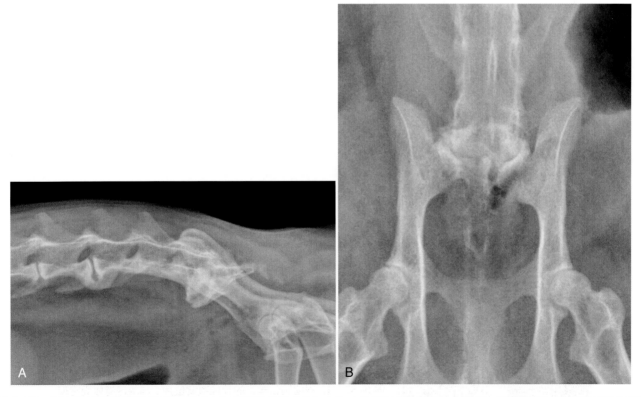

图 3-67　14 岁曼岛猫腰荐区的侧位片（A）和腹背位片（B）。L5、L6 和 L7 融合成一个椎体。荐椎很短，且只有几节尾椎。这些是该品种猫的典型特征，并可能影响骨盆和会阴神经支配。L7-S1 有明显的椎关节强直伴 S1 轻度腹侧位移

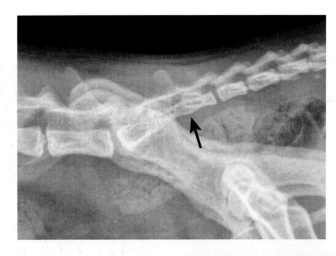

图 3-68 6 岁家养短毛猫荐椎侧位片。荐椎尾腹侧有局灶性骨突出（黑色箭头），可能被误认为陈旧性创伤形成的骨痂。这是正常的解剖变异

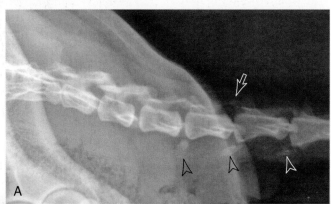

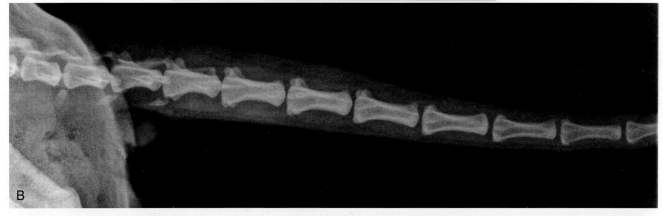

图 3-69 8 岁拉布拉多寻回犬前段（A）和中段（B）尾椎侧位片。注意 Cd4 尾侧没有椎弓（图 A 中白色空心箭头）。同时注意位于 Cd4、Cd5 和 Cd6 头腹侧的血管弓（图 A 中无尾箭头）

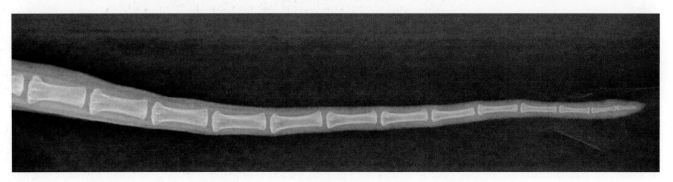

图 3-70 11 岁德国牧羊犬尾椎中段和尾段侧位片。各个尾椎骨呈简单的棒状，并向尾段延伸

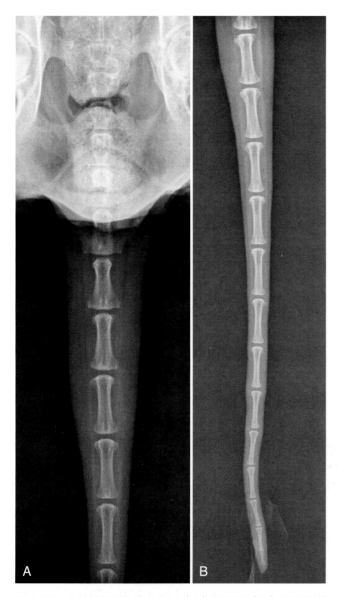

图 3-71　11 岁德国牧羊犬头段（A）和尾段（B）尾椎腹背位片。注意越向尾侧的尾椎大小和形状的变化

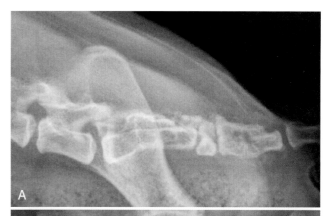

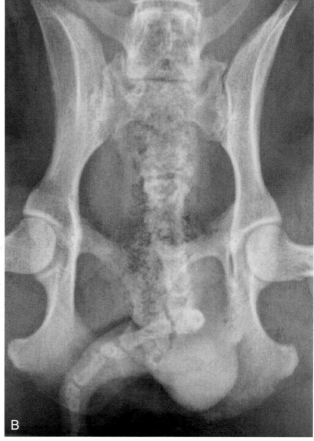

图 3-72　10 岁波士顿㹴荐尾区的侧位片（A）和腹背位片（B）。多个半椎体是该品种和其他软骨营养不良犬出现螺旋尾的原因

参考文献

[1] Evans H, de Lahunta A, eds. Prenatal development. In: Miller's Anatomy of the Dog. 4th ed. St. Louis: Elsevier/Saunders; 2013:13-60.

[2] Watson A, Evans H, de Lahunta A. Ossification of the atlas-axis complex in the dog. Anat Histol Embryol. 1986;15:122-138.

[3] Evans H, de Lahunta A, eds. The skeleton. In: Miller's Anatomy of the Dog. 4th ed. St. Louis: Elsevier/Saunders; 2013: 80-157.

[4] Watson A, Evans H. The development of the atlas-axis complex in the dog. Anat Rec. 1976;184:558.

[5] Watson A. The Phylogeny and Development of the Occipito-Atlas- Axis Complex in the Dog. Ithaca, NY: Cornell University; 1981.

[6] Evans H, de Lahunta A, eds. Arthrology. In: Miller's Anatomy of the Dog. 4th ed. St. Louis: Elsevier/Saunders; 2013:158-184.

[7] de Lahunta A, Glass E. Small animal spinal cord disease. In: de Lahunta A, Glass E, eds. Veterinary Neuroanatomy and Clinical Neurology. 3rd ed. St. Louis, MO: Elsevier Saunders; 2009:243-284.

[8] Morgan J, Bailey C. Exercises in Veterinary Radiology: Spinal Disease. St. Louis: Wiley Blackwell; 2000.

[9] Baines E, Grandage J, Herrtage M, et al. Radiographic definition of the anticlinal vertebra in the dog. Vet Radiol Ultrasound. 2009;50:69-73.

[10] Gutierrez-Quintana R, Guevar J, Stalin C, et al. A proposed radiographic classification scheme for congenital thoracic vertebral malformations in "screw-tailed" dog breeds. Vet Radiol Ultrasound. 2014;55:585-591.

[11] Fluckiger M, Damur-Djuric N, Hassig M, et al. A lumbosacral transitional vertebra in the dog predisposes to cauda equine syndrome. Vet Radiol Ultrasound. 2006;47:39-44.

前　　肢

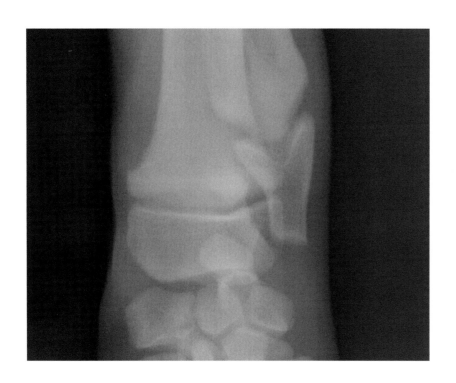

前肢与后肢不同，与中轴骨骼之间没有直接的骨联系。前肢通过称为胸带的肌肉支撑躯干，该肌肉从肩胛骨内侧向腹侧延伸到胸壁和胸骨。

肩胛骨和肱骨

肩胛骨是肩部大扁平骨（图 4-1 和图 4-2）。因躯干由附着在肩胛骨上的胸带支撑，所以不同个体正常状态下的肩胛骨与脊柱的相对位置差异很大。肩胛骨表面平坦被突出的肩胛冈近似等分为头侧和尾侧两部分，肩胛冈远端比近端更发达。肩胛骨的最远端是肩峰（图 4-1 和图 4-2）。肩胛骨在远端变窄形成一颈样结构，其头侧缘为肩胛切迹。肩胛切迹延伸到肩盂内，与肱骨近端关节形成关节，称为肩肱关节或肩关节（图 4-3）。盂上结节是肱二头肌的起始部位，盂上结节和喙突位于肩盂的最头侧。猫的喙突比犬的更发达，且猫的肩峰有钩骨突和钩骨上突（图 4-4）。在放射学上，在肩盂尾侧有时可以看到一个独立骨化中心（图 4-5），这可能很难与骨赘区分开来。犬肩峰远端罕见不完全骨化（图 4-6）。

犬的锁骨发育不全，表现为臂头肌内小的不透射线结构。而猫的锁骨发育得更明显，临床上可以触诊到（图 4-7 和图 4-8）。在犬中，锁骨仅在腹背位（或背腹位）片中可见；而在猫中，锁骨可以在侧位片和腹背位片（或背腹位片）中看到。当摆位不佳时，猫的锁骨可能会与食管异物相混淆。

拍摄肩胛骨和肩关节的侧位片时，最好将需拍摄的肢体放置在靠近 X 线床的一侧，并向头侧远端拉伸，同时让头和颈部向背侧伸展，并将对侧肢向尾侧拉伸。拍摄肩胛骨和肩关节的正位 X 线片时，最好让患病动物仰卧，且肢体向头侧拉伸以获得尾 – 头侧（Cd–Cr）X 线片（图 4-1 和图 4-2）。当拍摄单侧肩胛骨或肩关节时，会出现肩关节外展的倾向，这可能会造成关节间隙内侧受损的错觉（图 4-8A）。

要获得不与脊柱重叠的肩胛骨侧位或斜位片并不容易。一种方法是使动物侧卧，需拍摄的肢体位于上方（悬空）。头部和颈部弯曲，肘部朝向背侧，迫使肩胛骨位于胸椎头侧的背面。这种方法可获得肩胛骨轻微斜位片，且不与颈椎和胸椎重叠（图 4-9）。

由于肩部跛行很常见，因此肩关节是最常接受放射学检查的关节之一。通过前文方法可获得最佳肩胛骨侧位片（图 4-10）。常见的失误包括肩部向头侧拉伸程度不够，而导致肱骨近端与胸骨柄重叠。重叠会影响对肱骨头的准确评估（图 4-10）。当前肢向头远端牵拉时，肩关节通常位于颈部气管腹侧

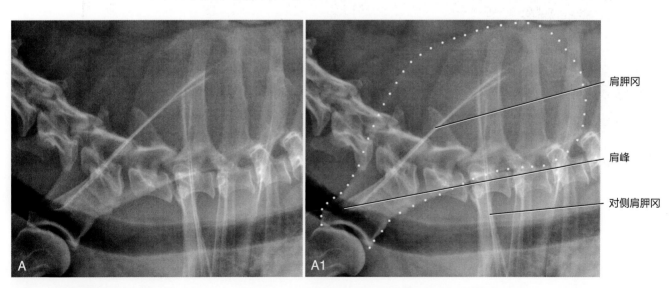

图 4-1 8 岁罗威纳犬左肩胛骨的侧位片。后段颈椎、前段胸椎和对侧肩胛骨都叠加在左肩胛骨的区域上。使用侧位片评估肩胛骨时，这种叠加是不可能避免的。A1 是与图 A 相同的图像，左肩胛骨的边界被勾勒出来（白点）

肩胛冈

肩峰

对侧肩胛冈

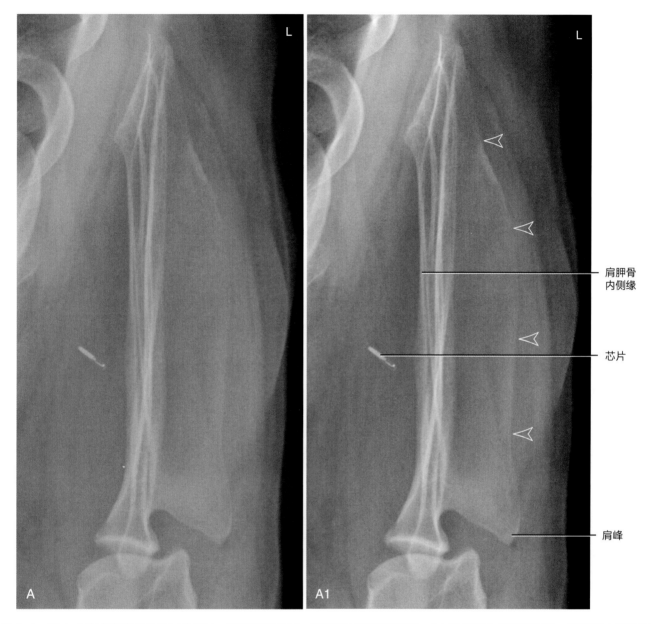

肩胛骨
内侧缘

芯片

肩峰

图 4-2　图 4-1 中犬左肩胛骨的尾头位片。前肢轻微外展，以减少与胸壁的重叠。A1 是与图 A 相同的图像，白色空心箭头指示的是肩胛冈

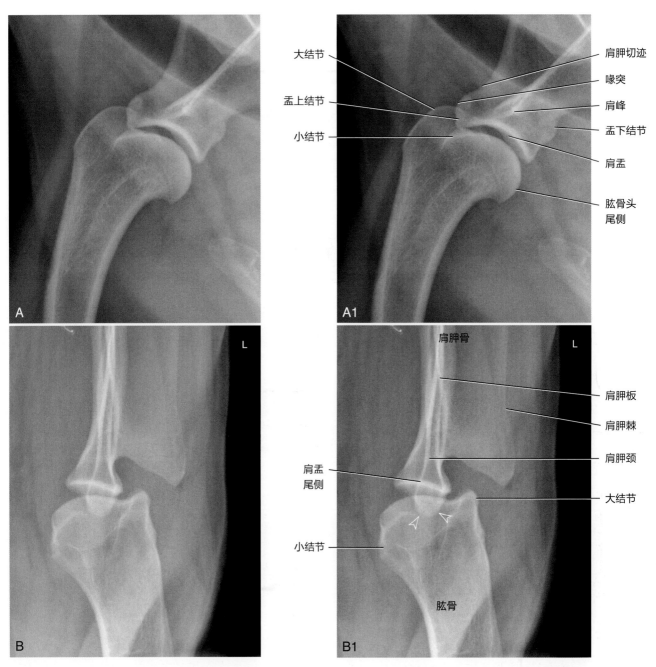

图4-3　A，7岁混种犬左肩关节的侧位片。A1是带有标记的图A。B，8岁罗威纳犬左肩关节的尾头位片。B1是带有标记的图B。白色空心箭头指示的是盂上结节最靠近头侧的部分。背部可见一个可识别的芯片

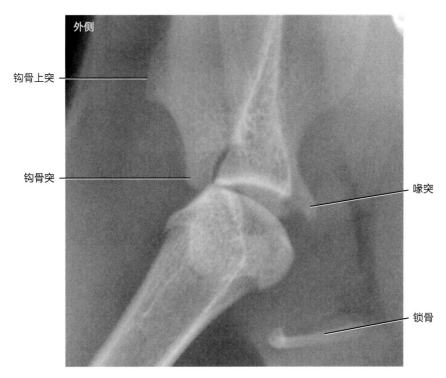

外侧

钩骨上突

钩骨突

喙突

锁骨

图 4-4　2 岁家养短毛猫右侧远端肩胛骨和肩关节远端的尾头位片。前肢轻微外展。这种外展导致关节内侧的关节间隙增加，这经常会被误解为半脱位或肩关节不稳定，但这是正常现象

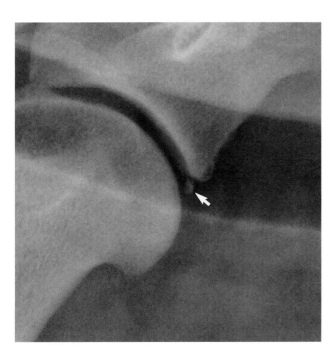

图 4-5　8 岁混种犬左肩关节的侧位片。肩盂尾侧的骨体影像（白色箭头）是罕见的独立骨化中心。这种骨化异常通常难以与骨赘相区分

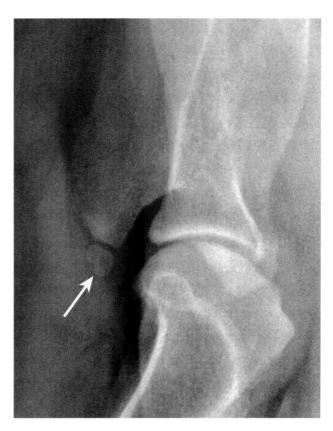

图 4-6　右肩胛骨远端的头尾位片。箭头指示的是肩峰远端不完全融合的骨化中心

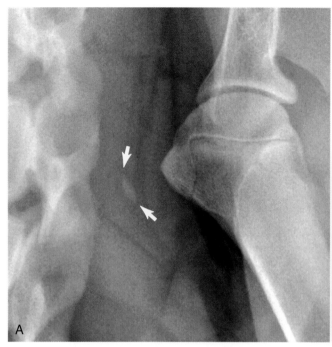
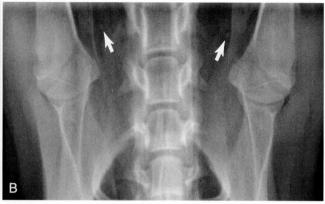

图4-7　A，10月龄的伯恩山犬左肩关节的头尾位片。肱骨轻微外展。这是正常现象，并不表明关节内侧受到损伤。箭头指示的是锁骨。B，前肢伸展的7月龄比格犬颈胸交界处的腹背位片。箭头指示的是非常微弱的骨骼密度影像是残余的锁骨

缘的头腹侧。特意减少的牵引力，使肱骨头叠加在颈部气管管腔上，气管内的空气提供额外的对比度，有助于评估关节内结构（图4-11）。但事实上，无法精确地控制肱骨头的某一部分叠加在气管上，因此，拍摄侧位片应使肩关节完全远离气管腔。如果患病动物处于全身麻醉状态时更应如此，因为气管插管的重叠也会影响X线片的评估（图4-12）。

　　骨软骨病是犬肩关节的常见疾病。如果病灶与X线束方向相切，则在标准肩关节侧位片上即可看到。然而，有时骨软骨病灶位于肱骨头尾侧的偏内侧区，无法被X线束切线照射，此时病灶不可见。在这种情况下，需要拍摄额外的肩关节X线片，以全面评估尾侧肱骨头。在侧位片的基础上，患病动物侧卧，前肢背侧向外侧旋转以获得图4-13B（MCd-LCrO）中的图像。如此旋转后呈现出肱骨头的尾外侧。当评估肱骨头尾内侧是否存在骨软骨病时，前肢背侧向内侧旋转，如图4-13C所示（MCr-LCdO），即可对肱骨头尾内侧进行评估。

　　二头肌肌腱起始于肩胛骨的盂上结节，并在外侧较大的大结节和内侧较小的小结节之间，即结节间

沟（或二头肌沟）内向远端延伸（图4-14）。除了侧位片和尾头位片外，肱骨头侧的近前-远前位片还可以评估二头肌沟是否有继发于二头肌腱鞘炎或冈上肌起止点病的病变（图4-15A）。该视图需要让患病动物俯卧在X线台上，肩关节弯曲且前肢靠近胸廓。将成像板放置在肘部弯曲处，X线束以肱骨近端为中心垂直入射。可以通过使用关节阳性造影，增强对二头肌肌腱的放射学评估（图4-15B、C）。

　　有时，在大结节的基部可以看到边界不清的透射线区域（图4-16）。其成因不明，可能是软骨核的残留影像。这是否有临床意义尚有争议，但它很可能是一种正常变化。该区域有小的血管通过，这也可能造成X线影像上不透射线度降低。

　　肱骨近端骨骺分为大结节、小结节和肱骨头。犬的相关生长板通常在12～18月龄时闭合，但肱骨近端生长板的闭合时间是可变的。在闭合过程中，该区域的生长板看起来非常不规则，不应与侵袭性病变或生长板骨折相混淆（图4-17）。此外，肩胛骨的盂上结节作为单独的骨化中心发育，通常在犬4～7月龄时闭合（图4-18）。

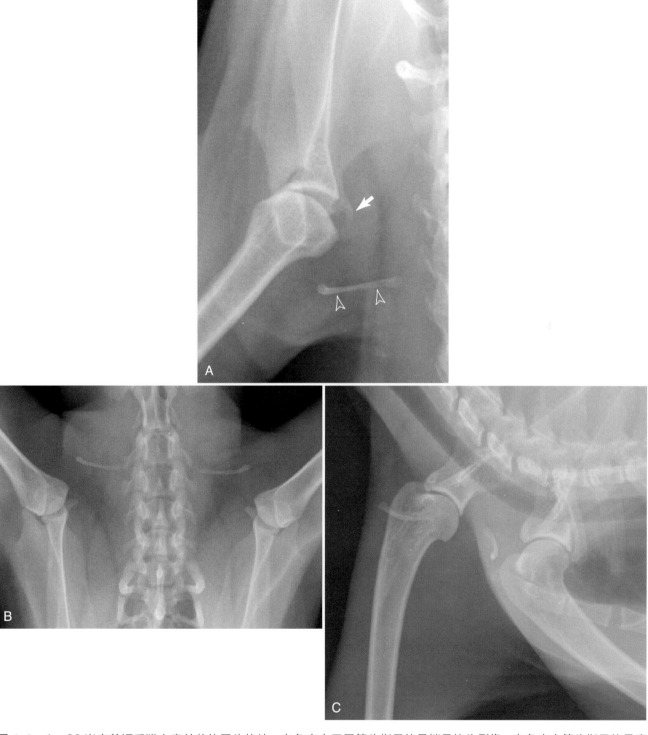

图 4-8 A，20 岁家养短毛猫右肩关节的尾头位片。白色空心无尾箭头指示的是锁骨的头侧缘。白色实心箭头指示的是肩胛骨的喙突。猫的喙突发育良好，不应与骨赘相混淆。注意肱骨相对于肩胛骨明显外展。这是正常现象，不应与肩关节内侧不稳定相混淆。B，腹背位片显示锁骨与脊柱的相对位置。C，在一只 11 岁家养短毛猫身上，锁骨与肩关节的相对位置变化是显而易见的

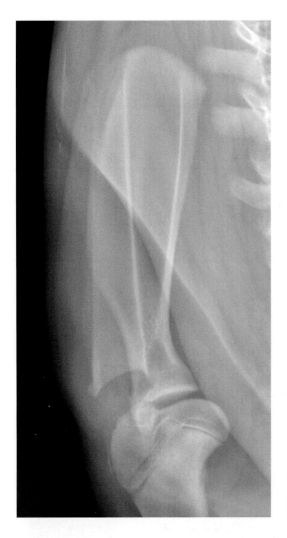

图4-9 1岁混种犬右侧肩胛骨的斜侧位片。患病动物侧卧，目标肩胛骨在上（非重力侧）。将非重力侧的大臂向背侧推的同时屈曲颈部。以避免肩胛骨和椎体的影像重叠。与尾头位（或头尾位）结合，可用于评估是否发生骨体骨折

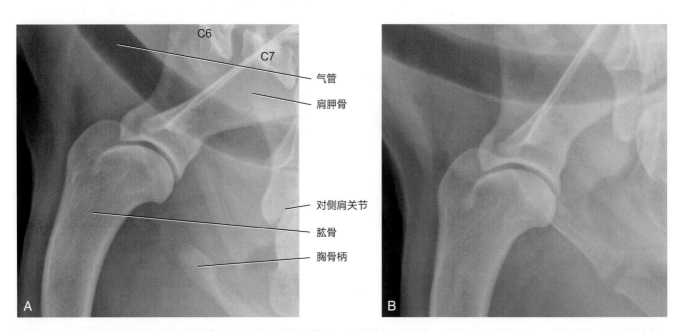

图4-10 A，摆位良好的7岁拉布拉多寻回犬的肩关节侧位片。肩关节位于头侧、气管和胸骨的远端，对侧肢体已向尾侧牵拉。这种摆位可以实现最佳的放射学评估。B，肩关节向头侧牵拉不足，胸骨柄和肱骨头尾侧重叠

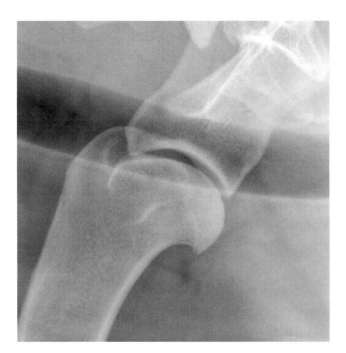

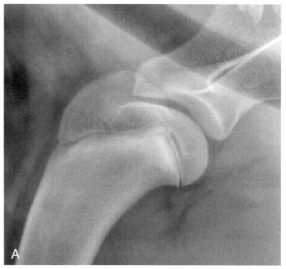

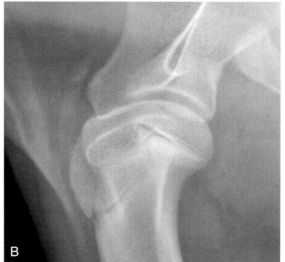

图 4-11 5 岁罗威纳犬肩关节的侧位片。前肢尚未最大限度地被牵拉，肱骨头的一部分与气管重叠。有时，在评估肩关节时，这会提供额外的对比度，但叠加在气管上的肱骨头部分不同，从而产生图像不一致，使图像判读变得复杂

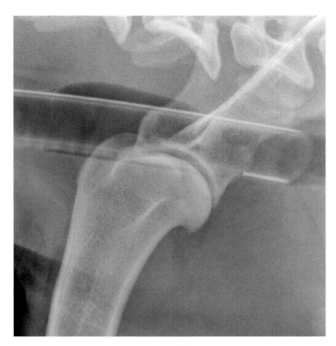

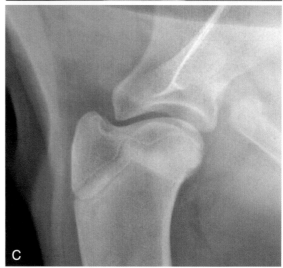

图 4-12 10 岁拉布拉多寻回犬左肩关节的侧位片。气管插管与肩关节重叠。使放射学判读更复杂

图 4-13 A，9 月龄圣伯纳犬肩关节的侧位片。这是评估肱骨头骨软骨病时的标准视图。通过向内侧或外侧旋转前肢，使肱骨头尾内侧或尾外侧的病变更容易暴露出来。B，以侧位片为例，患病动物侧卧时，前肢背侧向外侧旋转，呈现出肱骨头尾外侧。C，当前肢背侧向内侧旋转时，呈现出肱骨头尾内侧

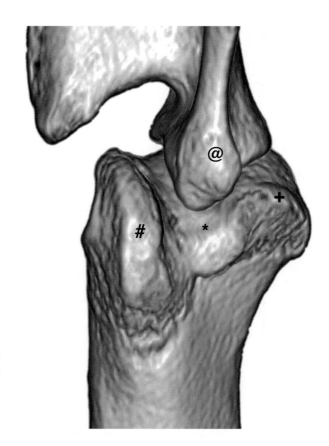

图4-14 犬肩关节CT三维（3D）容积重建头侧观视图。# 为大结节，* 为二头肌沟，+ 为小结节，@ 为盂上结节。二头肌肌腱起源于盂上结节，并在大结节和小结节之间的二头肌沟中穿过。二头肌滑液囊与肩关节关节囊相连，在肌腱穿过二头肌沟时为肌腱提供润滑作用

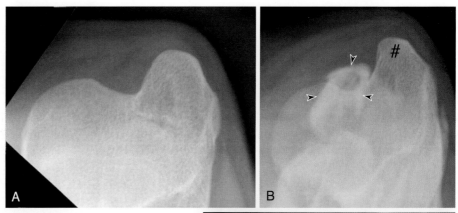

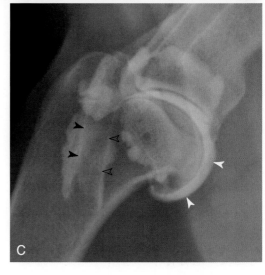

图4-15 A，近前 – 远前位斜位片，呈现12月龄拉布拉多寻回犬的大、小结节。二头肌肌腱位于这两个结构之间的凹槽中。该视图用于评估二头肌腱鞘炎引起的继发性病变。B和C，肩关节和相关的二头肌关节囊已用碘海醇（一种非离子水溶性造影剂）（Iohexol，GE Healthcare）充盈。B与A的摆位相同。造影剂（黑色实心无尾箭头指示的白色外围边缘）位于二头肌鞘中，鞘内的充盈缺损（中心透射线区域）反映了二头肌肌腱。# 为大结节。C，同一关节的侧位片，二头肌肌腱的头侧缘（黑色实心无尾箭头）和尾侧缘（黑色空心无尾箭头）很明显。白色实心无尾箭头指示的是肩关节关节囊的尾侧

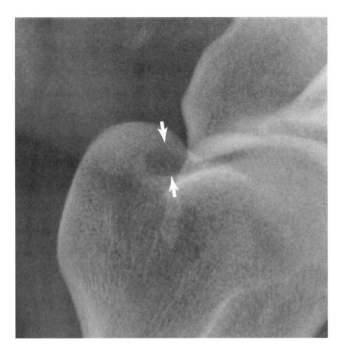

图 4-16　8 岁灵猩肱骨近端的侧位片。箭头指示的是大结节基部的局部透射线区域。该影像相对常见。尽管原因尚未完全确定，但它可能是软骨核的残留。这可能会被误认为是侵袭性病变

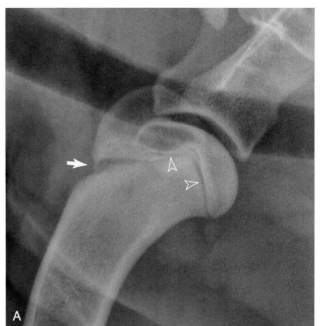

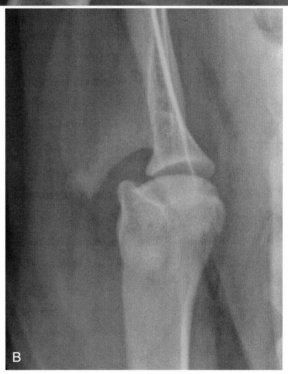

图 4-17　11.5 月龄的拉布拉多寻回犬右肩关节的侧位片（A）和尾头位片（B）。白色实心箭头指示的是肱骨近端生长板的头侧缘。不完全矿化区域是正常的，不应与侵袭性病变相混淆。白色空心无尾箭头指示的是肱骨近端生长板的尾侧缘

在成年动物中，肱骨头尾侧通常存在一个小的三角形脂肪密度区域。当 X 线束平行入射时，有时可以在脂肪间看到腋臂静脉、旋肱动脉尾侧和腋神经的分支（图 4-19）。这些结构产生的不透射线影像容易与关节鼠相混淆。

肱骨干相对平滑（图 4-20），在骨干中段外侧可见明显的三角肌粗隆（图 4-21 和图 4-22）。一条不透射线度增加的线性结构从大结节尾侧向远端延伸，与三角肌粗隆汇合，该结构为三头肌线。大圆肌粗隆位于三角肌粗隆中部水平处的骨干内侧，表现为轻微的不规则影像。

在侧位片中，可以明显地看到滋养孔位于肱骨骨干中部和远端 1/3 的交界处，斜穿过尾侧皮质（图 4-23）。滋养孔不应与无错位的皮质骨折相混淆。猫的滋养孔位于同一水平，但位于骨皮质内侧而不是尾侧，且通常显影不明显。与犬的肱骨相比，猫的肱骨整体更直且大小更一致（图 4-24）。相反，在软骨营养不良品种中，肱骨头通常更平坦且看起来相对更大，肱骨骨干看起来相对更短且更弯曲。软骨

营养不良品种犬的球状肱骨头和肱骨头尾侧的唇形结构可能被误解为骨赘（图 4-25）。与所有长骨一样，在评估形态和骨皮质时，评估髓腔非常重要，尤其是跛行的青少年动物（图 4-26）。

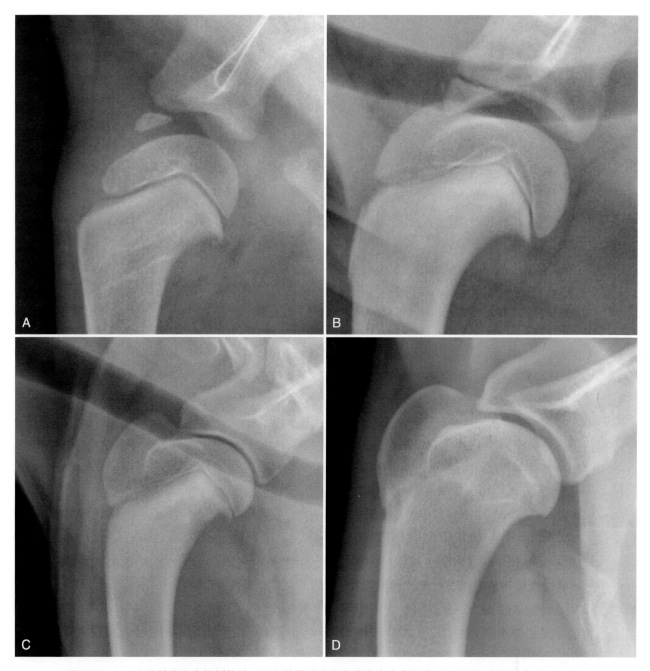

图4-18　A,3月龄贵宾犬的侧位片。盂上结节独立骨化中心未完全闭合,而大结节尚未发生骨化。B, 3.5月龄德国波音达犬的侧位片。与肩胛骨盂上结节相关的骨化中心尚未闭合,正常闭合时间为4～7 月龄。C,5月龄德国牧羊犬的侧位片。与图4-7A相比,虽然肱骨生长板头侧的不透射线度相似, 但尾侧干骺端区域轻度硬化,并且在生长板尾侧可见一个小的唇样结构。这在快速生长阶段很常见。 D,1.5岁拳师犬左肩关节的侧位片。尽管肱骨近端生长板尾侧是闭合的,但头侧的生长板闭合不完全。 肱骨近端生长板通常在12～18月龄闭合

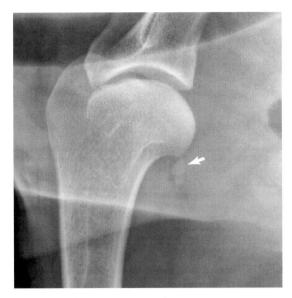

图 4-19　10 岁哈士奇肩关节尾侧的侧位片。肱骨头尾侧可见 2 个圆形不透射线结构影像（箭头），是腋臂静脉、旋肱动脉尾侧，以及腋神经的分支，因被筋膜面脂肪包围，拥有足够的对比度而可见。这种不透射线结构易与关节鼠相混淆

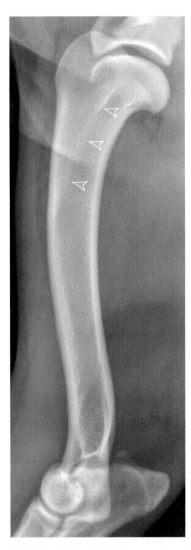

图 4-21　11 岁混种犬的右肱骨侧位片。空心无尾箭头指示的不透射线性增加的线性影像是近端三头肌线，该结构远端延伸到三角肌粗隆

肘关节

　　肘关节的独特之处在于，三根长骨必须完美同步生长，以保证关节的协调性。一根或多根骨出现生长中断均会导致肘关节不协调，从而导致肢体畸形、内侧冠状突碎裂、肘突发育不良和严重的骨关节炎。

　　肘关节的标准放射学检查包括大臂和小臂呈90°的自然侧位片、肘部最大屈曲的侧位片和头尾（或尾头）位片（图 4-27 和图 4-28）。肱骨远端肱骨髁分为外侧部分和内侧部分，每个部分都有一个相应的上髁，犬和猫的内上髁都大于外上髁。肱骨髁的侧

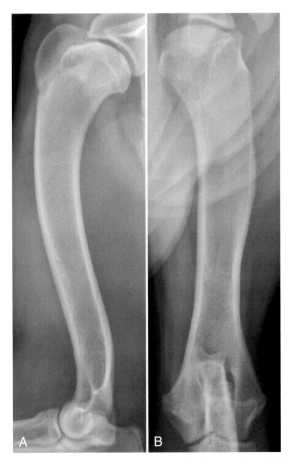

图 4-20　1.5 岁拳师犬肱骨的侧位片（A）和尾头位片（B）。犬的肱骨比猫的肱骨更弯曲，髓腔呈均匀不透明状，远端有更粗糙的小梁

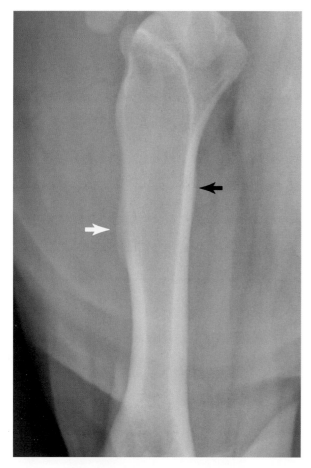

图 4-22 4岁拉布拉多寻回犬右肱骨的尾头位片。白色箭头指示的是三角肌粗隆的远端。黑色箭头指示的是大圆肌粗隆

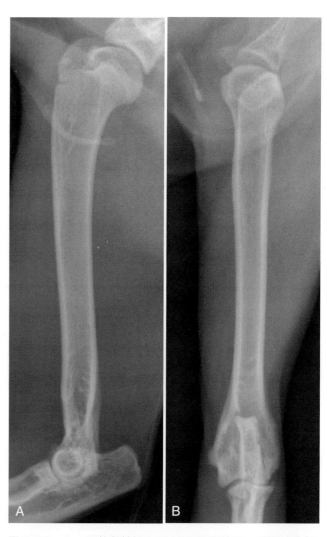

图 4-24 A，2岁家养短毛猫肱骨的侧位片。锁骨叠加在肱骨近端上。中远侧皮质中的滋养孔通常在放射学中不可见。B，16岁家养短毛猫肱骨的尾头位片。锁骨在肩关节内侧清晰可见

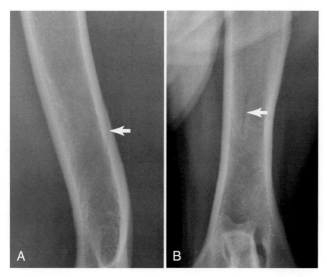

图 4-23 A，10岁拉布拉多寻回犬肱骨远端近照。白色箭头指示的是穿过尾侧皮质的滋养孔。这不应与骨折相混淆。B，1.5岁拳师犬肱骨骨干的尾头位片，该患犬与图 4-18D 和图 4-20 为同一只犬。白色箭头指示的是倾斜地穿过尾侧皮质的滋养孔

面与桡骨头形成关节。桡骨是肘关节头尾位片中判定内侧与外侧的最佳解剖标志。桡骨位于肘关节的外侧，腕骨的内侧，而尺骨位于肘关节的内侧，腕骨的外侧。尺骨的鹰嘴突在头尾位片中位于中线附近，故不能用于区分肘关节的内侧和外侧。在头尾位片中，桡骨近端关节面侧面有较大的部分不与肱骨形成关节，这常常与肘关节半脱位相混淆（图 4-28 和图 4-29）。

内侧肱骨髁与尺骨滑车切迹形成稳定的铰链关节（图 4-30）。鹰嘴窝是肱骨远端干骺端尾侧的一个深腔。当肘部完全伸展时，尺骨的肘突伸入鹰嘴窝（图 4-31）。鹰嘴窝通过滑车上孔与桡骨窝相连，桡骨窝位于肱骨远端干骺端的头侧，是与鹰嘴窝相似

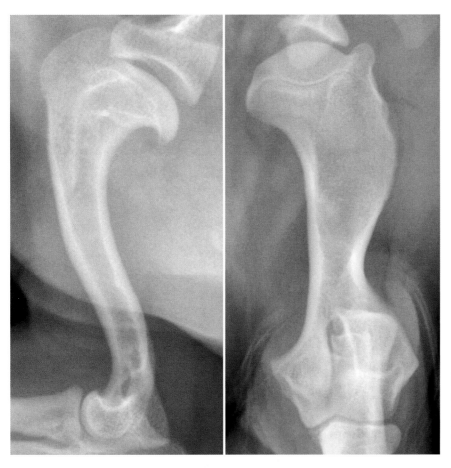

图 4-25 A,9 岁腊肠犬左肱骨的侧位片。B,10 月龄柯基犬肱骨的尾头位片。与非软骨营养不良品种相比,软骨营养不良品种的骨干区域通常更弯曲,干骺端区域更外展且呈球状。这种形态改变很容易与骨赘相混淆

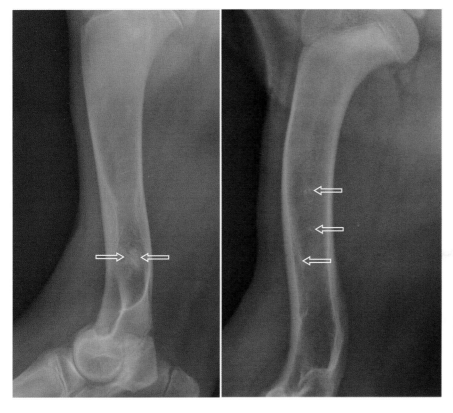

图 4-26 患有间歇性前肢跛行的 9 月龄德国牧羊犬,其肱骨侧位片。与图 4-21 相比,在骨干髓腔(箭头)上可见清晰的密度增加的病灶。这可能是早期干骺端炎症的表现

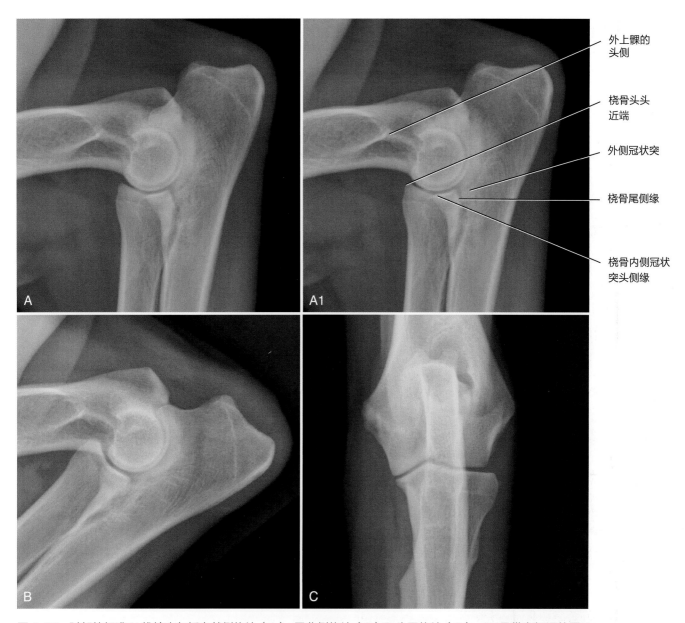

外上髁的
头侧

桡骨头头
近端

外侧冠状突

桡骨尾侧缘

桡骨内侧冠状
突头侧缘

图4-27　肘部的标准X线检查包括自然侧位片（A）、屈曲侧位片（B）和头尾位片（C）。A1是带有标记的图A

的凹陷。在猫的肱骨上，有一个位于远中侧的髁上孔，臂动脉和正中神经从中穿过（图4-32）。猫的肱骨没有滑车上孔。

年轻动物的许多肘关节骨科疾病难以通过X线进行诊断。具有最佳对比度、细节和摆位的高质量X线片对于评估关节十分重要。此外，与所有复杂的关节一样，通常需要通过特殊摆位的X线片来突出肘关节的特定部位。为了更好地评估内侧髁，可以拍摄前肢头侧向内侧旋转15°（Cr15° L-CdMO）的头尾位片。这对评估肱骨内侧髁是否存在骨软骨病很重要（图4-31）。此外，在评估肱骨髁间区是否不完全骨化时，

会受到尺骨重叠的干扰。肱骨内、外侧髁通常在8～12周龄闭合[1]，并且在这段时间之后，X线片上应该看不到两者之间分界的征象（图4-33）。理想情况下，尺骨的髓腔位于髁间区域的中央，尽量减少重叠（图4-34和图4-35）。这通常通过将前肢的头侧面向外侧旋转15°并获取Cr15° MCdLO视图来实现。肱骨内、外侧髁闭合失败可能会导致复杂的髁突骨折和肱骨干骨折（图4-36）。通过CT可以很容易看到骨化失败（图4-37）。

评估尺骨肘突的最佳体位为最大屈曲侧位，该摆位可以避免肱骨内上髁与肘突重叠（图4-38）。不

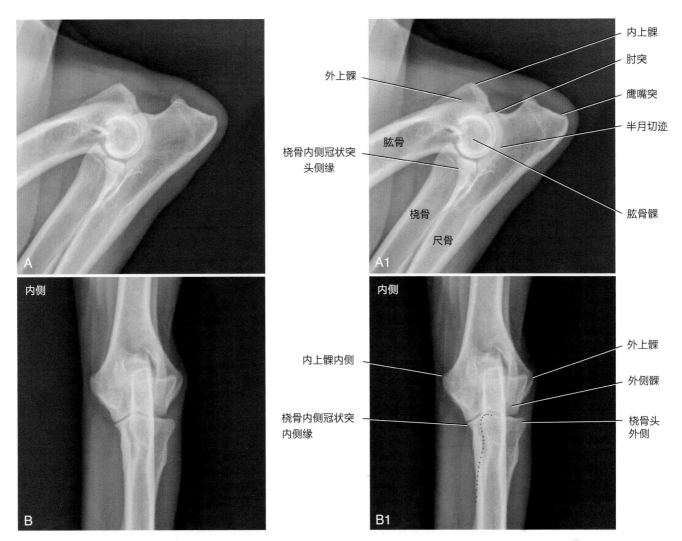

图 4-28　A，8 岁金毛寻回犬肘关节的屈曲侧位片（A1 带标记）和 B，头尾位片（B1 带标记）。屈曲侧位片中肱骨上髁与肘突重叠减少。肘突是骨关节炎早期出现部位。在 B1 中，黑色虚线反映了桡骨近端的内侧缘。注意桡骨外侧的位置，这是在头尾位片中区分肘关节外侧和内侧的标志。另请注意，此图中部分桡骨未与肱骨形成关节，这经常与肘关节半脱位相混淆

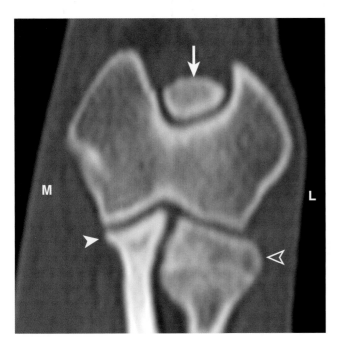

图 4-29　针对骨骼进行优化的犬肘关节冠状面 CT 图像。M 为内侧，L 为外侧；白色实心无尾箭头指示的是内侧冠状突的最内侧。白色空心无尾箭头指示的是桡骨头的外侧，白色箭头指示的是延伸到肱骨滑车上孔的尺骨肘突。注意桡骨头外侧位于肱骨髁外侧的侧面

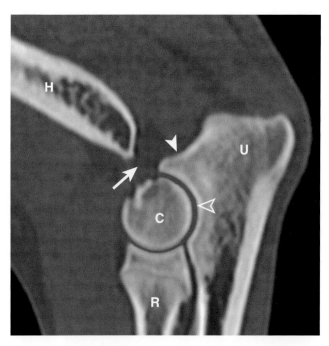

图 4-30 针对骨窗进行优化的犬肘关节 CT 矢状面图像。H 为肱骨干，C 为肱骨髁，U 为尺骨，R 为桡骨。白色实心无尾箭头指示的是肘突，白色空心无尾箭头指示的是滑车切迹，白色箭头指示的是滑车上孔。因为影像切面（0.6 mm）穿过了髁突的中心，位于滑车上孔的水平，所以肱骨干和髁突之间明显不连续。在伸展时，肘突延伸进入鹰嘴窝，即滑车上孔的尾侧

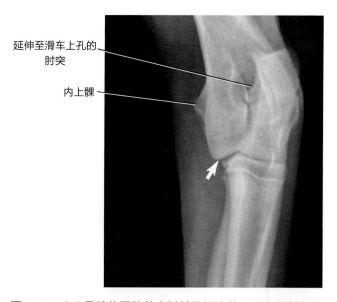

图 4-31 6.5 月龄德国牧羊犬肘关节的头外 - 尾内侧斜位片（Cr15° LCdMO）。该切面在较少遮挡的情况下观察肱骨内侧髁的内侧面，可以有效评估肱骨内侧髁的损伤。白色箭头指示的是肱骨内侧髁的关节缘内侧，这是骨软骨病的常见部位

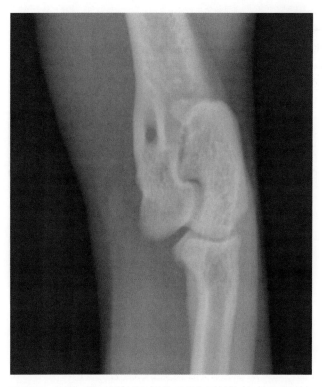

图 4-32 成年猫肘关节的头外 - 尾内侧斜位片（Cr15° L-CdMO）。髁上孔清晰可见，臂动脉和正中神经通过该孔

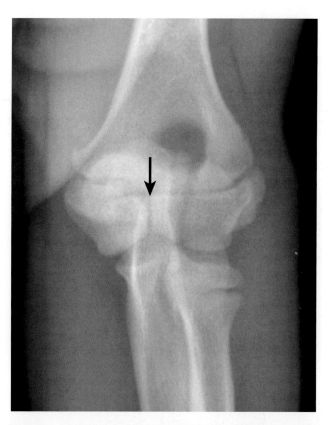

图 4-33 10 周龄斗牛犬肘关节的头尾位片，图像左边为内侧。箭头指示的明显的透射线性线，是因为肱骨内侧髁和外侧髁尚未闭合。在这个年龄段的犬中是正常的。通常情况下，12 周龄后肱骨髁就会闭合

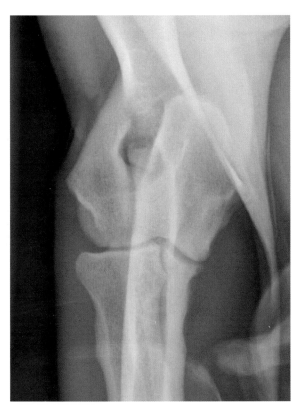

图 4-34 9 岁德国波音达犬的 Cr15° M-CdLO 斜位片。这个切面，尺骨的髓腔位于肱骨髁中心位置。这可以更好地评估髁间区域的骨化异常，因为在标准的头尾位片上，尺骨皮质通常重叠在肱骨髁的中心

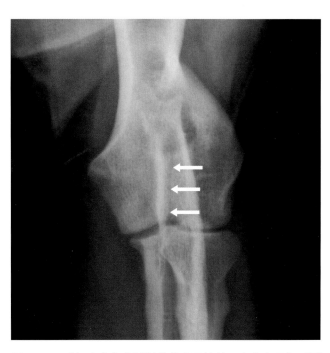

图 4-35 成年史宾格犬肘关节的头尾位片。患犬表现为对侧肱骨远端和肱骨髁的急性粉碎性骨折。在肱骨髁中间可见一透射线线状影像（箭头），与不完全闭合的肱骨髁影像相一致。这使患犬容易发生自发性经髁肱骨骨折

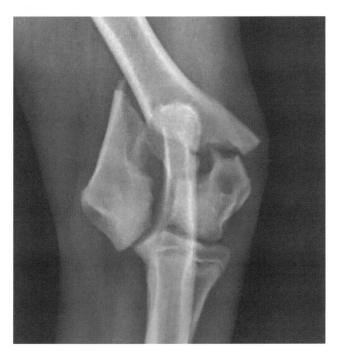

图 4-36 左肘肱骨远端"Y"形骨折的 7 月龄拉布拉多寻回犬的左肘关节的头尾位片。由于肱骨髁不完全闭合，导致自发性肱骨骨折。它的对侧肱骨正常

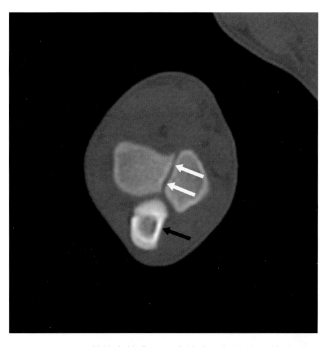

图 4-37 90 日龄拉布拉多寻回犬的半月切迹水平处肱骨髁中间的横断面 CT 图像，成像目的与肘关节无关。图像上，肱骨内侧髁和外侧髁尚未闭合，表现为肱骨髁部的线性缺损（白色箭头）。黑色箭头指示的是尺骨。肱骨髁通常在 6～10 周龄后闭合，如果 100 天后仍存在明显的线性缺损，则被认为是闭合延迟或不完全闭合

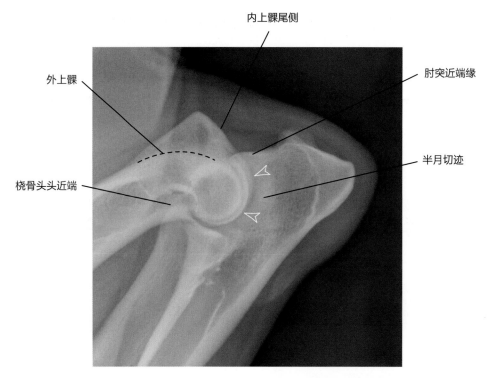

内上髁尾侧

外上髁

肘突近端缘

半月切迹

桡骨头头近端

图 4-38　2 岁德国牧羊犬肘部的屈曲侧位片。白色空心无尾箭头勾勒出从上髁延伸到尺骨半月切迹的内侧髁

同品种之间的肘突轮廓存在差异，难以判断是否为关节疾病导致的早期骨重塑（图 4-27、图 4-28 和图 4-38）。这十分重要，因为肘突的重塑是在各种原因引起的关节炎中，X 线检查可以识别的早期变化之一。在少数中、大型犬种中，肘突由独立的骨化中心发育而来。避免其与肘突不闭合（Uhited Anconeal Process，UAP）相混淆，UAP 表现为大而宽的低密度区和大的肘突碎片。临床常见疾病 UAP 与肘突骨化中心的存在无关 [3]。UAP 可能反映了轻度关节不协调导致的肘突发育异常或机械性障碍。

　　在正中侧位片中，尺骨的内侧冠状突通常与桡骨的尾侧近端重叠，影响了侧位片对内侧冠状突的评估。但在许多患病动物中都可以看到，内侧冠状突形成的弯曲三角形高密度影像（图 4-27 和图 4-39）。需使用适当的 X 射线摄影技术，才能在侧位片上看到这种三角形高密度影像（图 4-40 和图 4-41）。关节的协调性评估，特别是肱骨尺骨不协调，在头尾位片中可以更好地评估。因为在头尾位片上，位于肱骨内侧髁下方的尺骨内侧冠状突呈边缘锐利的骨骼

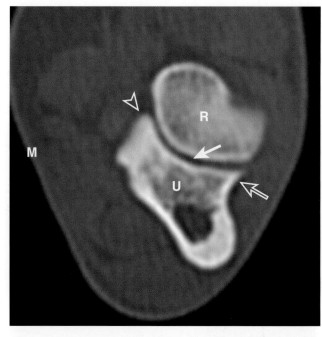

图 4-39　在尺骨内侧冠状突水平，针对骨骼优化的 CT 图像。图像为尺骨和桡骨骨干的横断面。M 为内侧，R 为桡骨，U 为尺骨。白色空心无尾箭头指示的是内侧冠状突最头侧。白色实心箭头指示的是尺骨切迹或桡骨切迹，它与桡骨的尾内侧边缘形成关节，称为环状关节面。环状关节面大于桡骨切迹，使前臂进行一定程度的旋转。白色空心箭头指示的是较小的外侧冠状突

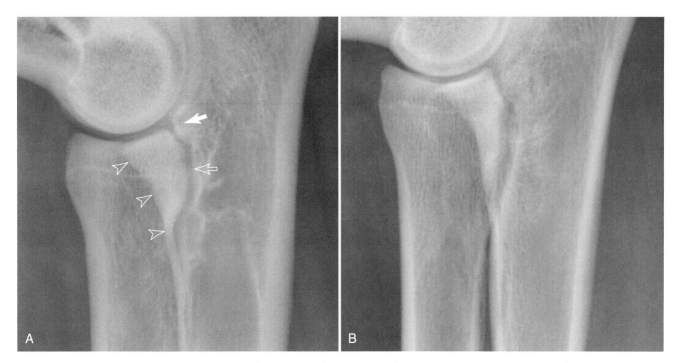

图 4-40　A，2 岁德国牧羊犬小臂近端的侧位片。白色空心无尾箭头勾画出内侧冠状突的头侧缘。需要使用最佳的 X 射线摄影技术才能在侧位片中识别该结构。白色实心箭头指示的是外侧冠状突。白色空心箭头指示的透射线是桡骨切迹的尾侧缘，位于内侧冠状突和外侧冠状突之间。相较图 B（8 岁杜宾犬），2 岁德国牧羊犬的尺骨近端有更粗糙的骨小梁影像。虽然这可能是个体差异，但该区域粗糙的骨小梁影像有时与骨关节炎有关

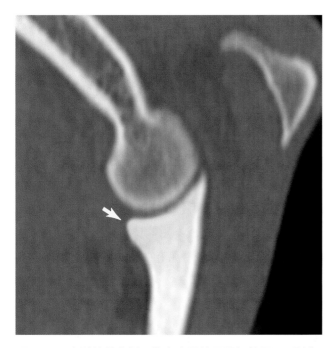

图 4-41　犬肘关节内侧冠状突水平的厚层矢状面 CT 影像，针对骨骼进行了优化。白色实心箭头指示的是内侧冠状突。在 X 线片上，由于内侧冠状突叠加在桡骨头上形成弯曲的三角形高密度影像，很容易观察到它与肱骨髁相吻合，且 CT 上肱尺骨关节间隙不小于 X 线片上的肱尺骨关节间隙

影像（图 4-28 和图 4-29）。关节不协调可能是肘关节炎发展的重要先兆，特别是当内侧冠状突负荷增加时（图 4-42）。软骨营养不良品种通常有一个较小的内侧冠状突，这在侧位片中最明显（图 4-43）。在年轻动物中，与肱骨远端和内上髁相关的生长板可使放射学判读复杂化（图 4-44）。这些生长板通常在 7～8 月龄闭合。

三头肌肌群是肘关节的主要伸展肌群，从肩胛骨尾侧和肱骨干发出，附着在尺骨鹰嘴突上。尺骨鹰嘴突延伸到滑车切迹的近端，在其最近端的头侧缘通常有两个未命名的圆形突起。这不应与由于应力重塑而导致的骨赘混淆（图 4-45）。

尽管罕见，但在犬和猫的旋后肌、桡骨近端的头外侧缘可能看见籽骨[4]。这不应与撕脱的骨碎片或关节鼠相混淆（图 4-46 和图 4-47）。在猫中，籽骨在头尾位片上很少看到，当其存在时，通常在侧位片上可见（图 4-48）。

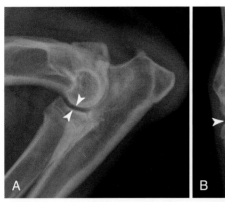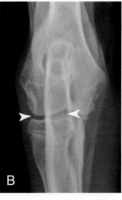

图4-42 7月龄拉布拉多寻回犬肘关节的侧位片（A）和头尾位片（B），该犬有2个月的跛行史。通常，与负重时相比，使用垂直X线束拍摄的X线片评估关节间隙宽度时容易误判。然而，在这个病例中，由于桡骨远端生长板过早闭合，肱桡关节间隙过度增宽（白色无尾箭头），肱尺关节间隙相对变窄。这种关节不协调容易导致尺无尾骨内侧冠状突的损伤

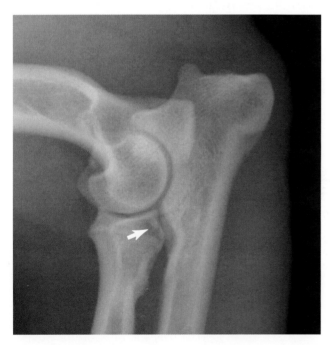

图4-43 10月龄威尔士柯基犬肘关节的侧位片。在软骨营养不良的品种中，内侧冠状突（白色箭头）通常较小。肱尺关节看上去相对协调

小臂

小臂从肘关节延伸到腕骨，包括桡骨和尺骨（图4-49）。如前所述，虽然桡骨头在肘关节处位于尺骨外侧，但桡骨远端在腕骨处位于尺骨内侧。在肘关节，桡骨头与尺骨的桡骨切迹互相交错；在腕骨，尺骨的

茎突通过尺骨切迹与桡骨的外侧远端相接。在整个小臂中，桡骨和尺骨都相对光滑且规则。桡骨相对较粗，是主要的重量承担者，而尺骨远端非常的细长。

桡骨近端1/3处，滋养孔水平有一条重要的骨间韧带。正是通过这条韧带，小臂腕关节处的部分桡骨所承受的力被传递到尺骨，然后再传递到肱骨。在骨间韧带的桡骨和尺骨附着处，常见不规则的皮质边缘。骨间韧带区域的影像存在显著差异，这使得评估该部位的任何病变变得困难（图4-50）。

桡骨近端生长板通常在7～10月龄闭合，桡骨远端生长板在10～12月龄闭合。大约70%的桡骨纵向生长发生在远端生长板，其余30%发生在近端生长板[5]（图4-51）。尺骨所有的生长均远离肘关节方向，是由于尺骨远端生长板。换句话说，尺骨远端生长板的生长速率必须等于桡骨近端和远端生长板的生长速率之和。尺骨远端生长板通常是"V"形的，这使得尺骨由于受到冲击而生长迟缓的可能性增加（图4-52和图4-53）。由于桡骨远端生长板或尺骨远端生长板（或两者）的损伤，导致桡骨和尺骨之间的不同步生长，进而出现肢体成角畸形、继发性腕关节不协调、肘关节不协调和骨关节炎（图4-54）。远端桡骨和尺骨的生长板通常在9～12月龄闭合（图4-55）。在快速生长时期，特别是大型犬中，皮质和骨膜的重塑可能会造成干骺端边缘明显不规则，尤其是尺骨远端干骺端。相对于紧邻的大型生长板，尺骨远端的干骺端同时也是尺骨直径快速缩小的地方，这加剧了边缘的不规则程度。这个不规则区域称为**削减区**（cutback zone），易被误认为侵袭性病变，尤其是在尺骨（图4-56）。小臂远端生长板成熟过程紊乱会造成严重的构形异常和骨关节炎。软骨营养不良品种犬通常有更弯曲的桡骨和轻度的前肢外翻畸形。这可能与桡尺骨发育不同步有关（图4-57）。

猫的长骨通常比犬的更直，小臂也不例外。猫的尺骨远端位于腕关节的外侧，比犬的更大，但和犬一样，负重少（图4-58）。猫的尺骨远端生长板和桡骨一样是横向的，不像犬是"V"形的。

腕垫位于腕骨的掌侧。在X线片上，这会在腕

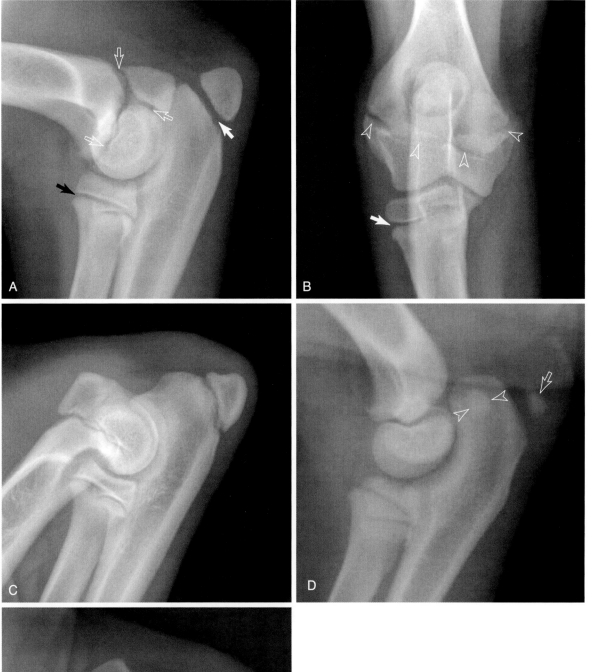

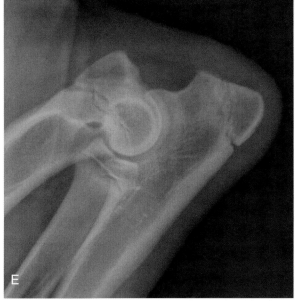

图 4-44 A，3 月龄拉布拉多寻回犬肘关节的侧位片。白色实心箭头指示的是与尺骨鹰嘴结节相关的生长板。白色空心箭头指示的是与肱骨髁和内上髁相关的生长板。黑色实心箭头指示的是近端桡骨的生长板。B，3.5 月龄拳师犬肘关节的头尾位片。白色空心无尾箭头指示的是肱骨远端生长板。生长板的内侧和外侧都是不规则的，有广泛的透射线区，这是常见的。白色实心箭头指示的是桡骨近端生长板的侧面。此处远端的皮质不规则是正常的，被称为削减区，即快速骨重塑的区域。C，3.5 月龄德国波音达犬肘关节的屈曲侧位片，生长板较图 A 更成熟。D，55 日龄金毛寻回犬肘关节的侧位片。尺骨鹰嘴隆起的矿化程度足以在 X 线片上看到（白色空心箭头），内上髁（白色空心无尾箭头）也是如此。E，152 日龄德国牧羊犬的屈曲侧位片。桡骨近端、内上髁和鹰嘴生长板都是开放的，通常从 6 月龄开始闭合

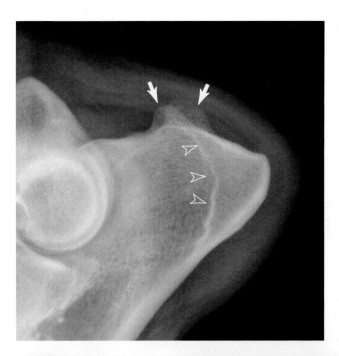

图4-45　2岁德国牧羊犬鹰嘴的侧位片。白色空心无尾箭头指示的是与尺骨鹰嘴生长板相关的残迹。白色实心箭头指示的两个突起与鹰嘴结节有关。在发育过程中，鹰嘴结节是由鹰嘴突融合而成的

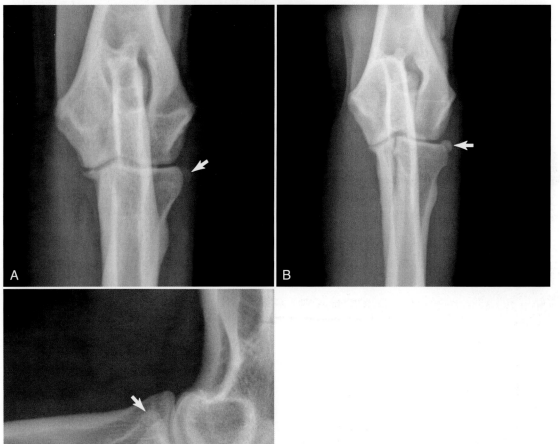

图4-46　3岁金毛寻回犬肘关节的头尾位片（A）。白色箭头指示的是桡骨头头外侧的一块籽骨。这块籽骨位于旋后肌内，据报道大约30%的病例在X线片中可见该籽骨。不应与骨碎片或关节鼠相混淆。它在侧位片中较少见。7岁罗威纳犬肘关节的头尾位片（B）和侧位片（C）。在该病例中，在头尾位片和侧位片中都可以看到籽骨（白色箭头）

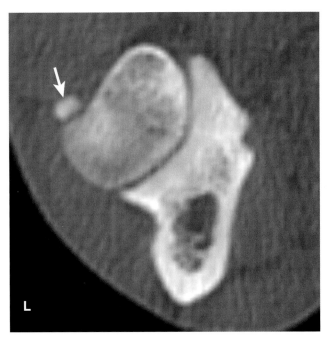

图 4-47　在桡骨头和内侧冠状突水平的犬肘关节横断面 CT 图像针对骨骼进行了优化。位于肱骨头头外侧的骨体是旋后肌内的一块籽骨（箭头）。该籽骨不常见，只在约 30% 的病例中见到。它不应与从内侧冠状突脱离并迁移到关节头侧的骨软骨碎片混淆

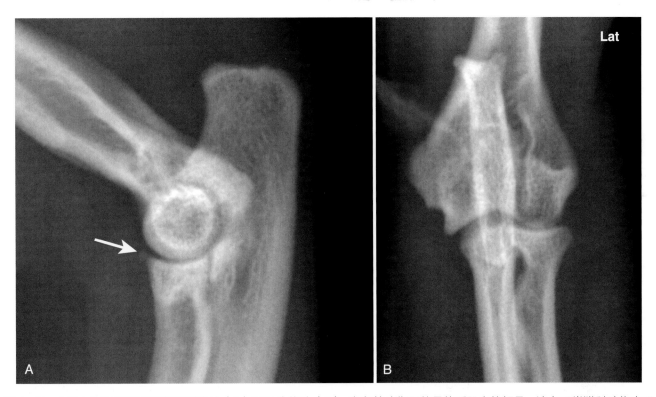

图 4-48　2 岁本地短毛猫肘关节的侧位片（A）和尾头位片（B）。白色箭头指示的是旋后肌内的籽骨。这在正常猫科动物中不常见，不应与骨碎片混淆。旋后肌籽骨位于外侧，但在头尾位片上通常不明显。关节内侧的关节间隙明显增宽反映了正常的关节松弛，这是由成像过程中关节轻微外展所致的

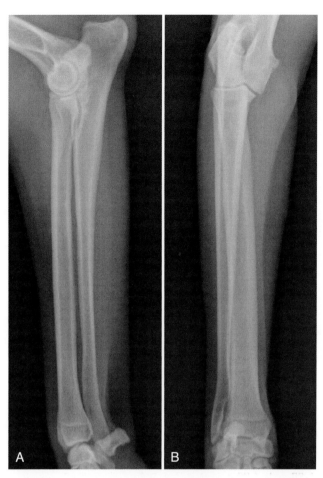

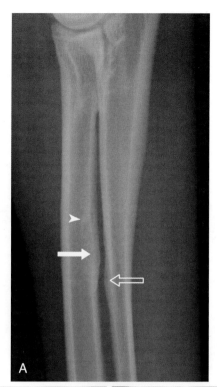

图 4-49　7 岁拉布拉多寻回犬右小臂的侧位片（A）和头尾位片（B）。小臂肌肉在小臂远端处转化为肌腱，使腕骨部位的软组织量减少。桡骨近端位于肘关节外侧，桡骨远端位于腕骨内侧。尺骨近端在肘关节较大，在标准的头尾位片中，它基本上处于中线。尺骨远端位于腕骨外侧

骨上产生重叠的软组织边缘，可能会被误认为骨折。此外，在腕垫的外侧，臂腕关节近端的软组织体积明显减少。这可能会被误认为尺骨远端内侧和桡骨远端外侧受到了损伤（图 4-59）。

腕关节

　　被称为腕关节的复合关节位于桡骨远端、尺骨和掌骨近端之间。它由排成两排的立方形腕骨和偶见的籽骨组成。腕关节是一个复合关节，与所有此类关节一样，除了两张标准的正交 X 线片外，还需要拍摄斜位片来进行全面的 X 线影像学评估（图 4-60）。参考第一章斜位投照部分。大部分腕关节屈曲发生

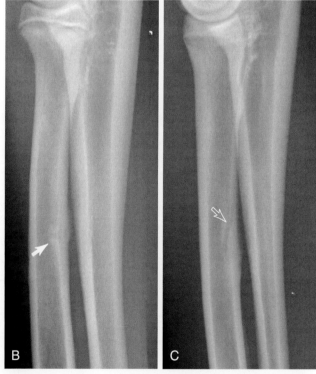

图 4-50　A，10 岁混种犬小臂近端的侧位片。桡骨近端尾侧（白色实心箭头）和尺骨头侧（白色空心箭头）的骨间韧带的起止点病很常见。在该病例中，也存在骨内膜硬化（白色实心无尾箭头）。B，7 月龄金毛寻回犬的侧位片。C，9 月龄拉布拉多寻回犬的侧位片。在图 B 中，骨内膜硬化（白色实心箭头）很常见，而在图 C 中，滋养孔很容易被看到（白色空心箭头）

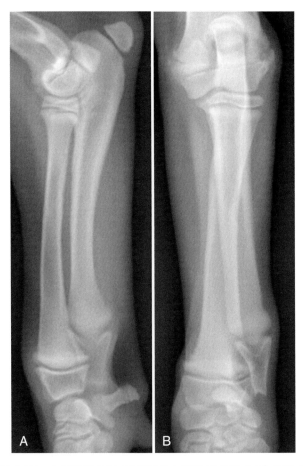

图 4-51 4 月龄拉布拉多寻回犬小臂的侧位片（A）和头尾位片（B）。与肱骨远端、桡骨近端、桡骨远端和尺骨相关的生长板很明显。尺骨远端骨骺通常呈"V"形。这使生长板在受压后容易发生发育中断

在臂腕关节（图 4-61）。

　　近端排列的腕骨包含桡腕骨、尺腕骨和副腕骨。桡腕骨是最大的立方形腕骨，位于内侧，其近端边缘与桡骨的远端衔接（图 4-59、图 4-60 和图 4-62）。桡腕骨由三个骨化中心发育而成，是桡腕骨、中央腕骨和中间腕骨融合的结果，这在许多其他物种中也存在。中央腕骨在出生时或出生后不久就融合了，而桡腕骨和中间腕骨通常在 120 日龄左右融合（图 4-52 ~ 图 4-54 和图 4-63）。未完全融合的桡腕骨不应与幼龄动物的桡腕骨中心矢状面骨折混淆。桡腕骨的外侧与尺腕骨相连，远端边缘与远端排列的四块立方形腕骨相连（图 4-62）。桡腕骨内侧有一部分并没有形成关节，这常与桡腕骨的半脱位混淆（图 4-59、图 4-60 和图 4-62）。尺腕骨在近端与桡骨、尺骨、桡腕骨外侧、副腕骨、第四腕骨和第五掌骨相连。大多数犬在桡腕骨远端内侧有一块小籽骨。该籽骨位于拇长外展肌Ⅰ（正式称为拇长肌）的肌腱中，不应与骨碎片或关节鼠混淆。该籽骨相关的拇长外展肌Ⅰ（正式称为拇长肌）肌腱位于桡骨远端的一个凹槽中（图 4-60），并止于第一掌骨基部。这种结构的损伤是腕骨内侧疼痛的常见原因。

　　远端排列的腕骨包含第一、第二、第三和第四

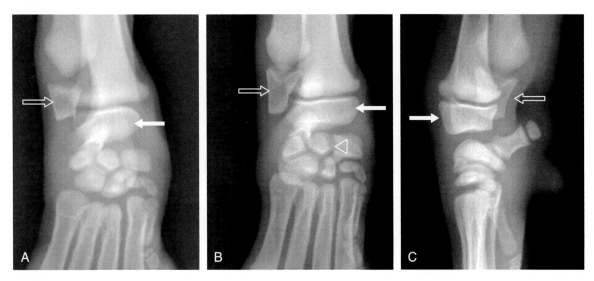

图 4-52 52 日龄的拉布拉多寻回犬（A）和 60 日龄的澳大利亚牧羊犬（B）小臂远端的头尾位片，以及腕关节和手掌的背掌位片。图 C 是图 B 的侧位片。桡骨远端（白色实心箭头）和尺骨远端（白色空心箭头）骨骺未完全形成，腕骨也是如此。存在桡腕骨的不完全融合（三角空心箭头）。年龄稍大的患犬该处的骨骼进一步发育。不同品种间发育程度的差异也可能导致相似影像

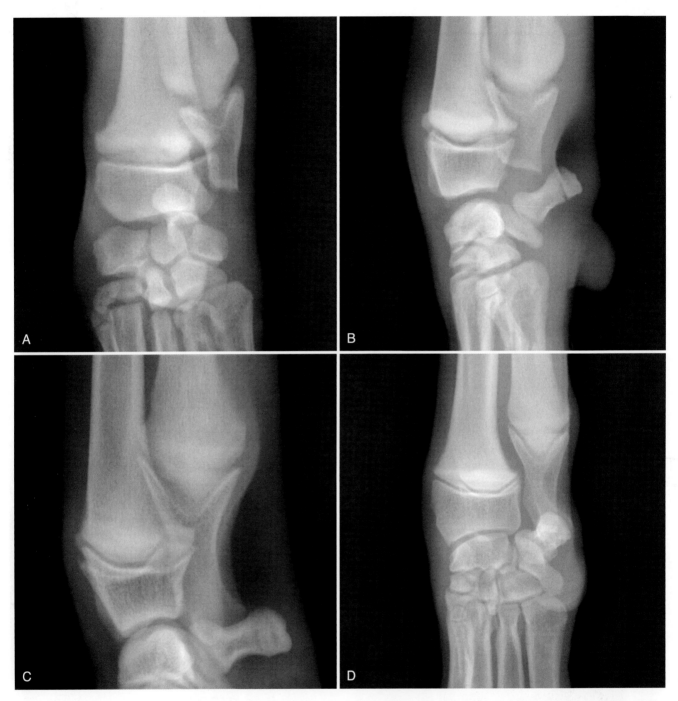

图 4-53　3 月龄拉布拉多寻回犬的背掌位片（A）和侧位片（B）。注意尺骨茎突的钝状外观，这在这个年龄段是正常的。此外，在图 B 中，副腕骨生长板清晰可见，这通常在 4 ~ 5 月龄闭合。3.5 月龄德国波音达犬小臂远端的侧位片（C）。与图 A、图 B 的病例相比，尺骨茎突发育良好，副腕骨生长板已闭合。尺骨尾侧缘难以辨认，这在年轻患病动物中是正常的，是快速生长和干骺端重塑的表现。D，5 月龄拉布拉多寻回犬的背外侧 – 掌内侧斜位片。斜位片中可见未被重叠的尺骨远端生长板

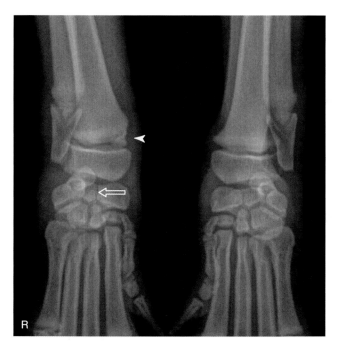

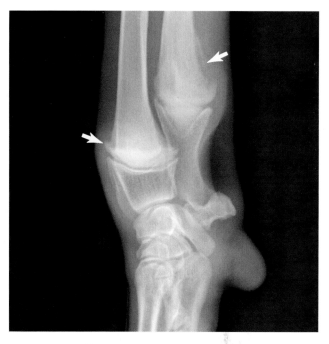

图 4-54 右前肢严重跛行的 80 日龄银狐犬小臂远端（左图为右前臂）的头尾位片。右小臂远端和腕骨软组织肿胀。桡骨远端生长板的内侧较宽，骨骺略向外侧移位。有骨碎片叠加在桡骨远端干骺端的内侧，这可能是来自骺端远端的创伤性骨折碎片（白色实心无尾箭头）。这种损伤会严重破坏正常的生长板生长，并导致肢体成角畸形。注意桡腕骨的不完全融合（白色空心箭头）

图 4-56 5 月龄混种犬小臂远端的侧位片。小臂远端生长板旁的干骺端皮质是不规则的（白色箭头）。这是正常的削减区，与快速生长和重塑有关

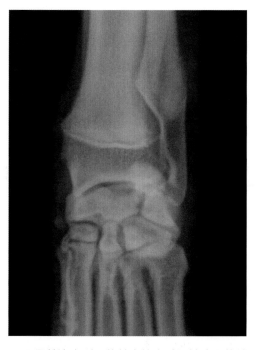

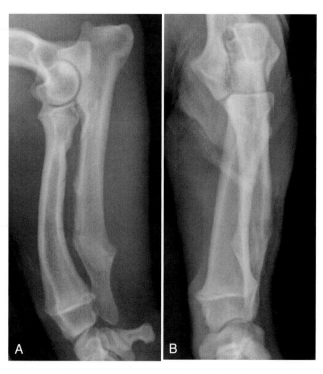

图 4-55 8 月龄澳大利亚牧羊犬的小臂远端头尾位片和腕骨背掌位片。桡骨和尺骨的远端生长板正常。尺骨远端生长板在 X 线片上看起来比桡骨远端生长板闭合得更好。未成熟的生长板外观有一些变化是正常的，但必须结合临床检查评估这种变化

图 4-57 10 月龄柯基犬的侧位片（A）和头尾位片（B）。软骨营养不良品种犬的小臂短且桡骨更弯曲。在软骨营养不良的品种中，小臂的外观存在显著差异，对正常构型的定义较为主观。评估肘关节协调性是判断小臂构型正常与否的重点。该病例的肘关节协调性良好，且在临床上，肢体没有明显的外翻或旋转变形

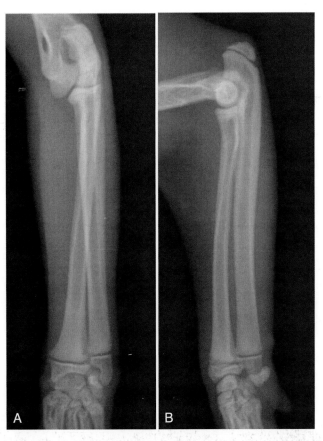

图 4-58　4 月龄家养短毛猫的头尾位片（A）和侧位片（B）。猫尺骨远端比犬的大。在该病例中，桡骨远端和尺骨远端生长板未闭合，清晰可见。猫尺骨远端生长板和桡骨一样是横向的，并非像犬是"V"形的。肱骨远端内侧部分的髁上孔清晰可见

腕骨，它们在近端与桡腕骨和尺腕骨相连，在远端与它们各自的掌骨相连（图 4-60）。小臂和近端排列的腕骨之间的关节称为臂腕关节，几乎所有腕关节屈曲都发生在此关节处（图 4-61）。近端排列的腕骨与远端排列的腕骨之间的关节称为腕骨间关节。远端排列的腕骨和掌骨之间的关节称为腕掌关节。

除了尺骨，猫的小臂远端及腕骨与犬的相似。在腕骨远端，猫尺骨更加圆且突出。不应将尺骨远端的局灶性透射线区域与骨囊肿或侵袭性病变混淆（图 4-64）。

通常需要拍摄施加应力的 X 线片来明确诊断关节是否存在软组织损伤，这在腕部尤为重要。当怀疑有软组织损伤时，应对小臂和掌部施加拉紧相应

软组织结构的外力（图 4-65）。正确识别腕关节不稳定对患病动物的预后有重要影响。

掌骨和指骨

总共有五块掌骨，而最常见的是四根指，每根指有三块指骨。第一掌骨和相关指骨存在的变异性，即悬趾继发于发育不全或在出生时切除。第二至第五掌指关节的特征是每个关节的掌侧有两块籽骨，每个关节的背侧有一块籽骨（图 4-66 和图 4-67）。掌籽骨从内侧到外侧依次编号，第二掌指关节最内侧的籽骨为第一籽骨，第五掌指关节最外侧的籽骨为第八籽骨（图 4-67）。掌指骨的籽骨通常在 2 ～ 3 月龄时出现，并在 120 日龄完全形成（图 4-68）。掌籽骨，尤其是第二籽骨和第七籽骨有时会呈分裂状（图 4-69）。这可能会导致一些患病动物跛行[6]。

大的掌骨垫位于掌指关节的掌侧。其形状的叠加可能导致指上出现透射线的线性影像并可能会被误认为骨折（图 4-66）。每个掌骨由近端的基部和远端的头部组成，头部与相应的近指节骨基部相连（图 4-66 和图 4-67）。近指节骨由中指节骨基部、主干和滑车组成。远指节骨由近端的基部和远端的爪突及相关的爪或指甲组成（图 4-70）。

出生后，在第二至第五掌骨（和跖骨）的远端有一个可见的生长板，在 6 ～ 7 月龄闭合。第二至第五掌骨（或跖骨）的近端部分没有可见的生长板。在第二至第五指的近指节骨和中指节骨的近端可见生长板，并较早闭合（图 4-71 和图 4-72）。第二至第五指的近指节骨或中指节骨的远端没有可见的生长板。犬、猫的远节指骨没有 X 线片中可见的生长板。

有时可以通过对感兴趣的指尖施加牵引力来减轻指骨的重叠（图 4-73）。被除爪的猫不具有远节指骨（图 4-74）。多指畸形在犬和猫中都不常见，但相较犬，在猫中更常见。通常呈现为内侧的残存指骨。这种患病动物通常无症状（图 4-75）。

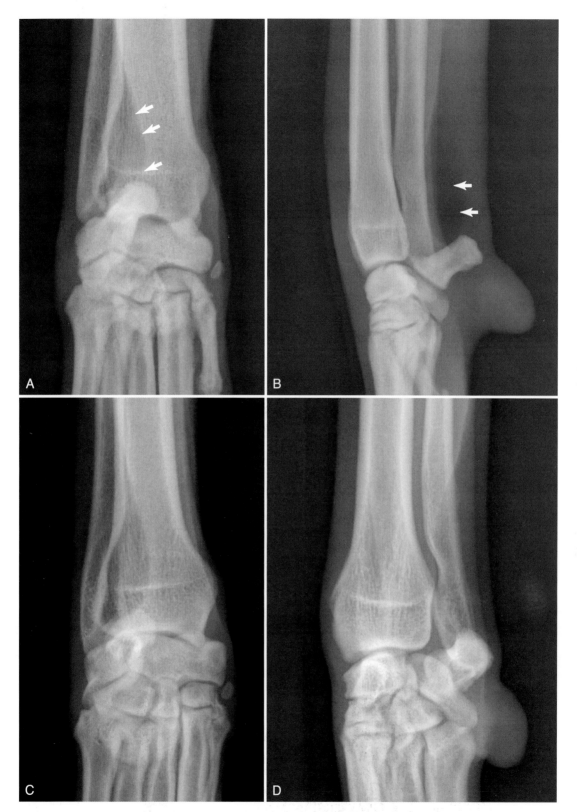

图 4-59 7 岁英国雪达犬的左小臂远端的头尾位片（A）和侧位片（B）。图 A 中小臂远端外侧有一个透射线区域，其内侧边缘由箭头描绘。这是与腕垫外侧和近端正常软组织空隙相关的伪影，其尾部边缘在图 B 中由箭头描绘。这不应与侵袭性骨病变混淆。4 岁比利时特弗伦犬小臂远端的头尾位片（C）。桡骨远端侧面的透射线区域很明显。头外 - 尾内侧斜位片（D）是排除此伪影的最佳视图

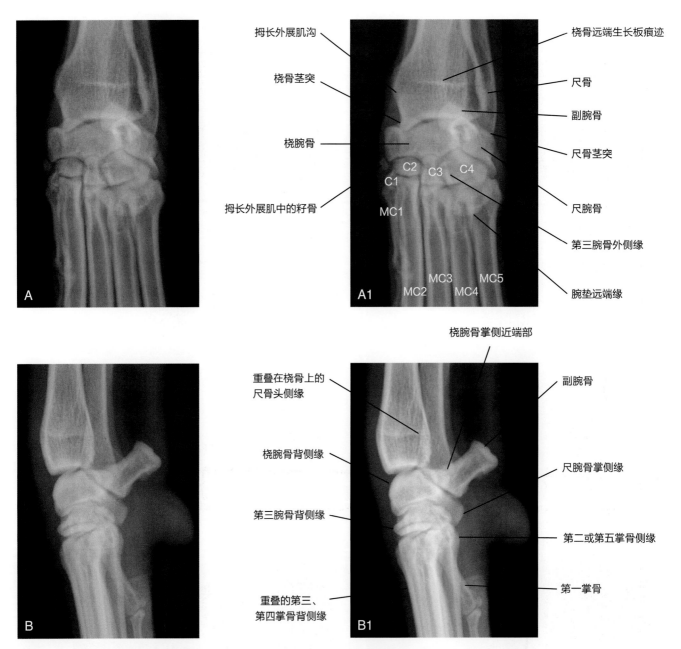

拇长外展肌沟 — 桡骨远端生长板痕迹

桡骨茎突 — 尺骨

— 副腕骨

桡腕骨 — 尺骨茎突

C2

C1 C3 C4

— 尺腕骨

拇长外展肌中的籽骨

MC1 — 第三腕骨外侧缘

MC3 MC5

MC2 MC4 — 腕垫远端缘

桡腕骨掌侧近端部

重叠在桡骨上的 尺骨头侧缘 — 副腕骨

桡腕骨背侧缘 — 尺腕骨掌侧缘

第三腕骨背侧缘

— 第二或第五掌骨侧缘

— 第一掌骨

重叠的第三、 第四掌骨背侧缘

图4-60 A，4岁比利时特弗伦犬左腕关节的背掌位片。图A1为带有标记的图A。第一、第二、第三和第四腕骨依序为（C1-C4）。第一、第二、第三、第四和第五掌骨依序为（MC1-MC5）。侧位片（B）和其带有标记的图（B1）

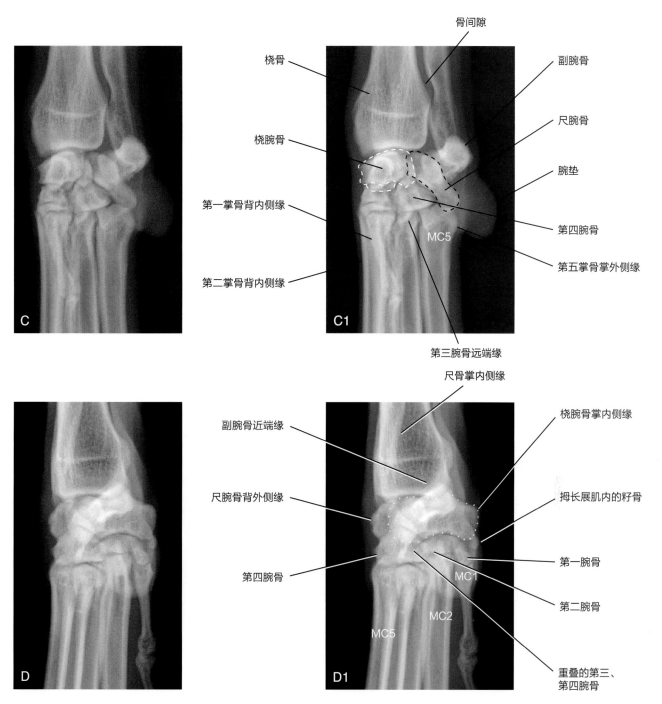

图 4-60（续） 背外侧 - 掌内侧斜位片（C）及其带有标记的图（C1）。在图 C1 中，白色虚线范围为桡腕骨；黑色虚线范围为尺腕骨。背内侧 - 掌外侧斜位片（D）及其带有标记的图（D1）。在图 D1 中，白色虚线范围为桡腕骨

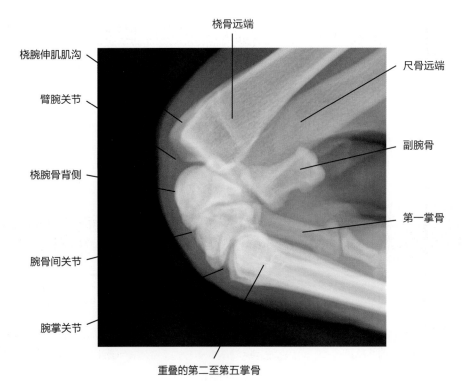

桡骨远端

桡腕伸肌肌沟

臂腕关节

桡腕骨背侧

腕骨间关节

腕掌关节

尺骨远端

副腕骨

第一掌骨

重叠的第二至第五掌骨

图 4-61　6 岁拉布拉多寻回犬的屈曲侧位片。大部分腕骨的运动范围发生在臂腕关节。屈曲侧位片在评估桡腕骨的近端边缘时特别有用

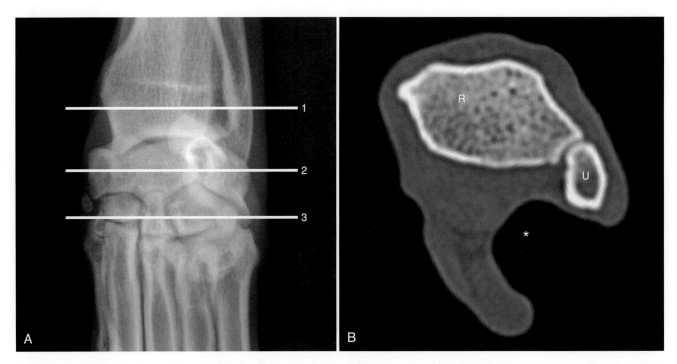

图 4-62　A，腕骨背掌位片，图像左侧为内侧。图 B、图 C、图 D 分别为 1、2、3 层的薄层横断面 CT 图像，图像上方为背侧。在图 B 中，R 为桡骨，U 为尺骨。注意紧邻臂腕关节处，桡骨和尺骨远端的紧密联系。在放射学上，尺骨掌侧有较大的软组织空隙（白色星号）可能造成桡尺骨远端受到损伤的假象

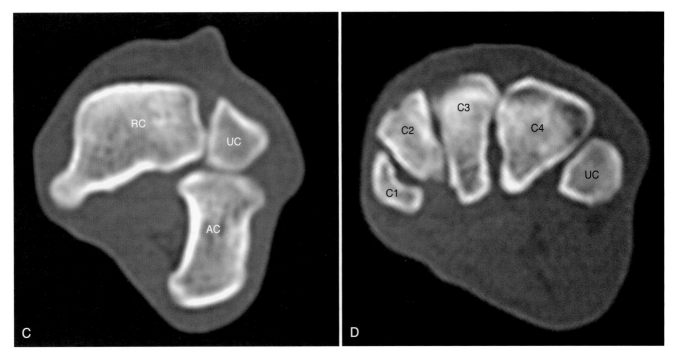

图 4-62（续） 在图 C 中，RC 为桡腕骨，UC 为尺腕骨，AC 为副腕骨。在图 D 中，各腕骨分别标记为 C1-C5。最外侧 UC 是尺腕骨远端部分。它在近端与桡骨、尺骨、桡腕骨外侧、副腕骨、第四腕骨和第五掌骨形成关节，因此，它在腕骨远端排的水平上是可见的

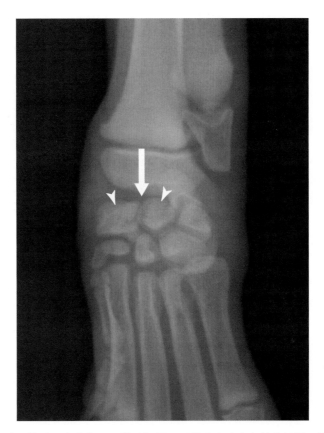

图 4-63 2 月龄混种犬的背掌位片。桡腕骨由白色无尾箭头标记，骨化中心由白色箭头标记。桡腕骨一般在 120 日龄后闭合

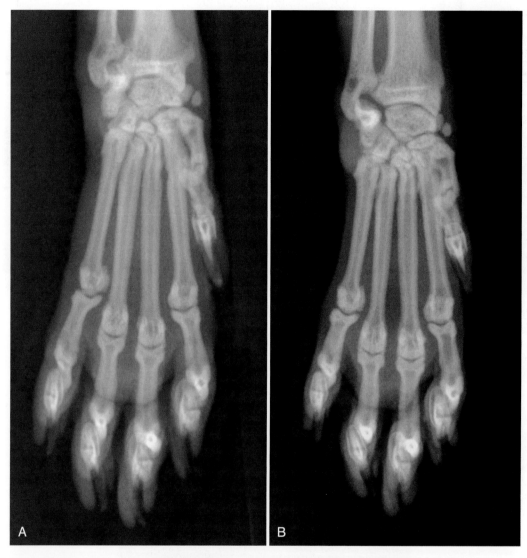

图 4-64 20 岁家养短毛猫（A）和 11 岁家养短毛猫（B）腕部及手掌的背掌位片。猫的尺骨远端比犬的大。尺骨远端有一个小的透射线区域，这在猫身上普遍存在，并不反映侵袭性病变

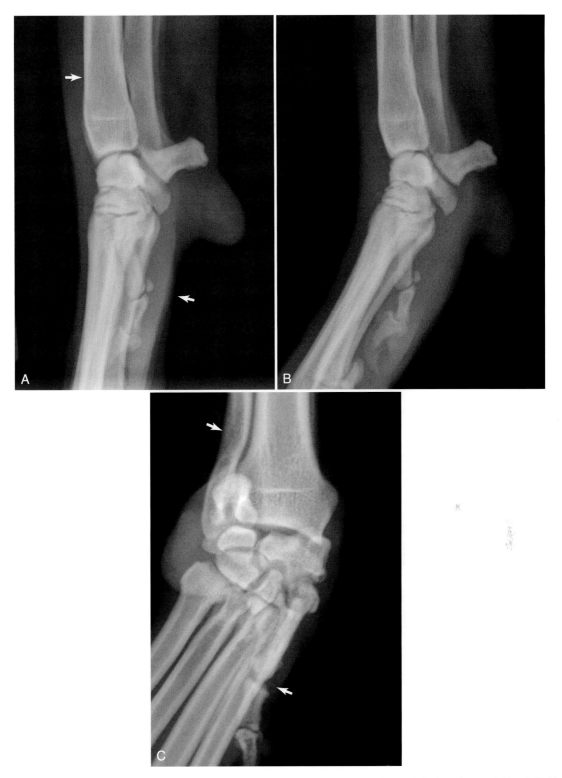

图 4-65　在应力状态下对腕关节进行 X 线检查，应对被检软组织施加压力，使其处于张力状态。在屈肌支持受损的情况下，可如图 A 对箭头方向施加压力，或通过摆位及施压来模拟肢体负重。B，7 岁英国雪达犬右前肢的应力侧位片。该病例腕骨受伤。由于手掌软组织受损，造成腕骨以腕骨间关节为中心过度伸展。掌骨掌侧的软组织肿胀明显。C，5 岁边境牧羊犬的背掌位片。已沿箭头方向，对内侧副韧带及相关的软组织结构施加压力。确认了过度松弛。这一重要发现在非应力片中可能并不明显

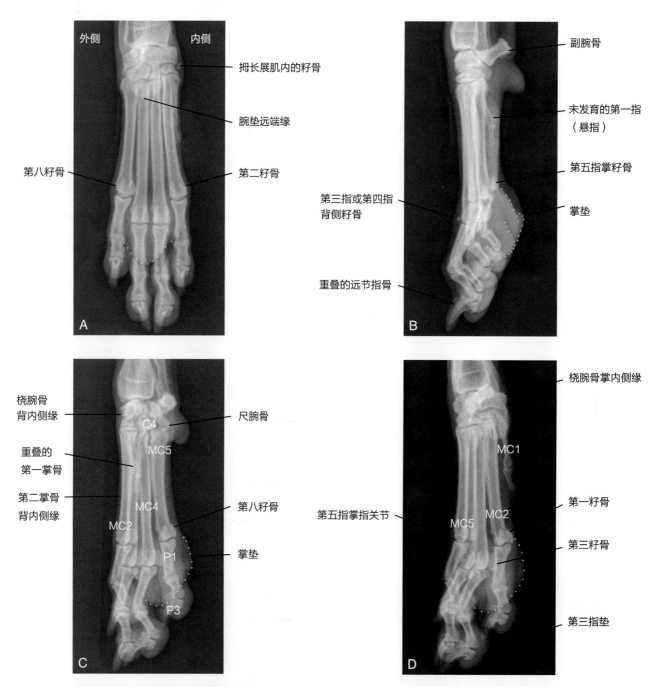

图 4-66　4 岁比利时特弗伦犬腕骨和手掌的背掌位片（A）、侧位片（B）、背外侧 - 掌内侧斜位片（C）和背内侧 - 掌外侧斜位片（D）。注意在图 A 中，桡腕骨的内侧未与桡骨形成关节，这常常被误解为半脱位。图 A ～图 D 中的白色虚线是掌垫。有时，腕垫叠加在指上所产生的不透射线区域常会被误认为指骨斜骨折

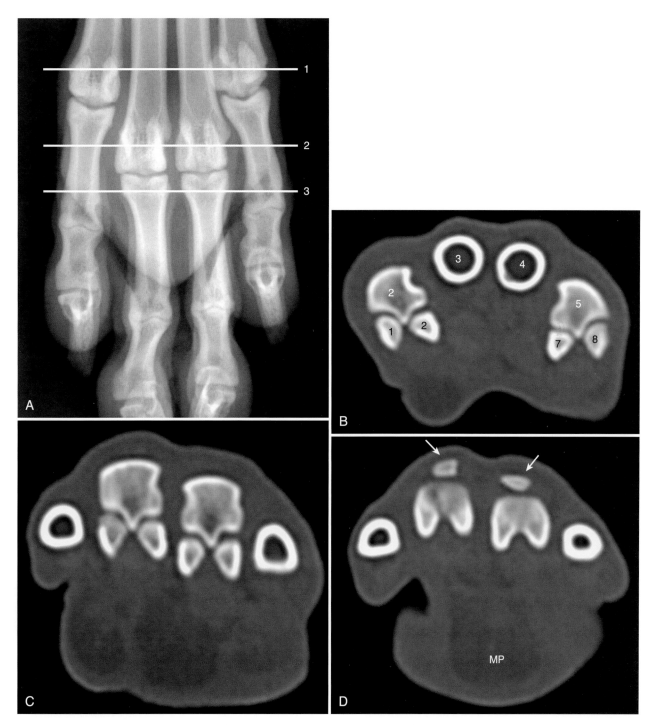

图 4-67　图 A 是手掌在掌指关节水平的背掌位片。图 B、图 C、图 D 分别为 1、2、3 层薄层横断面 CT 图像，图像上方为背侧。在图 B 中，第二至第五指被识别为第一、第二、第七和第八掌籽骨。在图 B 和图 C 中很容易看到与掌骨远端相连的掌籽骨。在图 D 中，很容易看到位于近端指骨背侧的小籽骨（白色实心箭头）。图 D 中的掌垫（MP）很明显

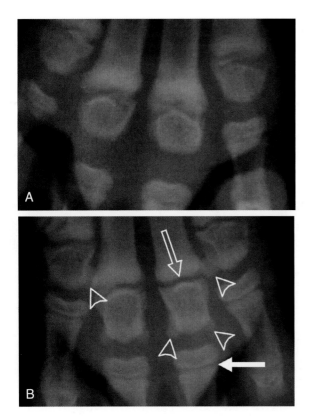

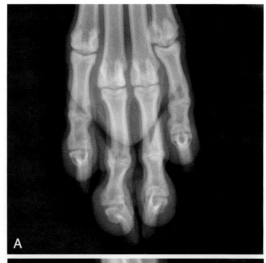

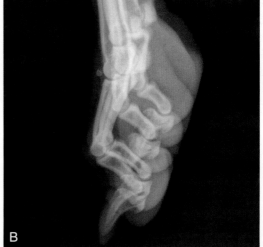

图 4-68 50 日龄（A）和 60 日龄（B）混种犬的近端指间关节水平的背掌位片。图 A 中掌籽骨不明显，但在图 B 中可见（空心无尾箭头）。未闭合的第四掌骨远端生长板很明显（白色空心箭头），近指节骨的近端生长板也是如此（白色实心箭头）

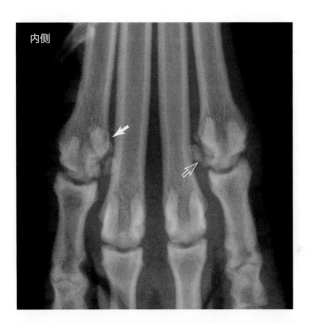

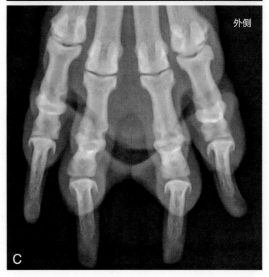

图 4-69 9 岁达尔马提亚犬的仰视图。第二掌籽骨碎裂并重塑骨（白色实心箭头）和第七掌籽骨的骨（白色空心箭头）。这些变化往往是相关的与不完全的籽骨骨化，经常加剧并且可能会或可能不会导致跛行

图 4-70 4 岁比利时特弗伦犬指骨的背掌位片（A）和侧位片（B）。无法在图 A 中区别内外侧，虽然第二指骨和第五指骨通常比第三指骨和第四指骨短，且一般来说第五指骨比第二指骨短，但此方式不可靠。在放射学上标记内外侧，或保留腕骨远端是必须的。每个掌指关节掌侧都有一对籽骨，而在背侧则有一块籽骨。4 岁柯基犬指骨的背掌位片（C）。掌垫的远端边界清晰可见。第三和第四指间的空隙是正常的

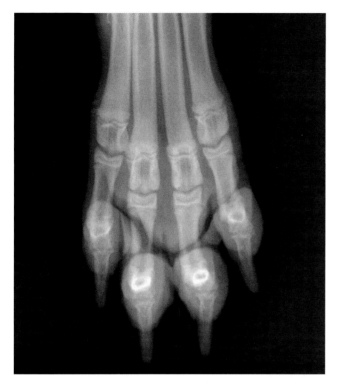

图 4-71　4 月龄拉布拉多寻回犬的背掌位片。清晰可见掌骨远端及近指节骨近端生长板未闭合

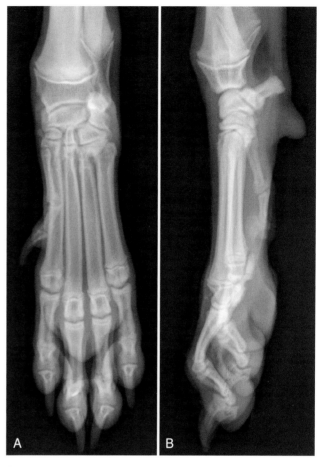

图 4-72　6 月龄混种犬的背掌位片（A）和侧位片（B）。桡骨及尺骨远端生长板清晰可见，且掌骨远端生长板也未闭合

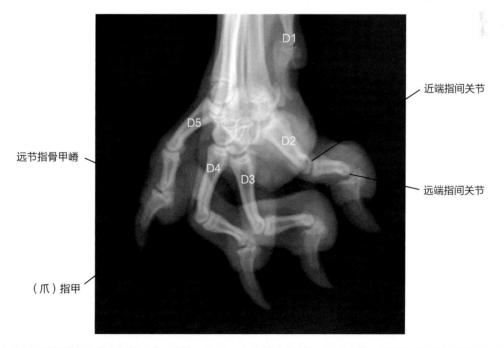

图 4-73　手部各指分开的侧位片（张指状态）。除第一指外，各指皆有指垫。内侧的第二指和外侧的第五指比中间的第三、第四指短

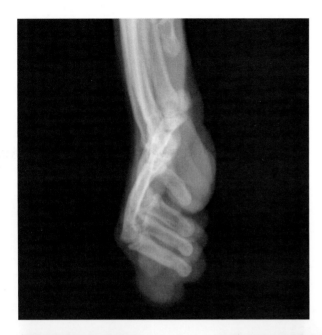

图 4-74 9岁暹罗猫掌部的侧位片。该病例已被除爪。各指远节指骨均不存在

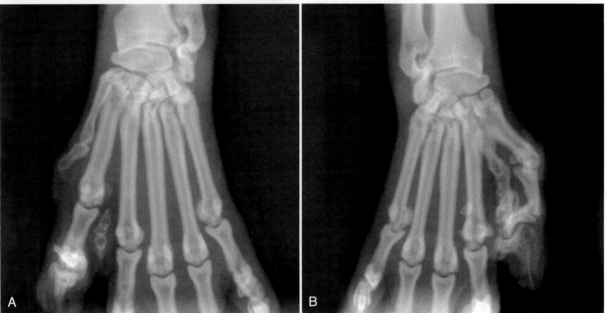

图 4-75 6岁家养短毛猫左掌的背掌位片（A）和右掌的背掌位片（B）。双侧皆可见多指畸形。且如此病例一样，多出的指节常见于内侧

参考文献

[1] Ticer J, ed. General principles. In: *Radiographic Techniques in Small Animal Practice*. Philadelphia: Saunders; 1975:97-102.

[2] Marcellin-Little D, DeYoung D, Ferris K, et al. Incomplete ossification of the humeral condyle in spaniels. *Vet Surg*. 1994;23(6):475-487.

[3] Frazho J, Graham J, Peck J, et al. Radiographic evaluation of the anconeal process in skeletally immature dogs. *Vet Surg*. 2010;39(7):829-832.

[4] Wood A, McCarthy P, Howlett C. Anatomic and radiographic appearance of a sesamoid bone in the tendon of origin of the supinator muscle of dogs. *Am J Vet Res*. 1985;46(10): 2043-2047.

[5] Riser W. The dog: his varied biologic makeup and its relationship to orthopedic diseases. *J Am Anim Hosp Assoc*. 1985. Monograph.

[6] Read R, Black A, Armstrong S, et al. Incidence and clinical significance of sesamoid disease in Rottweilers. *Vet Rec*. 1992;130(24):533-535.

第 5 章

后　肢

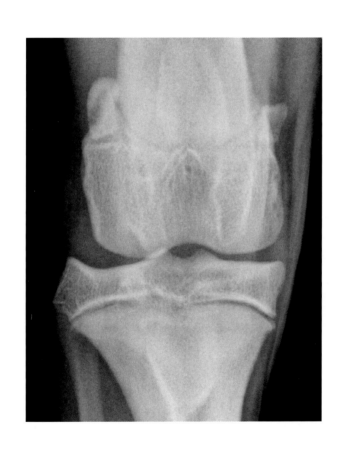

骨盆

骨盆放射影像学的标准摆位包括腹背位及侧位。腹背位中，后肢可呈伸展或屈曲状态。当后肢伸展时，体位被称为髋关节伸展位，当后肢屈曲时，体位称为蛙位。在侧位片中，最靠近成像板的肢体通常向头侧牵拉，而对侧非重力侧的肢体向尾侧牵拉，以避免股骨重叠。

骨盆由 4 对骨头组成：髂骨、坐骨、耻骨和髋骨。髋骨是一个小的三角形骨，位于髂骨的尾腹侧和坐骨的头腹侧之间（图 5-1 和图 5-2）。约 12 周龄时，髋骨与相邻骨融合形成髋臼的腹侧缘[1]。在髋骨融合前，髋臼处有多个可透射线的连接点。它们位于髋骨头侧与髂骨之间，髋骨尾侧与坐骨之间，髋臼背侧的髂骨与坐骨之间（图 5-2）。在 X 线片上这些透射线连接点的叠加使整个髋骨难以辨认，尽管在发生融合之前可以看到部分髋骨（图 5-3）。幼龄动物髋臼区是由大量软骨连接的，可能被误认为骨折（图 5-4）。粪便与骨盆的重叠也可能被误认为骨折，尤其是在侧位片上（图 5-5）。

髂骨与荐椎在荐髂关节处相连，这是一个结合了滑膜和软骨的关节。关节的软骨部分是软骨联合，

其位于滑膜部分的头背侧。荐髂关节的关节囊很薄[2]。未骨化的髂骨和荐椎之间的软骨形成了一个透射线的软组织区域。这种骨不完全闭合会终生存在，在所有年龄段的患病动物中都可能被误认为荐椎骨折或半脱位（图 5-6 和图 5-7）。在腹背位片上，由于关节呈锯齿状，荐髂关节看上去是由多个透射线线条组成的，而非由一条线构成（图 5-8 和图 5-9）。正常荐髂关节尾侧缘的特征是在髂骨和荐椎交界处平滑过渡（图 5-7）。如果存在荐髂关节半脱位，这个过渡阶段通常会呈错位或阶梯样。

髂骨分为髂骨翼和髂骨体。髂骨翼最头侧为髂骨嵴，由次级骨化中心发育而来（图 5-10 和图 5-11）。大多数犬在 2 岁时，髂骨嵴与髂骨翼发生骨性融合，但超过 10% 的犬可能出现永久性的非骨性融合[3]（图 5-12）。这种非骨性融合呈软组织不透射线性，可能被误诊为骨折。通常在侧位片上可以看到未融合的髂骨嵴，因为在腹背位片上，未融合的髂骨嵴重叠在髂骨翼上。然而，有时可以在稍微倾斜的腹背位片中看到未融合的髂骨嵴（图 5-13）。

髋臼是在髂骨、坐骨和耻骨的交会处形成。髋臼的中央有一个非关节凹陷，即髋臼窝（图 5-11A1、图 5-14 和图 5-15）。通常拍摄髋关节伸展腹背位片对关节松弛（犬髋关节发育不良）进行放射学评估。在此体位中，关节协调性应根据髋臼窝头侧区域来评估，也就是约头侧 1/3 的髋臼（图 5-15 中的白色箭

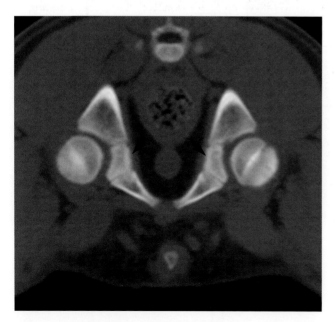

图 5-1 3 月龄金毛寻回犬的髋臼区域横断面 CT 图像。髋臼中央区域可见髋骨（箭头）

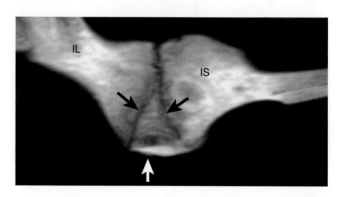

图 5-2 4 月龄金毛寻回犬髋臼内侧的 CT 最大密度投影（Maximum intensity projection，MIP）图像。髋臼腹内侧的三角形骨（箭头）是未融合的髋骨。图像左边为头侧。从这张图中可以清楚地看到骨盆各部分之间的软骨性、非骨性的连接

注：MIP 图像是多个相邻二维 CT 层面的总和形成的容积图像。容积的厚度由单层厚度和相加层数决定。IL，髂骨；IS，坐骨。

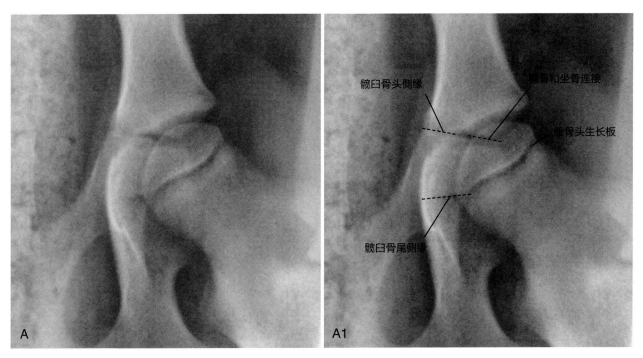

图 5-3　4 月龄拉布拉多寻回犬左髋股关节的腹背位片（A）和相应的标注（A1）。髋骨是构成髋臼中心部分的不透射线三角形

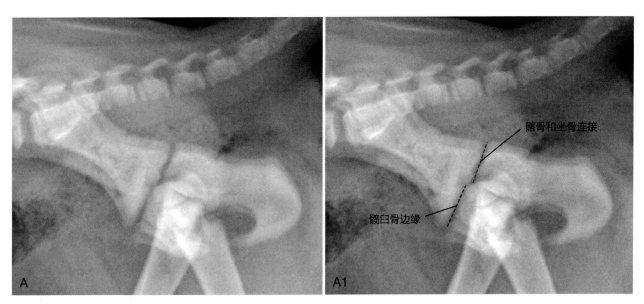

图 5-4　10 周龄混种犬骨盆的侧位片（A）和相应的标注（A1）。髂骨和坐骨之间，以及髋骨头侧缘的软骨连接非常明显，容易被误认为骨折。在图 A1 中，已标注了髋骨头侧缘，髋骨的尾侧缘在这张 X 线片中无法看到

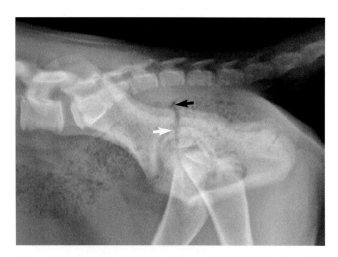

图 5-5　4 月龄拉布拉多寻回犬髋臼区域的侧位片。粪便中的气体导致在髋臼背侧可见一条垂直的透射线性线（白色箭头），这可能被误认为骨折。然而，在这只犬中，透射线性线延伸到骨盆的背面（黑色箭头），表明它不可能是骨盆的一部分

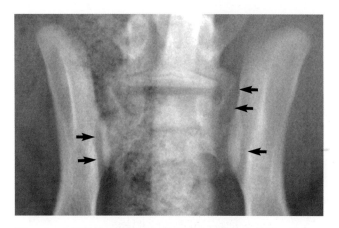

图 5-6　4 月龄拉布拉多寻回犬荐髂区域的腹背位片。髂骨和荐椎之间的软骨连接是软组织不透射线性的，因此较相邻骨骼不透射线性低（箭头）。这可能与骨折或半脱位混淆。粪便与右侧荐髂关节重叠，遮挡了部分关节影像

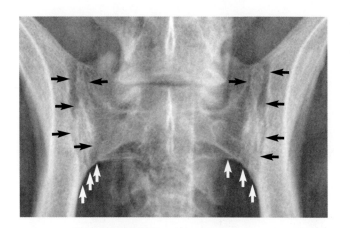

图 5-7　5 岁澳大利亚牧羊犬荐髂区域的腹背位片。髂骨和荐椎之间的非骨化区域会终身存在（黑色箭头）。这可能与骨折或半脱位混淆。髂骨尾侧缘和荐椎之间的平滑过渡（白色箭头）表明没有错位或半脱位

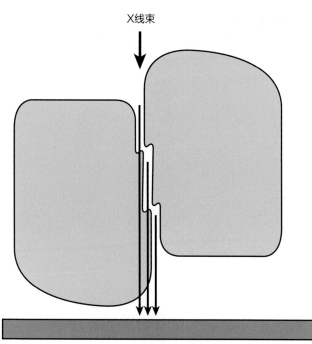

图 5-8　图示为 X 线束是如何通过两个边缘呈锯齿状的结构结合处，如荐髂关节，形成多条透射线性线的。每个锯齿状界面都会形成一个单独的减少对 X 线吸收的区域（垂直的黑色箭头）。这会导致在单个连接处 / 关节面中出现多个透射线的线性结构

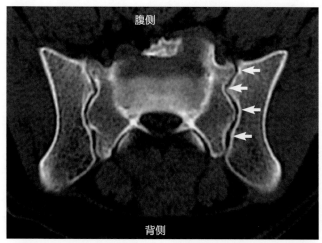

图 5-9　12 岁拉布拉多寻回犬荐髂关节的 CT 横断面图像。注意关节的锯齿状特征（箭头）。X 线束投照在锯齿样的连接处形成多条相邻的透射线线条

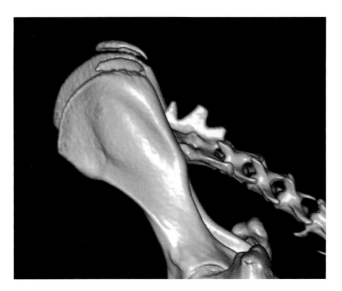

图 5-10 1 岁拉布拉多寻回犬左、右髂骨的左侧观 3D 容积重建图像。骨盆略微倾斜，以便观察左、右髂骨嵴

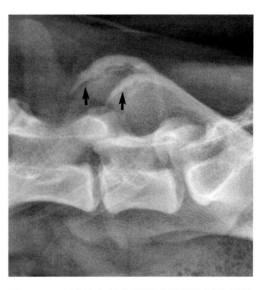

图 5-12 6 岁拉布拉多寻回犬髂骨区域的侧位片。髂骨嵴与髂骨翼没有完全融合（箭头）。这在骨骼发育成熟的犬身上很常见，不应该被误认为骨折

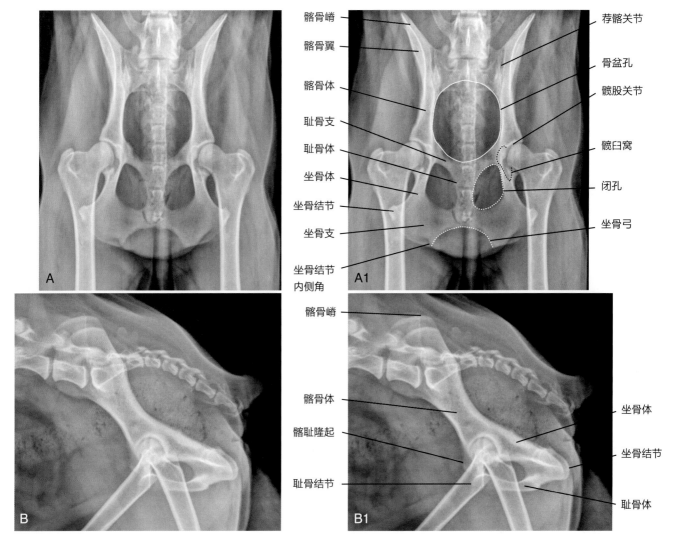

图 A1 标注（自上而下，左侧）：髂骨嵴、髂骨翼、髂骨体、耻骨支、耻骨体、坐骨体、坐骨结节、坐骨支、坐骨结节内侧角

图 A1 标注（右侧）：荐髂关节、骨盆孔、髋股关节、髋臼窝、闭孔、坐骨弓

图 B1 标注（左侧）：髂骨嵴、髂骨体、髂耻隆起、耻骨结节

图 B1 标注（右侧）：坐骨体、坐骨结节、耻骨体

图 5-11 7 岁澳大利亚牧羊犬骨盆的腹背位片（A）和侧位片（B），以及相应的标注（A1、B1）

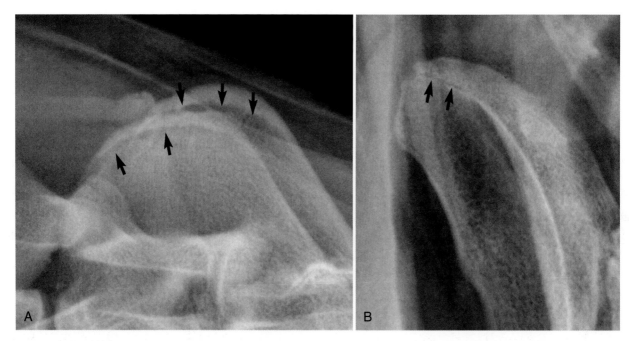

图 5-13 10 岁德国牧羊犬的髂骨侧位片（A）和右髂骨嵴腹背位片（B）。髂骨翼没有与髂骨嵴融合，在侧位片上可见一条透射线性线（图 A 中的黑色箭头）。在这只犬中，拍摄腹背位片时骨盆略微旋转，使该片上也可以看到髂骨嵴与髂骨翼之间分离的影像（图 B 中的黑色箭头）

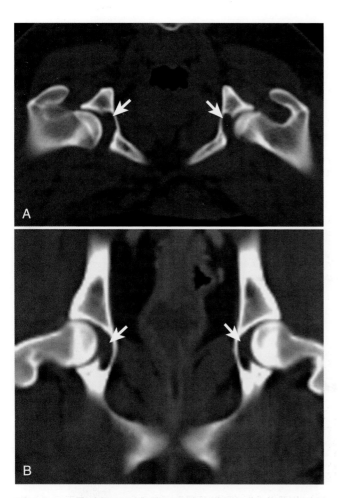

图 5-14 1 岁金毛寻回犬髋臼区域的横断面（A）和冠状面（B）CT 图像，显示髋臼窝（箭头）

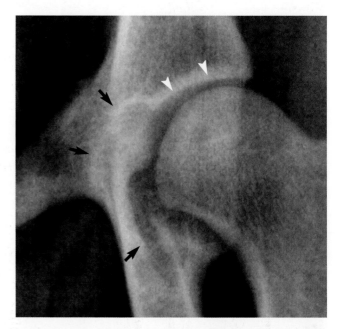

图 5-15 7 岁澳大利亚牧羊犬的左侧髋股关节 X 线片。髋臼窝（黑色箭头）位于髋臼的中央部分。在 X 线片中，应根据髋臼窝头侧区（白色无尾箭头）评估髋关节的协调性，而不是根据髋臼窝区域。这只犬的髋关节间隙在髋臼窝的头侧比最头外侧略宽，因此评估为轻微的髋关节不协调

头）。不能通过髋臼窝区域评估关节协调性，因为在髋臼窝区域，股骨头和髋臼间的关节区不平滑。在一些青年犬中，在髋臼的头外侧缘有一个小的次级骨化中心，其最终将与髂骨融合，而不要误认为骨折碎片（图 5-16 和图 5-17）。

有时需要拍摄两个额外体位的 X 线片，来辅助评估髋臼和髋股关节。一种是背侧髋臼缘（dorsal acetabular rim，DAR）位。拍摄 DAR 视图时，麻醉的患病动物处于背腹位，双后肢向头侧牵拉。如果定位准确，X 线束的中心将穿过髂骨干的长轴，使髂骨翼、髂骨体、髋臼和坐骨结节重叠。使髋臼背侧缘不被遮挡[4]（图 5-18）。在正常犬的 DAR 体位中，髋关节的背侧保持水平，髋臼的边缘相对尖锐（图 5-19）。

评估髋关节的第二种额外体位是分腿侧位，使用该体位可得到斜向，无遮挡的髋臼和股骨头侧位片。患病动物侧卧，目标股骨位于重力侧（下方）进行拍摄。非目标后肢向背外侧展开，使其最终位置位于腰椎背侧。X 线束以目标侧髋关节为中心。分腿侧位可得到无重叠的髋关节侧位片（图 5-20）。

坐骨由体部、支部和结节组成，它参与构成髋臼、闭孔和耻骨联合（图 5-11）[1]。大多数 5 岁以下的犬耻骨联合是纤维连接，而在此之后，通常是完全的骨性连接（图 5-21）[2]。在完全形成骨性连接之前，纤维连接呈软组织透射线性，可能被误诊为骨折（图 5-22）。在公犬中，由于粪便、尾椎、包皮和阴茎的重叠使耻骨联合在许多腹背位片中的可见性显著降低。在侧位片中，耻骨联合不可见。

坐骨结节为坐骨的尾侧部，由独立的次级骨化中心发育而来（图 5-23 和图 5-24）。坐骨结节的骨化从最外侧部分开始（图 5-24A）。随着年龄的增长，骨化中心的外侧与坐骨融合，骨化进程逐渐向内侧发展（图 5-24B、C、E）。有些犬还会在耻骨联合的尾侧形成另一个次级骨化中心（图 5-22C 和图 5-24C ~ E，以及图 5-25）。在骨盆侧位片上，坐骨结节的次级骨化中心很容易与骨折混淆（图 5-24D、F、G）。

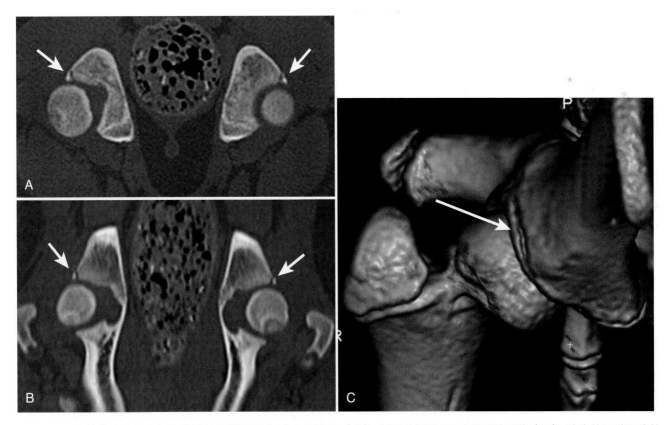

图 5-16　4 月龄金毛寻回犬右股骨关节的横断面（A）和冠状面（B），以及头侧观 3D 容积重建图像（C）。注意位于髋臼头外侧的独立骨化中心（箭头）。这可能会在 X 线片上被误认为骨折。该骨化中心将与髋臼融合，并在 1 岁时变得不可见

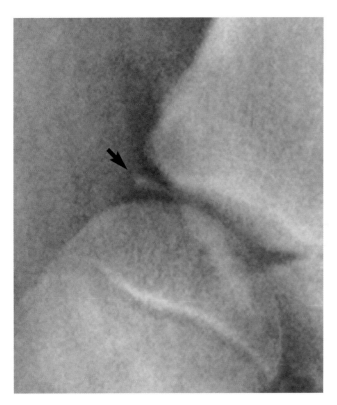

图 5-17　4 月龄威玛犬右髋关节头侧缘的腹背位片。在髋臼的头外侧有一个小的骨化中心（箭头）。这不应与骨折混淆

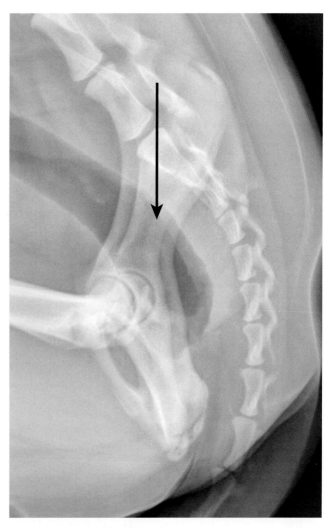

图 5-18　图为拍摄背侧髋臼缘（DAR）位片时，X 线束（黑色箭头）投射到骨盆的方向

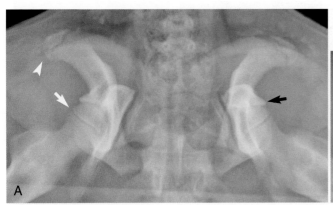

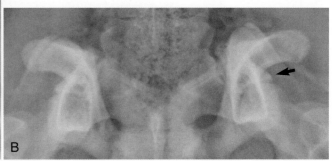

图 5-19　7 月龄维希拉猎犬（A）和 11 月龄獒犬（B）的背侧髋臼缘位片。在图 A 中，黑色箭头指示的是髋臼背侧缘。髋臼缘腹侧的正常髋关节间隙呈水平且相对尖锐。在这只幼犬中，生长板未闭合（白色箭头）。大型突起（白色无尾箭头）为坐骨结节，其生长板也未闭合。图 B 中的犬年龄相对更大，以供对比参考，黑色箭头指示的是髋臼缘

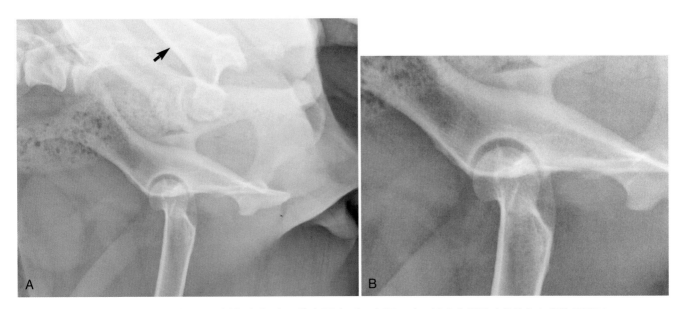

图 5-20　4 岁混种犬的右髋关节的分腿侧位片（A）和放大图（B）。在图 A 中，注意左股骨（箭头）向背外侧展开

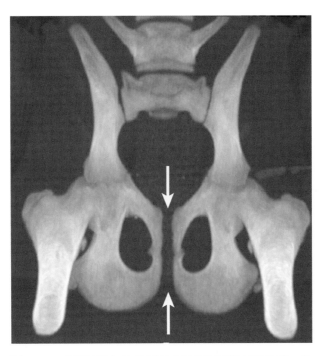

图 5-21　4 月龄拉布拉多寻回犬骨盆的腹侧 MIP 图像。注意耻骨联合间的大面积纤维联合（箭头）（在图 5-2 的图例中已解释何为 MIP 图像）

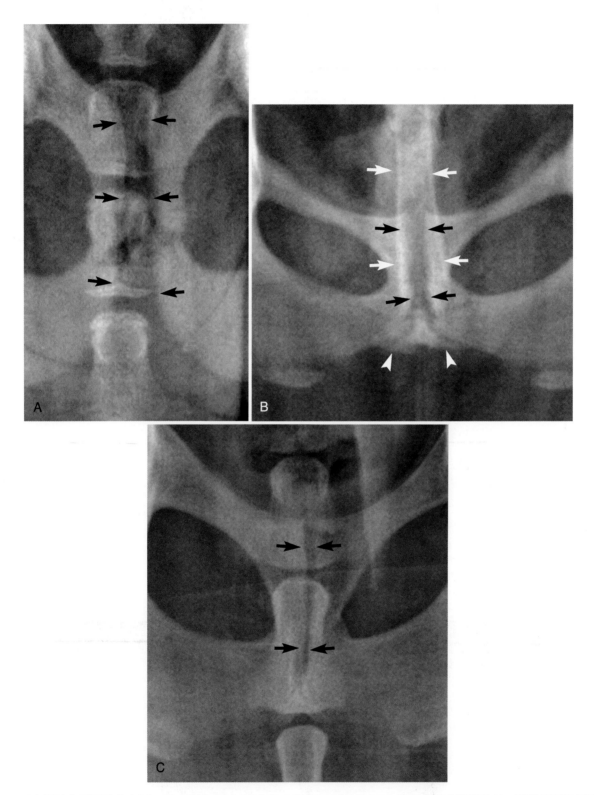

图5-22 11周龄金毛寻回犬（A）、18月龄柯基犬（B）和1岁金毛寻回犬（C）的耻骨联合腹背位片。可以看到耻骨联合骨性融合的各个阶段（图中的黑色箭头）。在图A和图C中，尾椎与耻骨联合重叠。在图B中，阴茎骨（白色箭头）与耻骨联合重叠，在耻骨联合的尾部有一个独立的三角形骨化中心（白色无尾箭头）

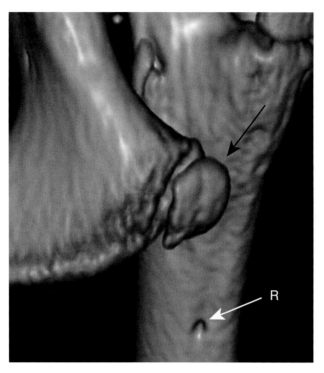

图 5-23　4 月龄金毛寻回犬的右侧坐骨背侧观的 CT 3D 容积重建图像。注意坐骨结节的独立骨化中心（黑色箭头）。股骨尾部皮质的圆形凹陷是滋养孔（白色箭头）

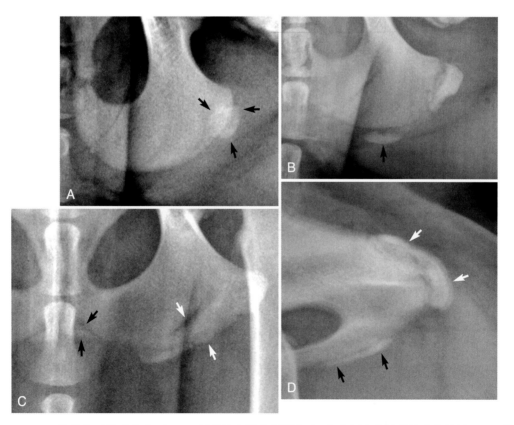

图 5-24　2.5 月龄金毛寻回犬（A）和 7 月龄拉布拉多寻回犬（B）左侧坐骨结节的腹背位片。8 月龄拉布拉多寻回犬左侧坐骨结节的腹背位片（C）和 2 个坐骨结节重叠的侧位片（D）

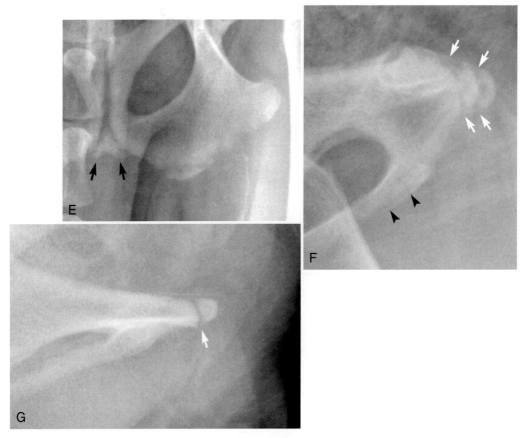

图5-24（续） 左侧坐骨结节的腹背位片（E），以及1岁拉布拉多寻回犬的2个坐骨结节重叠的侧位片（F）和左侧坐骨结节的斜侧位片（G）。在2.5月龄犬（A）中，坐骨结节的次级骨化中心为坐骨外侧缘的局灶性不透射线区域（黑色箭头）。在7月龄犬（B）中，坐骨结节的外侧骨化中心几乎融合，骨化作用向内侧发展（黑色箭头）。在8月龄犬（C、D）中，坐骨结节的最外侧已经融合，内侧持续骨化（图C中的白色箭头）。未完全融合的坐骨结节（图C和图D中的白色箭头）可能与骨折混淆。这只犬的耻骨最尾侧存在一个三角形的次级骨化中心（黑色箭头），该区域并不是在所有犬上都存在。1岁犬的（E～G）坐骨结节骨化程度与8月龄犬相似，但耻骨尾侧的三角形骨化中心更明显（图E中的黑色箭头和图F中的黑色无尾箭头）。与8月龄犬一样，不完全融合的坐骨结节（图F中的白色箭头）可能被误认为骨折。在斜位片中，X线束直接穿过坐骨结节骨化中心之间，可见一个非常明显的透射线的连接区（图G中的白色箭头）

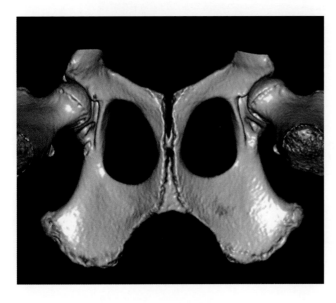

图5-25 1岁圣伯纳犬骨盆的CT 3D容积重建腹侧观图像，在一些犬中可见耻骨联合尾侧的三角形次级骨化中心

耻骨由两个支部和一个体部组成（图 5-11）。耻骨和坐骨组成闭孔（图 5-11）。在腹背位片上，评估闭孔是否对称是一个很好的确定是否存在骨盆旋转的方法。判断骨盆是否旋转很重要，因为它会影响 X 线片中髋臼深度和髋股关节的协调性。犬仰卧时，正常的闭孔不平行于冠状面，而是从冠状面腹内侧到背外侧形成一定角度（图 5-26）。因此，当以身体长轴方向扭转时，与旋转方向相反一侧的闭孔显得更大，且该侧的髋股关节看起来比对侧更深、更协调（图 5-26 和图 5-27）。此外，旋转方向一侧的髂骨嵴看起来更宽，因为更多髂骨头侧面上会接收到 X 线直射（图 5-27）。

在公犬的腹背位片中，阴茎骨和包皮与骨盆重叠。这些结构可能会被误认为腹部团块，并且还会干扰对骨盆的关键性判读（图 5-28）。肛囊在 X 线片上一般不可见，但偶尔可看到一侧或双侧含气的肛囊。在腹背位片中，气体结构与骨盆重叠，形成局灶性透射线区域，可能被误解为溶骨性病变[5]（图 5-29）。在 X 线片中，肛囊的气体可出现在头侧至髋臼内侧，尾侧至坐骨结节水平的范围内[5]。

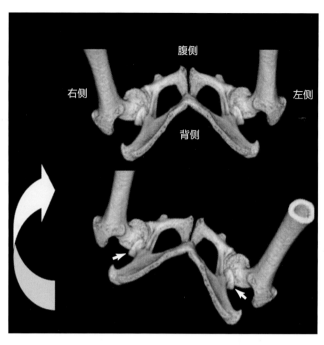

图 5-26 一只犬骨盆的 CT 3D 容积重建尾侧观图像。上图为犬对称摆位。相对于冠状面，闭孔从腹内侧到背外侧倾斜。在这种摆位中，正常的髋关节在 X 线片上看起来是协调的。在下图中，当胸骨偏左时，骨盆轻度顺时针旋转。在这种旋转状态下，在腹背位片中右侧闭孔会显得更大，而左侧闭孔会显得更小。同样的，右侧髋臼窝包裹股骨头范围显得更大，左侧更小（箭头）。因此，在骨盆旋转状态下无法准确评估关节松弛度和髋臼深度

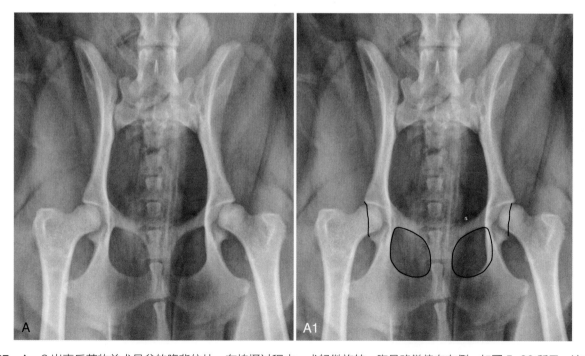

图 5-27 A，2 岁喜乐蒂牧羊犬骨盆的腹背位片。在拍摄过程中，犬轻微旋转，胸骨略微偏向左侧，如图 5-26 所示。这会导致髋关节右侧较深，左侧较浅。在带有标注的 X 线片中（A1），描记右侧闭孔的轮廓并重叠在左侧闭孔上，可以看到右侧闭孔更大。沿着髋臼背侧缘描记线条，可以看到右股骨头的髋臼覆盖范围更大，而左股骨头的髋臼覆盖范围更小。另外，请注意左髂骨嵴宽度明显增加，这见于旋转朝向方向侧

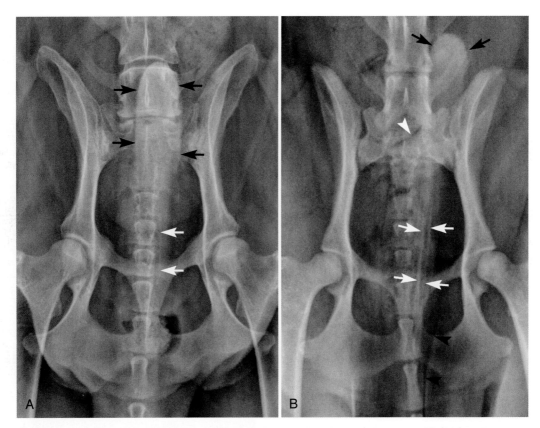

图5-28 14岁混种犬（A）和2岁喜乐蒂牧羊犬（B）骨盆的腹背位片。在图A和图B中，包皮（黑色箭头）与骨盆头侧影像重叠，导致不透射线性增加。当体表肿物或结构（如包皮）的边缘被X线束垂直入射，会产生清晰的边界。阴茎骨在图B中比在图A中更明显，但在两只犬中都可以看到（白色箭头）。在图B中，粪便中的气体（白色无尾箭头）和尾根边缘的气体（黑色无尾箭头）可能被误认为骨折

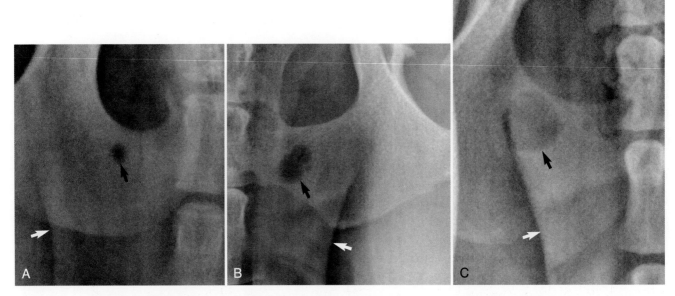

图5-29 4月龄威玛犬的右侧坐骨（A）、2岁德国牧羊犬的左侧坐骨（B）和1岁拉布拉多寻回犬的右侧坐骨（C）的腹背位片。在这三只犬中，肛囊气体与坐骨重叠并产生骨溶解病灶的征象（黑色箭头）。这三只犬都可以看到尾根边缘（白色箭头）

不论品种，大部分犬的骨盆形状在 X 线片上看起来相似。猫的骨盆形状比犬的更呈矩形，相对于髂骨的长度，猫的坐骨更长（图 5-30）。犬科动物骨盆的一般解剖学原理也适用于猫科动物。

股骨和膝关节

股骨和膝关节最常拍摄的体位为侧位和头尾位，这些是本文所示的 X 线片所用的体位。

股骨的近端，即股骨头，与髋臼相连，形成髋股关节。股骨头是圆形的，有一个中央凹陷，称为股骨头小窝，这是股骨头韧带的股骨附着点，正式名称为圆韧带[1]（图 5-31）。切线位中的股骨头小窝呈股骨头内侧面扁平区，这可能被误认为是由于关节不协调而导致的病理性股骨头扁平。当 X 线束未从切线入射股骨头小窝时，股骨头小窝会呈现为股骨头内一个透射线区域，而不是股骨头边缘扁平的区域（图 5-31C）。

股骨头起源于独立的骨化中心，即股骨头骨骺，幼犬在股骨头骨骺和股骨颈之间可见软组织不透射线性的线性区域，为股骨头生长板（图 5-31A 和图 5-32）。股骨头生长板会在 1 岁前闭合。在股骨头生长板闭合处，可能出现一条终生可见的高不透射线细线（图 5-32 和图 5-33B）。

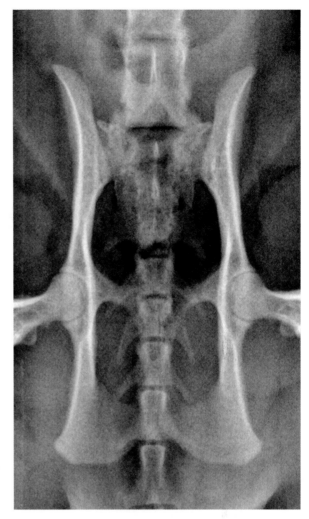

图 5-30　7 岁家养短毛猫骨盆的腹背位片。猫科动物的骨盆通常比犬的更呈矩形，且坐骨的比例更长

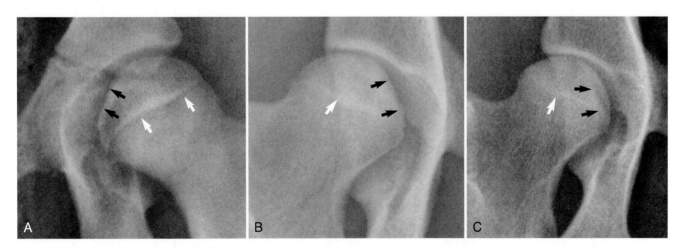

图 5-31　4 月龄金毛寻回犬的左髋关节（A）、3 岁拉布拉多寻回犬的右髋关节（B）和 10 岁拉布拉多寻回犬的右髋关节（C）的腹背位片。在图 A 和图 B 中，股骨头小窝的切线位使其在股骨头的内侧呈扁平样（黑色箭头）。在图 C 中，股骨头小窝未被主 X 线束切线入射，这使股骨头（黑色箭头）内产生了一个相对透射线区，而不是边缘扁平。在图 A 中可见股骨头生长板（白色箭头）。在图 B 和图 C 中，生长板的闭合处存在一条细骨化线

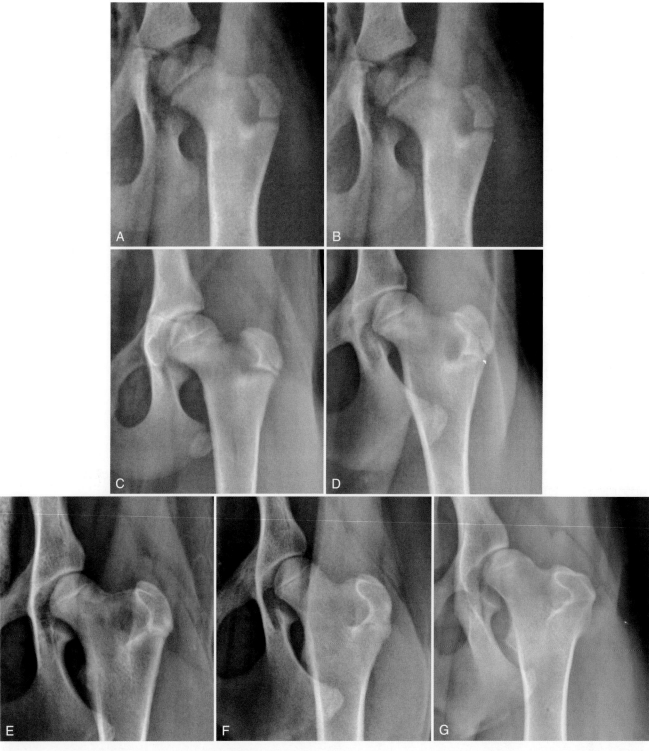

图5-32　左股骨头近端的头尾位片展示了发育过程。A，2月龄德国牧羊犬。B，3月龄金毛寻回犬。C，4月龄拉布拉多寻回犬。D，7月龄拉布拉多寻回犬。E，8月龄德国牧羊犬。F，11月龄德国牧羊犬。G，14月龄德国牧羊犬

除了股骨头和股骨颈外，股骨近端的另一个主要形态学特征是位于最近端外侧的大转子。股骨头与大转子之间的凹陷就是转子窝（图5-33）。臀中肌、臀深肌和梨状肌插入大转子[1]。小转子是股骨近端内侧的一个较小的突起，位于股骨颈的远端（图5-34）。与大转子相比，小转子的大小在不同动物之间存在显著差异。髂腰肌肌腱附着在小转子上。

大转子和小转子均起源于次级骨化中心。大转子生长板通常在幼犬的X线片中可见。随着年龄的增长，大转子生长板逐渐不明显（图5-32和图5-34）。小转子生长板小得多，其可见度取决于主X线束与生长板的平面关系。通常，小转子生长板会重叠在股骨皮质上而不可见。有时，股骨的位置使小转子生长板可见，在这种情况下，小转子显得相对独立（图5-35）。大转子生长板和小转子生长板在犬9～12月龄时闭合（图5-32）。

一条大动脉通过股骨近端骨干的滋养孔穿过股骨尾侧皮质。在侧位片中，该孔道可能与骨折混淆，且在头尾位片中，该孔道可能表现为被外周不透射线增加的区域包围的局灶性透射线性病变。滋养孔的影像是可变的，这与X线束入射角度有关（图5-23和图5-36）。

股骨远端的特征为两个股骨髁，分别为内侧髁和外侧髁。这两个髁均与胫骨成关节，在两髁与胫骨之间插入半月板，形成了膝关节。在每个股骨髁轴向头侧缘都有一个骨嵴，这两个骨嵴形成了位于中央的滑车的边缘（图5-37）。在尾侧，股骨髁间的凹陷，称为髁间窝。许多小血管通过这个窝进入股骨，因此在头尾位片中可见清晰的透射线结构，这可能与弥散性骨溶解混淆（图5-38和图5-39）。

趾长伸肌肌腱起源于称为伸肌窝的凹陷，位于股骨外侧髁的头外侧（图5-40）。伸肌窝在侧位片中位于比髌骨远端更远的股骨外侧髁远端，呈凹陷缺损样，在头尾位片中呈现为外侧髁远端的边界不清的偏透射线区域（图5-37和图5-41）。伸肌窝易与骨软骨病病变混淆。在患骨关节炎的犬中，由于伸

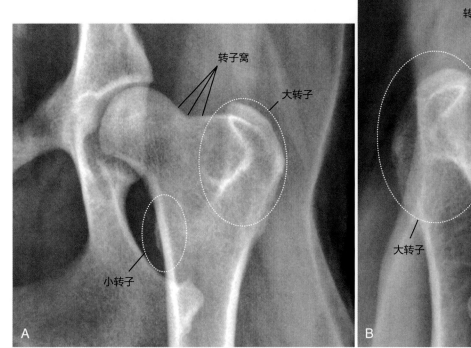
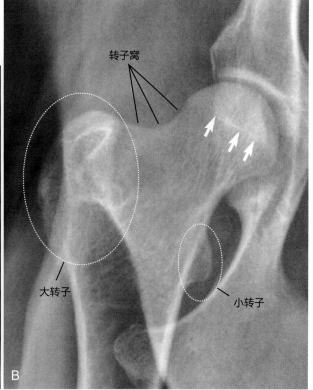

图5-33　7岁澳大利亚牧羊犬左股骨近端（A）和14岁混种犬右股骨近端（B）的标注腹背位片。两只犬的小转子大小存在差异。在图B中，股骨头生长板闭合的位置有一条细硬化线（箭头）

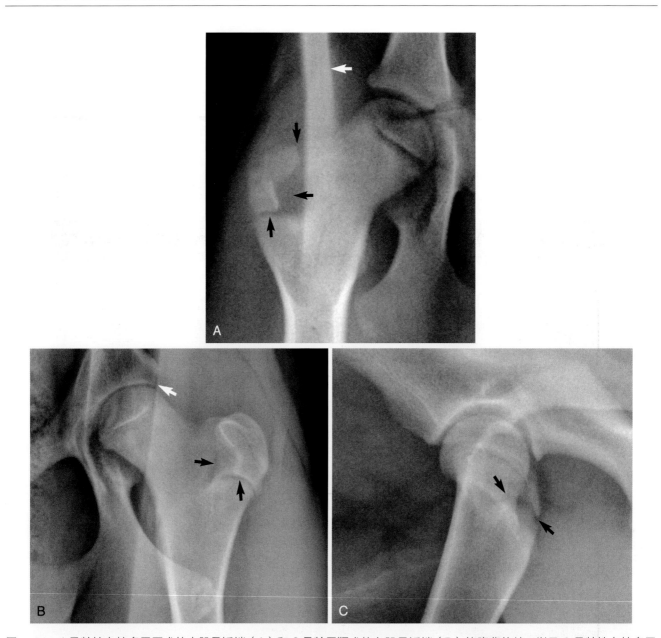

图 5-34　4 月龄拉布拉多寻回犬的右股骨近端（A）和 6 月龄灵猩犬的左股骨近端（B）的腹背位片，以及 8 月龄拉布拉多寻回犬右股骨近端的开腿侧位片（C）。这三只犬都可以看到大转子生长板（黑色箭头）。在幼龄犬（A）中，大转子看起来更独立，而在图 B 中，生长板逐渐闭合看起来更窄。在图 A 中，较厚的不透射线区域是皮肤褶皱（白色箭头），在图 B 中，细线（白色箭头）是由摆位设备造成的伪影

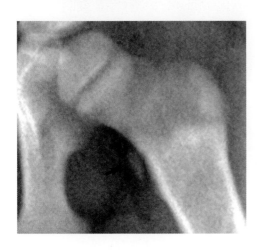

图 5-35　9 周龄混种犬左股骨近端的腹背位片。股骨的摆位使小转子（箭头）未与皮质重叠

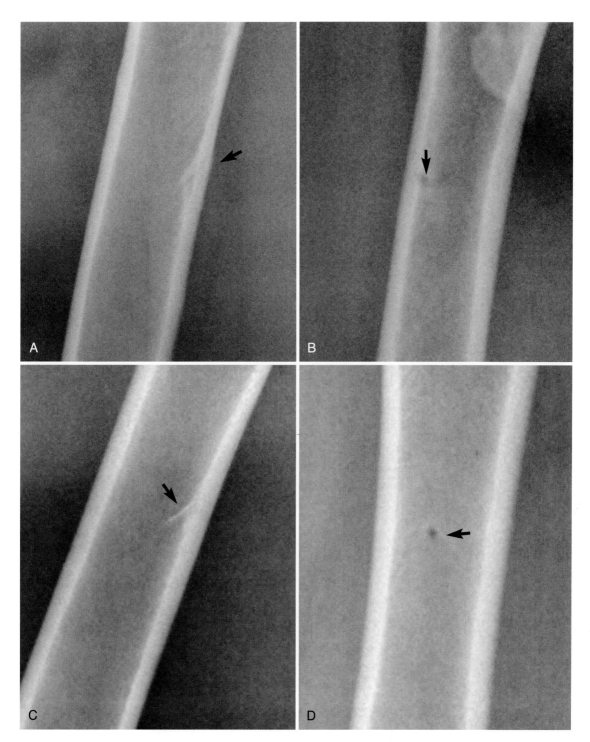

图 5-36　A，6 岁维希拉犬股骨中段的侧位片。B，6 月龄灵猩犬股骨中段的头尾位片。8 月龄拉布拉多寻回犬股骨中段的侧位片（C）和头尾位片（D）。在每个图像中都可以看到股骨的滋养孔（箭头）

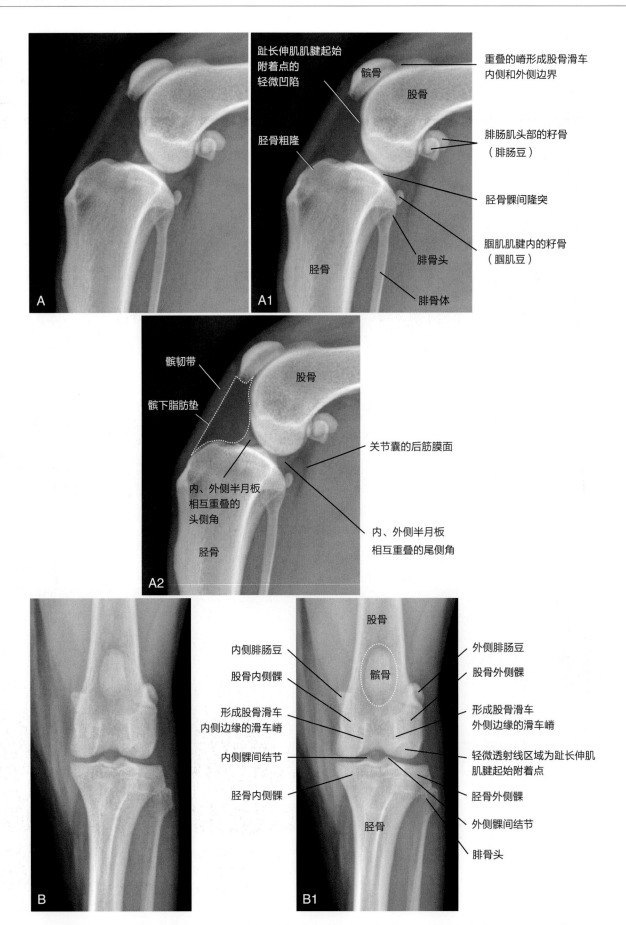

趾长伸肌肌腱起始附着点的轻微凹陷

髌骨

股骨

胫骨粗隆

重叠的嵴形成股骨滑车内侧和外侧边界

腓肠肌头部的籽骨（腓肠豆）

胫骨髁间隆突

腘肌肌腱内的籽骨（腘肌豆）

腓骨头

胫骨

腓骨体

髌韧带

髌下脂肪垫

股骨

内、外侧半月板相互重叠的头侧角

胫骨

关节囊的后筋膜面

内、外侧半月板相互重叠的尾侧角

股骨

内侧腓肠豆

股骨内侧髁

形成股骨滑车内侧边缘的滑车嵴

内侧髁间结节

胫骨内侧髁

髌骨

外侧腓肠豆

股骨外侧髁

形成股骨滑车外侧边缘的滑车嵴

轻微透射线区域为趾长伸肌肌腱起始附着点

胫骨外侧髁

外侧髁间结节

腓骨头

胫骨

图5-37　5岁英国雪达犬的股骨远端和胫骨近端的侧位片（A）和头尾位片（B），以及相应标注（A1、A2、B1）

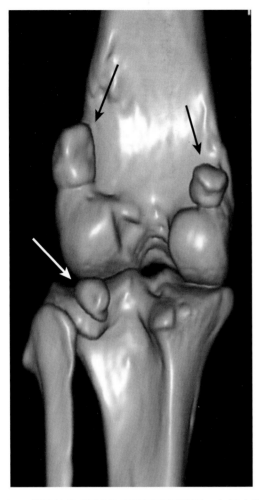

图 5-38　犬膝关节 CT 3D 容积重建尾侧观。在每个腓肠肌头（黑色箭头）和腘肌起点（白色箭头）内都有籽骨。外侧腓肠肌内籽骨通常比内侧大。股骨髁间窝的局灶性凹陷为血管通道，该凹陷在头尾位片中通常非常明显，表现为局灶性透射线性

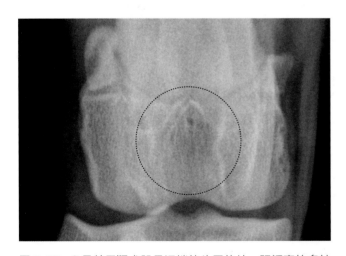

图 5-39　6 月龄灵猩犬股骨远端的头尾位片。髁间窝的多灶性透射线区域为血管孔（虚线圈）。这些可能与虫蚀样骨溶解混淆

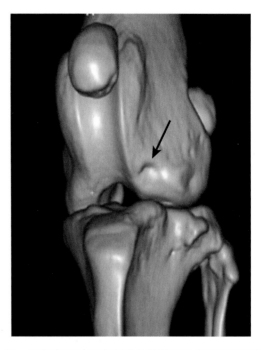

图 5-40　6 岁比利时马犬左膝关节的 CT 3D 容积重建轻微外旋的头侧观。股骨远外侧局灶性小凹陷为伸肌窝，是趾长伸肌肌腱的起点（黑色箭头）

肌窝周围形成新骨，这使得伸肌窝在 X 线片上变得更加明显（图 5-42）。

股骨髁起源于一个独立的骨化中心，在 1 岁以下犬的 X 线片中可以看到股骨远端生长板。该生长板呈波浪样，在头尾位片中不规则（图 5-41）。在非常年幼的动物中，膝关节的三种正常影像可能会被误认为异常（图 5-43）：①股骨远端骨骺的软骨下骨可能看起来非常不规则，②软骨下骨可能显得扁平，③膝关节间隙可能显得异常宽。

膝关节可见四块籽骨，其中最大的是髌骨（图 5-37）。髌骨位于股四头肌附着点肌腱内。股四头肌肌腱延伸到髌骨远端形成髌韧带[1]（图 5-37B1）。侧位片中髌骨与股骨远端的相对位置取决于拍摄时关节屈曲程度。在摆位良好的头尾位片中，髌骨应位于股骨滑车的中央。髌骨远端的形状可能不规则，从而出现局灶性透射线性，这不应与骨裂混淆（图 5-44）。

腓肠肌的每一个头都有一块籽骨，即内侧腓肠豆和外侧腓肠豆。外侧腓肠豆通常稍大（图 5-37 和图 5-38）。内侧腓肠豆有时比外侧腓肠豆位于更远端，这是正常征象[6]，在西高地白㹴中特别常见，大约

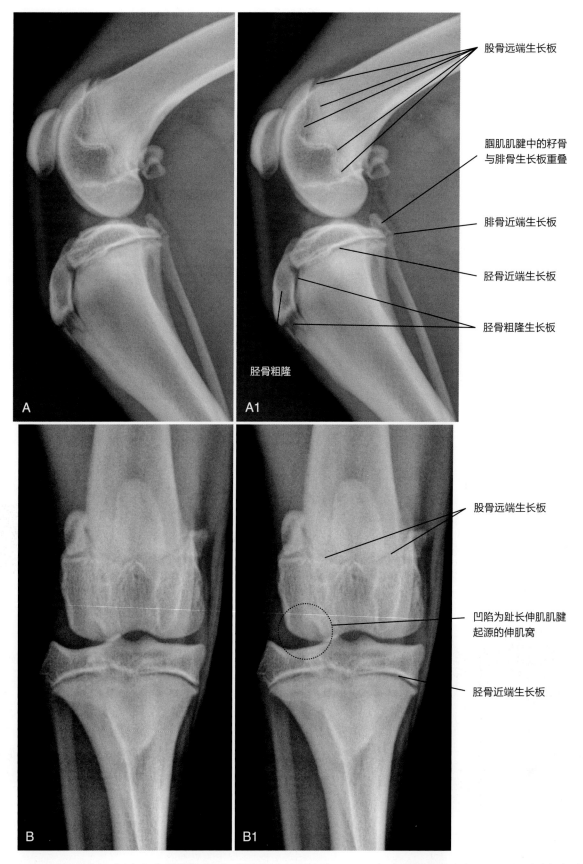

股骨远端生长板

胭肌肌腱中的籽骨
与腓骨生长板重叠

腓骨近端生长板

胫骨近端生长板

胫骨粗隆生长板

胫骨粗隆

股骨远端生长板

凹陷为趾长伸肌肌腱
起源的伸肌窝

胫骨近端生长板

图 5-41　6 月龄犬的侧位片（A）和头尾位片（B），以及相应的标注（A1、B1）。股骨远端生长板和胫骨近端生长板未闭合。股骨远端生长板呈波浪样，在生长板处形成交错的透射线区域，而不是单一的连续的透射线影像

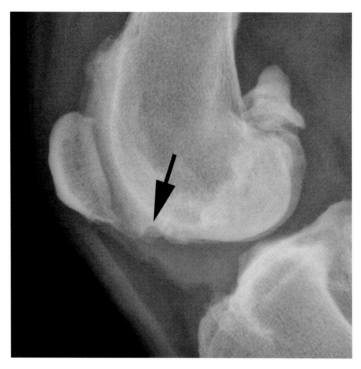

图 5-42 患有膝关节骨关节炎的犬的股骨远端侧位片。由于伸肌窝周围新骨生成，伸肌窝影像更加明显

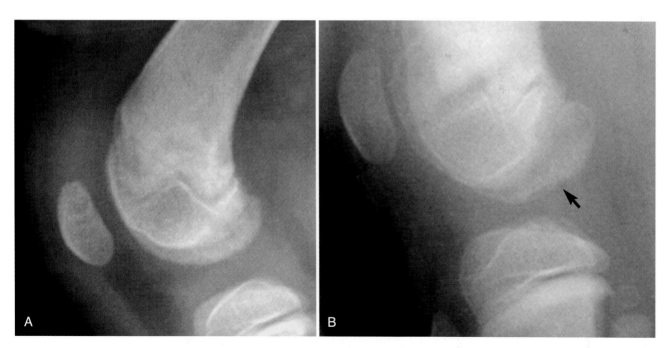

图 5-43 A，10 周龄拉布拉多寻回犬的膝关节侧位片。股骨髁软骨下骨斑驳，这常见于处于快速生长时期的年轻犬，可能与病理性骨破坏混淆。股骨远端和胫骨近端之间的间距较大的原因是幼龄动物的关节软骨通常更厚，这可能被误解为关节积液。B，8 周龄英国雪达犬的膝关节侧位片。注意股骨髁软骨下骨的不规则边缘和扁平外观（箭头），这是骨骼快速生长阶段的正常现象

70%的犬会出现这种情况。在大约9%的其他犬种中也发现了内侧腓肠豆位于更远端的情况，大多数是㹴犬，但在大型犬中很少见，若有应视为正常（图5-45和图5-46）。腓肠豆也可以是多段的或碎裂的[7]。这在内侧或外侧腓肠豆均可能出现，一般无临床意义（图5-47和图5-48）。最后，偶有内侧腓肠豆缺如，但没有临床意义。

胭籽骨是膝关节的第四块籽骨。它位于胭肌起止点肌腱内（图5-38和图5-49）。并非每只犬和猫都有胭籽骨，缺乏胭籽骨并无临床意义。有时胭籽骨在头尾位片中与其他结构重叠，因此只能在侧位片中看到（图5-37A、B）。

在髌韧带、股骨远端头侧和胫骨近端头侧之间有一个三角形的脂肪堆积区，即髌下脂肪垫（图5-50）。由于由脂肪组成，它比邻近的液体或软组织的透射线性更高（图5-37）。髌下脂肪垫由关节囊的纤维层发育而来，因此位于关节囊外。膝关节中的液体，或不太常见的肿块，通常会压缩脂肪垫的尾侧，导致它看

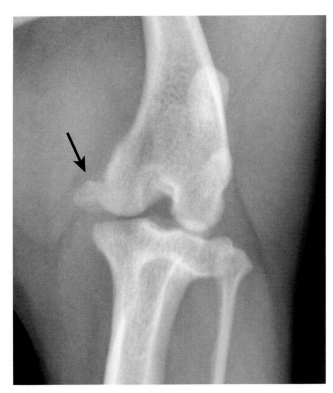

图5-45 6岁西高地白㹴的尾头位片。注意内侧腓肠豆位于较远端（黑色箭头）。这是正常变异

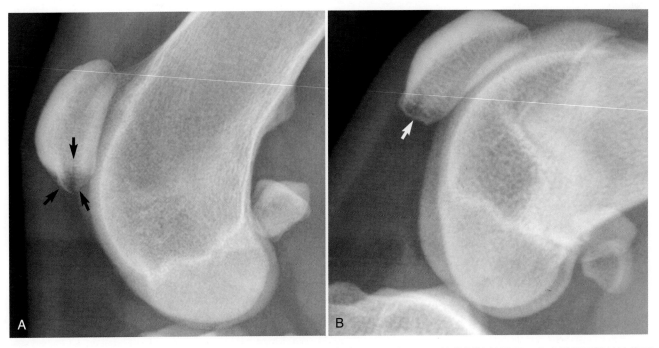

图5-44 A，7岁罗得西亚脊背犬股骨远端的侧位片。B，11月龄金毛寻回犬股骨远端的侧位片显示一些犬髌骨远端的边缘不规则（箭头）

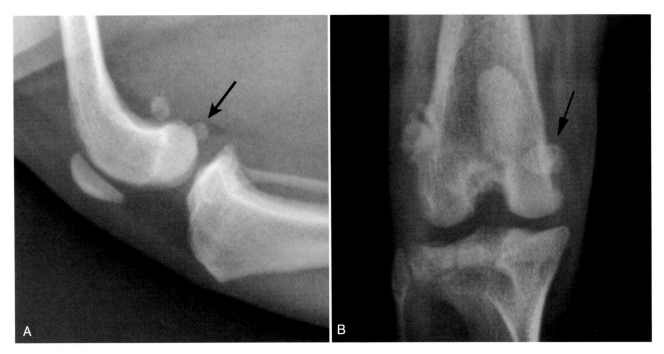

图 5-46　3 岁西施犬膝关节的侧位片（A）和尾头位片（B）。注意内侧腓肠豆位置偏远端（黑色箭头）。这是正常变异

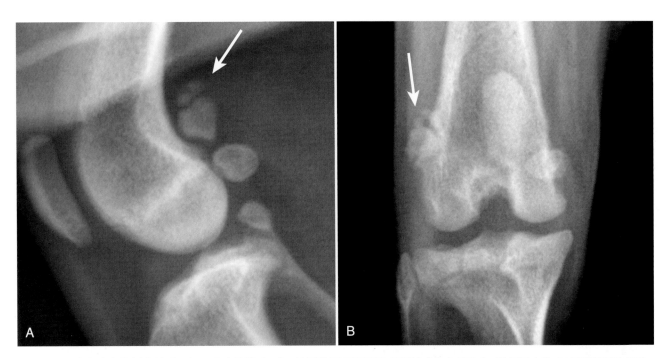

图 5-47　5 岁小鹿犬的侧位片（A）和尾头位片（B）。外侧腓肠豆籽骨呈多裂状（白色箭头）。这是没有临床意义的正常变异

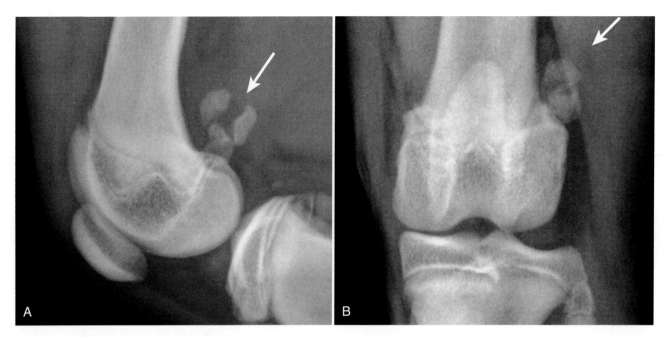

图 5-48 5 月龄拉布拉多寻回犬的侧位片（A）和尾头位片（B）。外侧腓肠豆呈多裂状的（白色箭头）。这是没有临床意义的正常变异

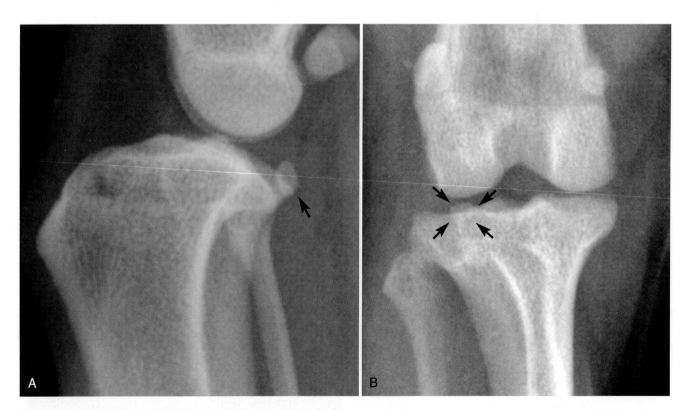

图 5-49 查理王小猎犬的膝关节侧位片（A）和头尾位片（B）

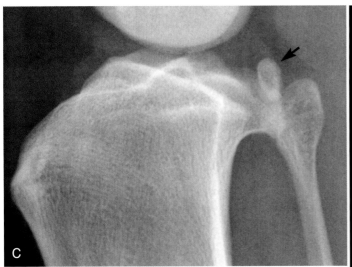

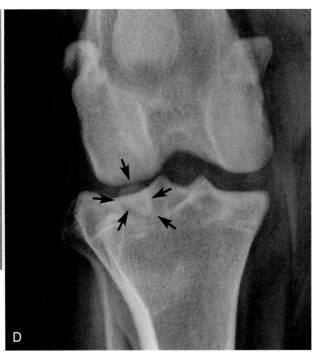

图 5-49（续） 7 岁罗得西亚脊背犬的侧位片（C）和头尾位片（D）。两只犬均可见腘籽骨（箭头）

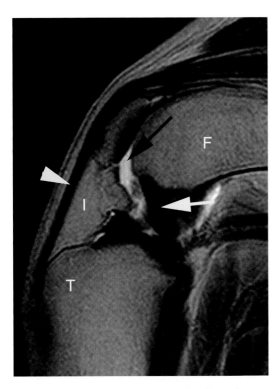

图 5-50 正常犬膝关节的 T2 加权快速自旋回波（脂肪抑制）MRI 图像，显示髌下脂肪垫的位置（I）。髌下脂肪垫位于关节囊外，位于髌韧带（白色无尾箭头）的尾侧。髌下脂肪垫 X 线片影像如图 5-37 所示。股骨远端（F）和髌下脂肪垫之间的膝关节内有少量滑膜液（黑色箭头）。可见后十字韧带（白色箭头）。T，胫骨

起来扭曲并向前侧移位。此外，膝关节后筋膜面可因中度或重度膝关节积液而向后侧移位（图 5-37）。

在 X 线片中不能评估内侧半月板和外侧半月板。半月板是位于股骨远端和胫骨近端之间的软组织不透射线区域的组成部分（图 5-37），但半月板与周围组织无明显对比度差异，因此无法在 X 线片上显影。

软骨营养不良犬种的股骨形状与大多数其他犬不同，比例上更短，并且大、小转子的凸起更大。软骨营养不良犬的股骨头与股骨颈交界处的特征常会被误认为骨赘生成。软骨营养不良犬的股骨髁也按比例变大，股骨远端弯曲，股骨髁向后侧移位（图 5-51 和图 5-52）。

随着数字 X 射线摄影对比度分辨率的提高，一些软组织结构可更清晰地显影。例如，犬膝关节侧位片中常可见腘淋巴中心。腘淋巴中心通常由一个淋巴结组成（图 5-53），但偶尔也可见多个淋巴结。

猫的股骨的形态学特征与犬的相似。一般来说，猫的股骨比犬的更直，小转子比例上更大（图 5-54）。猫与犬的膝关节在 X 线片上有两个不同之处。首先，猫的髌骨相对较长，髌骨远端呈锥形（图 5-55）。这

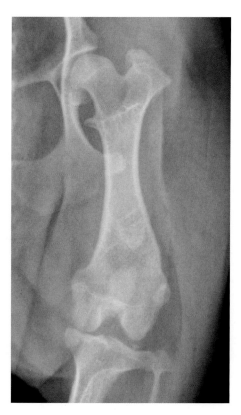

图 5-51　12岁腊肠犬股骨的头尾位片。请注意软骨营养不良犬种的股骨比例较短。大转子和小转子的比例更大。股骨头也略大于股骨颈，会造成类似股骨头边缘骨赘生成的影像

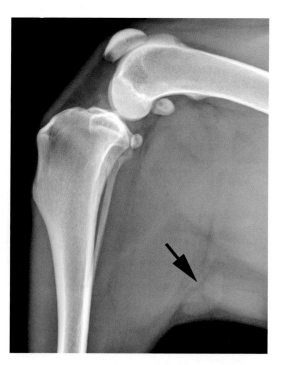

图 5-53　4岁罗得西亚脊背犬的膝关节侧位片。箭头指示的是腘淋巴中心

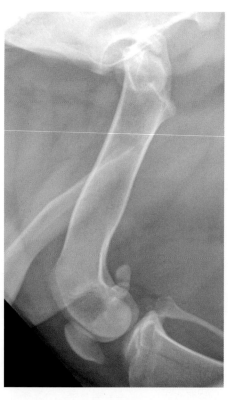

图 5-52　2岁巴吉度犬股骨的侧位片。股骨远端弯曲，导致股骨髁位于更尾侧。这是软骨营养不良犬的典型特征

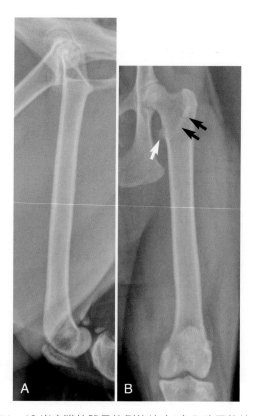

图 5-54　13岁家猫的股骨的侧位片（A）和头尾位片（B）。猫股骨的形态特征与犬的相同。一般来说，猫科动物的股骨比犬科动物的股骨更直。小转子（白色箭头）可能比多数犬的比例大。头尾位片上股骨近端不透射线区域（黑色箭头）为大转子边缘

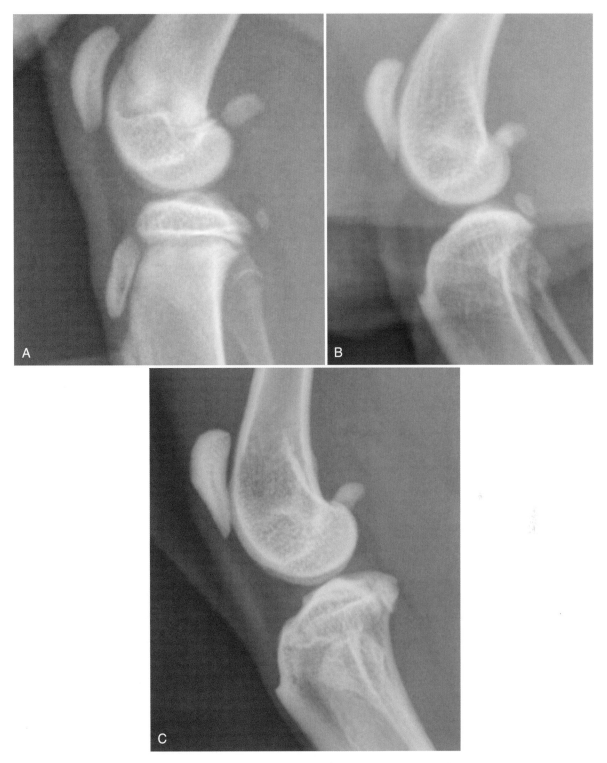

图 5-55 9 月龄本地猫（A）、5 岁本地猫（B）和 14 岁本地猫（C）的膝关节侧位片。注意这些猫的髌骨远端细长。这是正常的髌骨形态

不应与髌骨骨赘混淆。其次，在猫侧位片上常见关节前侧内小的矿化灶，称为半月板小骨，在一项研究中发现在37%的猫中可见这个结构[8]（图5-56）。半月板小骨代表内侧半月板骨化或软骨骨化生[8,9]，

当病灶小时不具备显著的临床意义，但病灶变大时，可能会损伤相邻的股骨内侧髁软骨。因此，尽管它们通常被认为是正常的变异，但其具有病理性，是猫科动物膝关节疼痛的潜在病因。

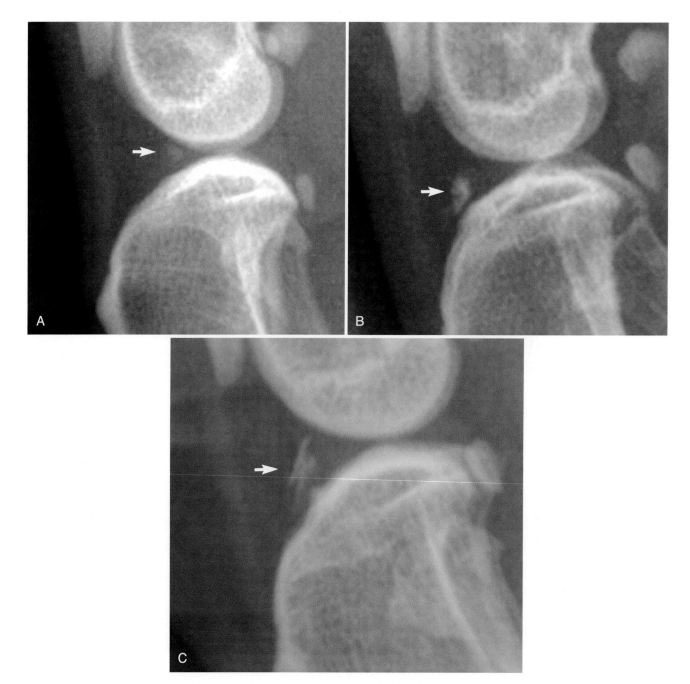

图5-56   12岁本地猫（A）、15岁本地猫（B）和9岁本地猫（C）的膝关节侧位片。每个膝关节的头侧可见半月板小骨（箭头）。半月板小骨的临床意义尚未完全明确。然而，当半月板小骨变大时，可能会侵袭相邻股骨内侧髁软骨，这应视为病理性的而非正常的变异

胫骨和腓骨

与股骨和膝关节一样，胫骨和腓骨（统称为小腿）最常见的 X 线体位是侧位和头尾（或尾头）位。以下为这些体位的图解。

胫骨近端表面与半月板形成关节，关节面相对平坦，特征为内侧髁和外侧髁（图 5-37）。在胫骨髁之间是一个由内侧和外侧髁间结节组成的髁间隆突。胫骨髁起源于一个次级骨化中心，即胫骨近端骨骺（图 5-41）。

胫骨粗隆位于胫骨近端头侧，是股四头肌、部分股二头肌和缝匠肌的附着点[1]（图 5-37、图 5-41 和图 5-57）。胫骨粗隆起源于单个次级骨化中心，在幼犬中，软骨包裹整个胫骨粗隆并与胫骨分离，常导致胫骨粗隆撕脱的误诊（图 5-58）。胫骨粗隆最终与胫骨近端融合（图 5-57）。未完全融合的胫骨粗隆在头尾位片上呈微弱的不透射线区域（图 5-59）。

在一些成年犬中，在胫骨近端头侧面出现局灶性透射线区域（图 5-60 和图 5-61）。甚至在一些犬中这样的区域可能较大（图 5-62）。一项研究表明其发生率为 21%，在其中两只犬的组织学上发现该病变区域由透明软骨构成。与大型犬和巨型犬相比，玩具型犬、小型犬和中型犬的发生率更高，存在局灶性透射线区域的犬发生髌骨内侧脱位的概率更高，但其因果关系尚未得到证实。这个透射线区域是正常的变异，不应被误解为侵袭性骨病变。

在胫骨骨干中段尾外侧可见滋养孔穿过骨皮质（图 5-63）。胫骨滋养孔通常在 X 线片上呈一条透射线的线性结构（图 5-64）。孔道的确切位置和 X 线摆位决定滋养孔在侧位还是头尾位成像最佳。有时腓骨可能会与滋养孔重叠。

当两个结构相互交叉，会产生马赫效应，即改变边缘不透射线程度的伪影，马赫效应是一种视觉伪影，在重叠结构的边缘产生一条黑线。发生这种情况的一个常见位置是胫骨和腓骨皮质的重叠处。假的透射线影像可能被误认为骨折或滋养孔（图 5-65）。

在胫骨远端关节面有两处凹陷，称为胫骨蜗，通过该结构胫骨与距骨滑车形成关节，成为跗骨关节的一部分。胫骨远端内侧部分是内踝。内踝是内侧副韧带短头和长头的起点，为跗关节提供内侧稳定（图 5-66）。

腓骨与胫骨外侧髁的尾侧相连，并向远端延伸至外踝。外踝是外侧副韧带短头和长头的起点，为跗骨关节提供外侧稳定（图 5-57 和图 5-66）。

猫的小腿形态学特征与犬的相似（图 5-67）。仅存在一些细微的差别。猫的腓骨与胫骨外侧髁形成关节的位置更远（图 5-67），且外踝有一个光滑的骨性突起，而该结构不存在于犬中（图 5-68）。

足部

足部由跗骨、跖骨和趾骨组成。由于形成足部的小骨头很多，并且这些结构重叠产生的复杂的不透射线图像，通常需要拍摄斜位片才能彻底评估。第一章介绍了斜位拍摄原理。一定要记住从跗跖关节开始，后肢描述前侧面的术语由头侧变为背侧，描述后侧面的术语由尾侧变成跖侧[13]。

跗骨由 7 块独立的骨组成：距骨、跟骨、中央跗骨，以及第一、第二、第三和第四跗骨（图 5-69）。第一跗骨是最多变的，它甚至可能不是一块独立骨，而是与第一跖骨的近端部分融合[1]。大多数犬没有发育出连接远节指骨和趾甲的第一趾骨，因而称为悬趾。悬趾更常见于前肢，有悬趾的品种犬，通常在出生后不久切除，因为悬趾没有功能、容易受伤，而且不符合品种标准。然而，某些品种的标准，包括法国狼犬、布里犬和大白熊犬，要求出现后肢双悬趾（图 5-70 和图 5-71）。法国牧羊犬的后肢双悬趾表型也与中央跗骨和第一跗骨的异常形状有关（图 5-70）。

如前所述，准确评估跗骨需要仔细检查，即使获得斜位片也是如此。评估距骨滑车是特别具有挑战性的，因为由多组织重叠造成模糊。为了提高距骨关节面的可视性，跗跖关节的屈曲背跖视图是有用的（图 5-72）。距骨内、外侧滑车上的重叠结构较少（图 5-73）。

一般来说，非软骨营养不良的犬、猫跗骨形态

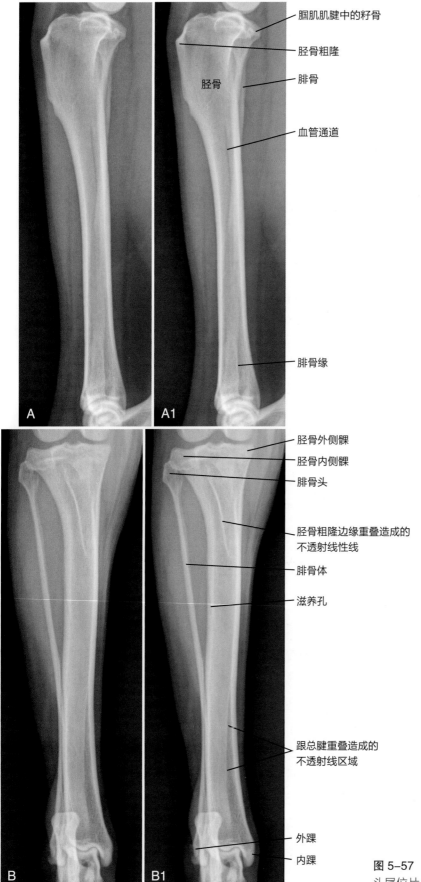

腘肌肌腱中的籽骨

胫骨粗隆

胫骨

腓骨

血管通道

腓骨缘

胫骨外侧髁

胫骨内侧髁

腓骨头

胫骨粗隆边缘重叠造成的
不透射线性线

腓骨体

滋养孔

跟总腱重叠造成的
不透射线区域

外踝

内踝

图 5-57 2 岁拉布拉多寻回犬胫骨的侧位片（A）和
头尾位片（B），以及相应的标注（A1、B1）

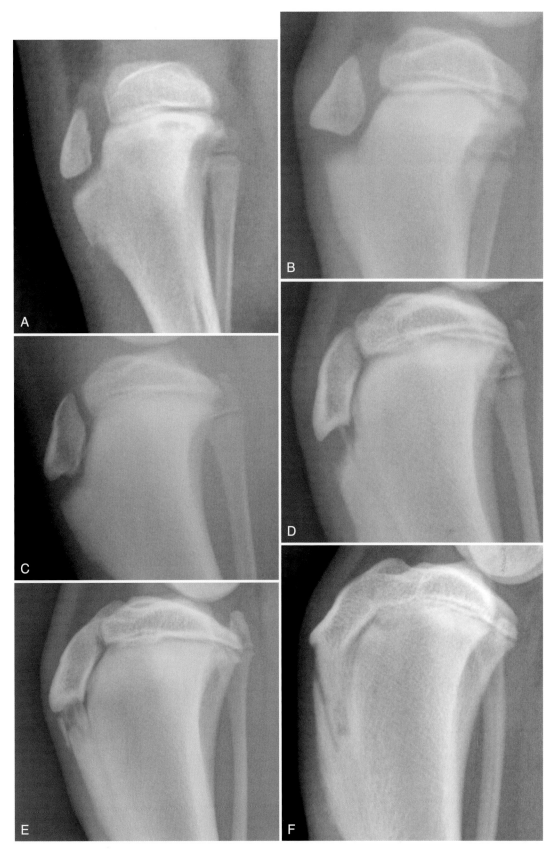

图 5–58　2.5 月龄拉布拉多寻回犬（A）、3 月龄边境牧羊犬（B）、4 月龄金毛寻回犬（C）、5 月龄拉布拉多寻回犬（D）、6 月龄灵猩犬（E）和 10 月龄金毛寻回犬（F）的膝关节侧位片。这系列图展示了胫骨粗隆的成熟和融合过程

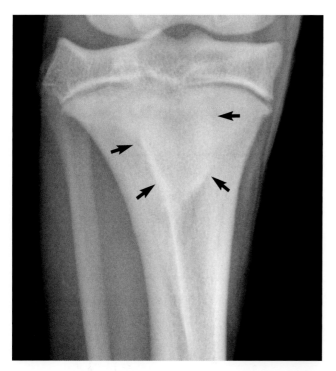

图 5-59 6 月龄灵猩犬胫骨近端的头尾位片。注意胫骨粗隆重叠形成的不透射线区域（箭头）

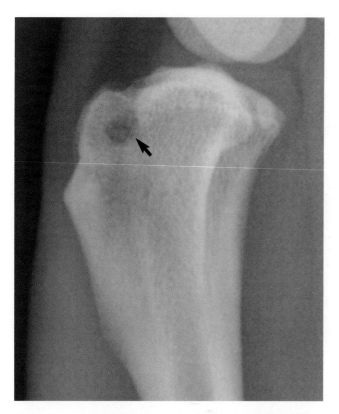

图 5-60 3 岁波士顿㹴胫骨近端的侧位片。注意胫骨近端头侧的局部透射线区域（箭头）。在一些犬中，这是正常变异，不应被误认为侵袭性病变

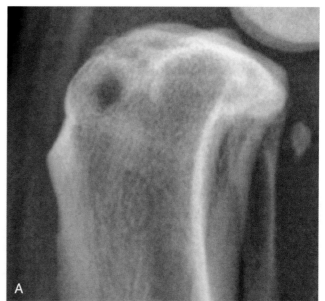

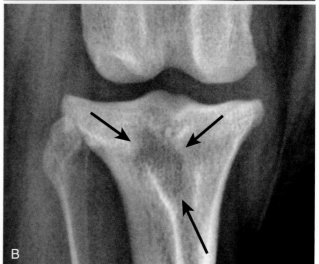

图 5-61 2 岁斗牛犬膝关节的侧位片（A）和尾头位片（B）。注意胫骨近端头侧的局灶性透射线区域。在尾头位片中，这种变异呈一个边界不清的透射线区域（黑色箭头），可能与骨溶解混淆。这是在一些犬中发现的正常变异，不应被误解为侵袭性病变

与其他品种犬的没有明显的不同。软骨营养不良犬的跟骨相对更大（图 5-74），在猫中，第五跖骨的足部近端有一个平滑的突起，该结构在犬中不存在（图 5-75）。

跖骨和趾骨的解剖结构在掌骨和指骨之间没有区别。因此，对掌骨和指骨及其籽骨的描述与前肢相似，在此不再赘述。

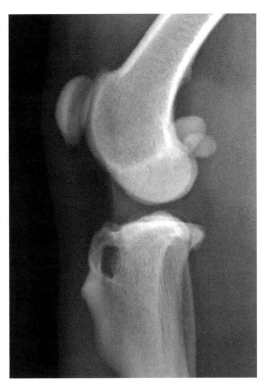

图 5-62　3 岁法国斗牛犬膝关节的侧位片。由于软骨残留，胫骨近端可见无临床意义的大的局灶性透射线区域

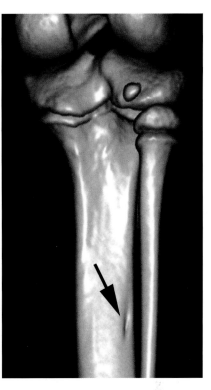

图 5-63　3 月龄西伯利亚哈士奇犬胫骨近端的 CT 3D 重建图像。滋养孔位于胫骨皮质的尾外侧（箭头）

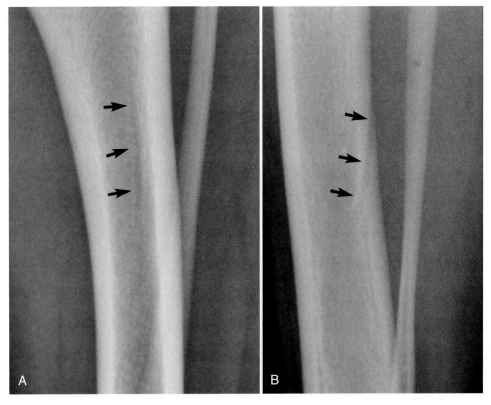

图 5-64　8 月龄拉布拉多寻回犬胫骨近端的侧位片（A）和头尾位片（B）。可见胫骨滋养孔（箭头）。这只犬的滋养孔孔道在头尾位片上最清晰（B）。在侧位片中，滋养孔为重叠在髓腔上的线性透射线区域（A）

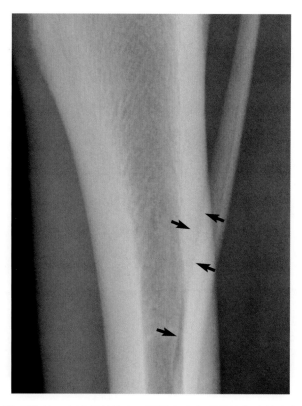

图 5-65 小腿胫腓骨皮质重叠区域的侧位片。由于马赫效应，视觉上会在重叠边缘（箭头）出现一条黑色的线。这可能被误认为骨折或滋养孔

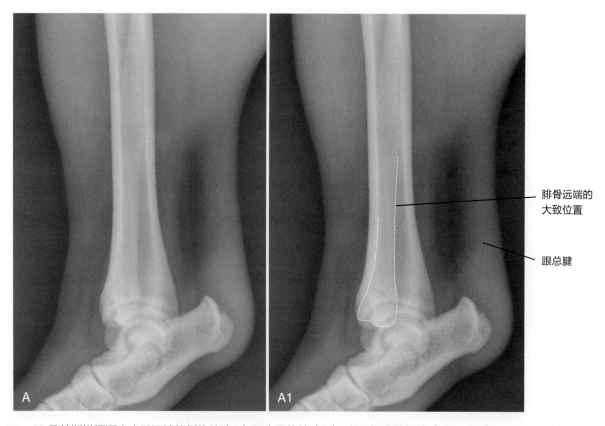

腓骨远端的
大致位置

跟总腱

图 5-66 10月龄斯塔福狘犬小腿远端的侧位片（A）和头尾位片（B），以及相应的标注（A1、B1）

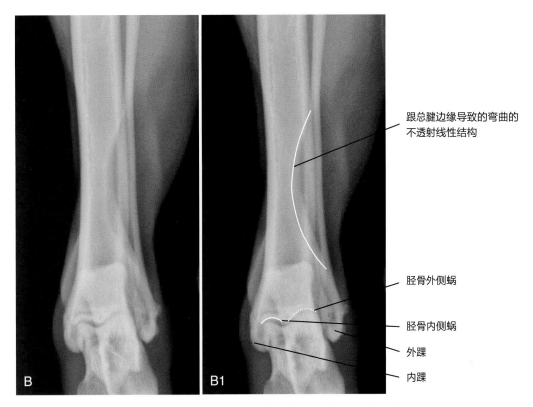

跟总腱边缘导致的弯曲的
不透射线性结构

胫骨外侧蜗

胫骨内侧蜗

外踝

内踝

图 5-66（续） 10 月龄斯塔福㹴犬小腿远端的侧位片（A）和头尾位片（B），以及相应的标注（A1、B1）

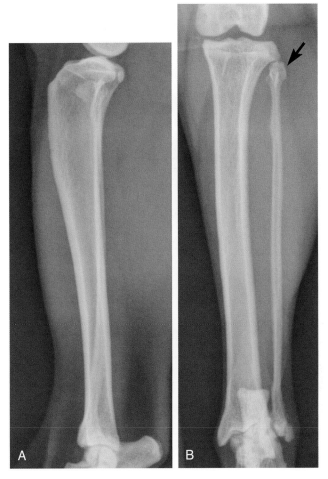

图 5-67 3 岁家猫胫骨的侧位片（A）和头尾位片（B）。猫与犬的胫骨形态学特征相同。与犬相比，猫腓骨与胫骨外侧髁在更远端形成关节（箭头）

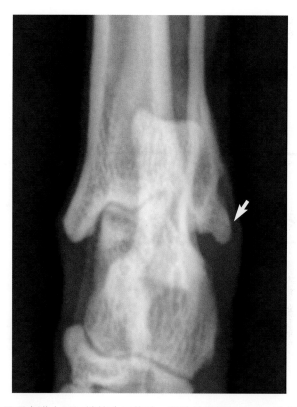

图 5-68 4 岁马恩岛猫小腿远端的头尾位片。猫的外踝的特征是一个相对较大的向外延伸的光滑突起（箭头），这在犬中不存在

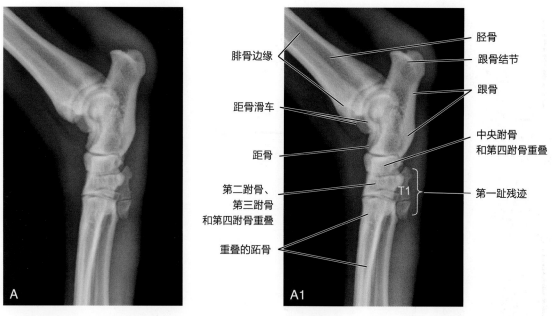

图 5-69 1 岁斯塔福㹴犬跗关节的侧位片（A）

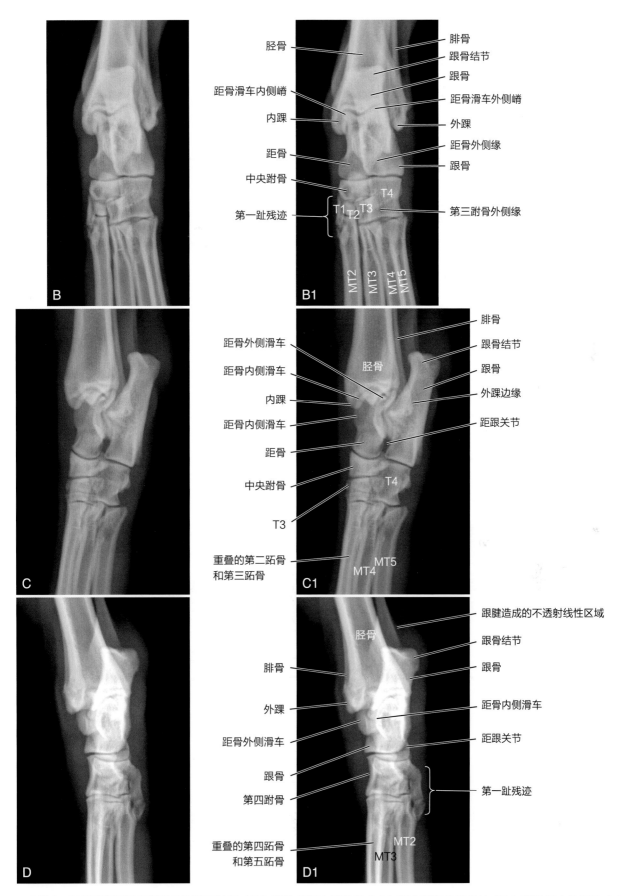

图 5-69（续） 1 岁斯塔福㹴犬跗关节的背跖位片（B），背外侧跖内侧位片（C）、背内侧跖外侧位片（D），以及相应的标注（A1、B1、C1、D1）。MT，跖骨；T，跗骨

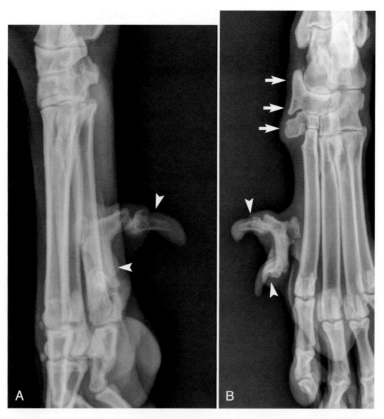

图 5-70　4 岁法国狼犬跗骨的侧位片（A）和背跖位片（B）。双悬趾（白色无尾箭头）是这个品种的特征。中央跗骨和第一跗骨也有变异（白色箭头）。目前还不清楚导致跗骨异常形状的确切因素，但双悬趾是法国狼犬的典型特征，并且这种跗骨异常偶尔会在没有双悬趾的其他品种中看到

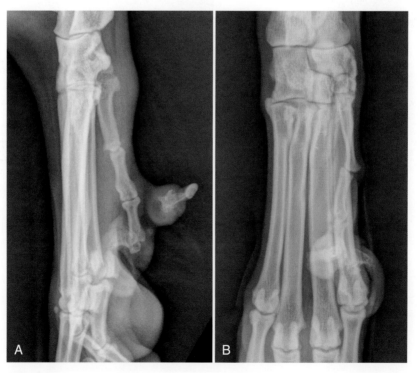

图 5-71　5 岁大白熊犬跗骨的侧位片（A）和背跖位片（B）。第一趾发育完全，有第一跖骨和第一、第二趾骨。远端有两个远节指骨，形成双悬趾

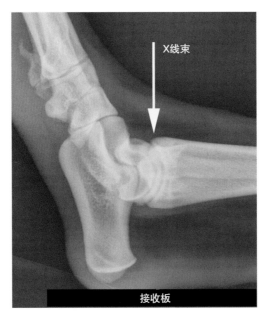

图 5-72　图示主 X 线束（箭头）投射到跗骨的相对方向，从而获得无遮挡的距骨滑车 X 线片。该体位对于评估距骨外侧滑车特别有用，因为在传统的跗骨背跖位片上，距骨外侧滑车通常与跟骨重叠

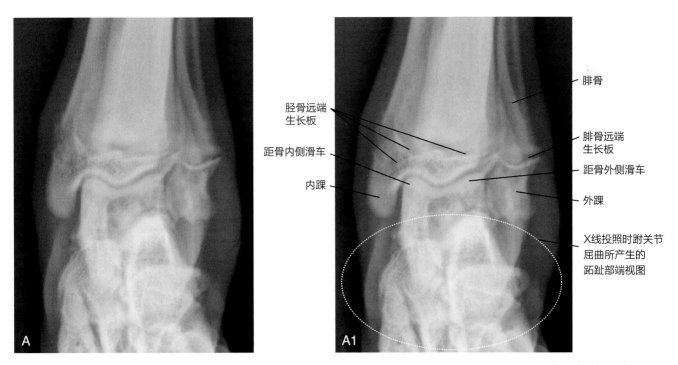

图 5-73　7 月龄巴西獒犬左侧跗骨的屈曲背跖位片（A）和相应的标注（A1）。跗骨屈曲可防止在背跖位上跗关节的其他骨与距骨滑车重叠

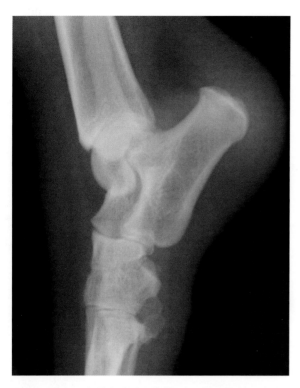

图5-74　6岁巴赛特犬跗骨的侧位片。软骨营养不良犬的跟骨相对较大

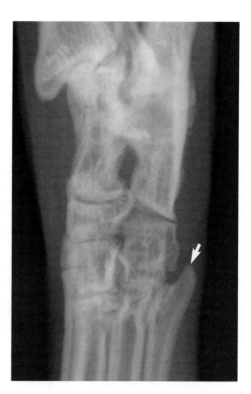

图5-75　10岁家猫跗骨的背外侧－跖内侧片。第五跖骨近端的平滑突起（箭头）为正常结构，在犬中不存在该结构

参考文献

[1] Evans H, ed. The skeleton. In: *Miller's anatomy of the dog*. 3rd ed. Philadelphia: Saunders; 1993.

[2] Evans H, ed. Arthrology. In: *Miller's anatomy of the dog*. 3rd ed. Philadelphia: Saunders; 1993.

[3] Fagin B, Aronson E, Gutzmer M. Closure of the iliac crest ossification center in dogs: 750 cases. *J Am Vet Med Assoc*. 1992;200:1709- 1711.

[4] Slocum B, Devine T. Dorsal acetabular radiographic view for evaluation of the canine hip. J *Am Anim Hosp Assoc.* 1990;26: 280-296.

[5] Dennis R, Penderis J. Radiology corner—anal sac gas appearing as an osteolytic pelvic lesion. Vet Radiol Ultrasound. 2002; 43:552-553.

[6] Störk CK, Petite AF, Norrie RA, et al. Variation in position of the medial fabella in West Highland white terriers and other dogs. *J Small Anim Pract*. 2009;50:236-240.

[7] Comerford E. The stifle joint. In: Barr FJ, Kirberger RM, eds. *BSAVA Manual of Canine and Feline Musculoskeletal Imaging*. UK: BSAVA; 2006:135- 149.

[8] Freire M, Brown J, Robertson ID, et al. Meniscal mineralization in domestic cats. *Vet Surg*. 2010;39:545-552.

[9] Whiting P, Pool R. Intrameniscal calcification and ossification in the stifle joints of three domestic cats. *J Am Anim Hosp Assoc*. 1984;21:579-584.

[10] Paek M, Engiles JB, Mai W. Prevalence, association with stifle conditions, and histopathologic characteristics of tibial tuberosity radiolucencies in dogs. *Vet Radiol Ultrasound*. 2013;54:453-458.

[11] Papageorges M. How the mach phenomenon and shape affect the radiographic appearance of skeletal structures. *Vet Radiol Ultrasound*. 1991;32:191- 195.

[12] Papageorges M, Sande R. The mach phenomenon. *Vet Radiol Ultrasound*. 1990;31:274-280.

[13] Smallwood J, Shivley M, Rendano V, et al. A standardized nomenclature for radiographic projections used in veteri- nary medicine. *Vet Radiol Ultrasound*. 1985; 26:2-9.

第 6 章

胸　　部

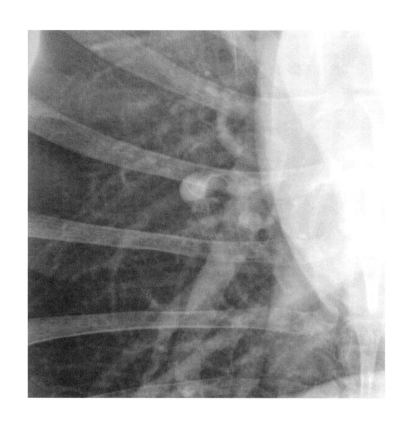

充满空气的肺具有天然的对比度，使胸部非常适合X线成像，胸部投照范围应从胸骨柄头侧至少一个椎体距离，至横膈的最背尾侧（图6-1）。背腹位投照范围应包括整个胸腔，包括脊柱和胸骨。

在侧位片中，最尾侧肋骨背侧缘应位于同一平面上（图6-2），这需要使用射线下不显影的辅助工

具抬高胸骨，例如，在腋下放置泡沫垫使胸骨与脊柱处于同一水平面。在短头犬种或胸腔扁平的桶状胸动物中，胸骨需要向摄影床方向旋转而不是抬高胸骨，以实现肋骨头重叠。如果有单根肋骨位于椎管背侧缘的背侧，则意味着该摆位过度旋转，需要重新拍摄。前肢应向头侧拉，头部和颈部轻度伸展，X线束（十字线）的中心应位于犬的肩胛骨尾侧缘及猫的肩胛骨尾侧缘2.54 cm（1 in）处。

应于吸气末相进行拍摄，以保证肺通气良好（稍后详细讨论）。如果可以，胸片应在非镇静情况下拍摄，因为镇静会减少肺通气量，导致肺不透射线性增加，这种不透射线性增加降低了肺部疾病诊断的敏感性，并可能被误诊为异常肺型（图6-3）。

标准胸部X线检查应至少包括三向视图：左侧位、右侧位和一个与它们相正交的视图，即吸气末状态下的腹背位片或背腹位片。在某些情况下，除了标准三视图，临床医生还需要拍摄其他X线片。最常见的情况是评估是否存在胸内气管和主支气管塌陷。如果基于病史和临床检查怀疑存在气管、支气管软骨软化，除标准视图外，还应在动物正常或呼气末

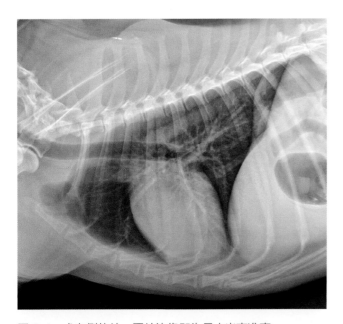

图6-1　犬左侧位片。图片边缘即为最小光束准直

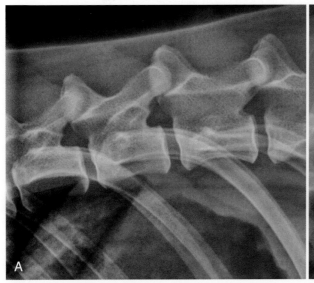
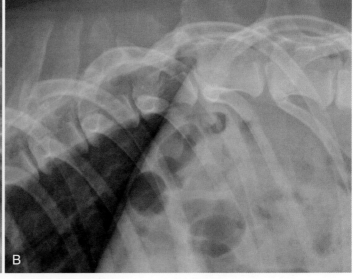

图6-2　A，罗威纳犬的侧位片。犬理想摆位下的胸部X线片。尾侧几根肋骨最背侧缘几乎完全重叠，表明患病动物的矢状面垂直于X线束中心。注意每一根肋骨并非完全重叠在对侧肋骨上。这很常见，并且不是良好体位的必备条件。B，6岁杜宾犬的侧位片。这张胸部X线片的摆位并不理想。注意有部分肺部重叠在胸椎上，一侧肋骨比另一侧更靠背侧。大多数情况下，最背侧肋骨是更靠近摄影床的那侧，这是由未抬高胸骨导致，在这种情况下，胸骨比脊柱更靠近桌面。可通过在动物腋下放置可透射线的辅助工具进行纠正胸部是一个复杂的、持续运动的结构，因此在吸气末和呼气末获得的X线片可能完全不同。单张X线片为"即时快照"，可能不能准确反映胸内病理生理或疾病（图6-3）

（咳嗽）时获得侧位片，以证明呼吸道塌陷。呼气会诱发胸腔内支气管壁塌陷，在严重的气管支气管软骨软化患病动物中，可能会出现整个胸腔气管塌陷（图 6-4）。

经良好图像处理的侧位胸片可以同时充分显示骨骼结构和肺实质（图 6-5）。曝光参数不正确、对比度过高或图像处理不当的成像系统会导致无法同时评估骨骼和肺实质结构。

胸部的物理密度和患病动物体厚差异较大，这对任何成像系统都是一个挑战。此外，在拍摄胸部 X 线片时，由于呼吸和心脏搏动，胸部处于持续运动状态。短曝光时间是避免运动伪影的关键因素，而运动伪影会导致图像模糊（图 6-6）。使用高 mA 输出的 X 线机可以减少曝光时间（即高 kVp 和低 mA），因此可以更容易地获得高质量的胸部 X 线片。

之前已描述过，标准胸片检查应包含双侧位

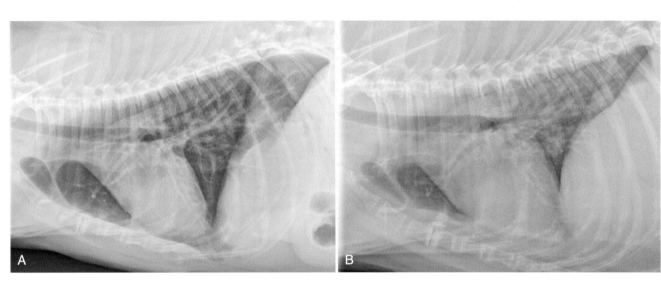

图 6-3 A，12 岁哈士奇的左侧位片，于非镇静时吸气末拍摄。B，在患病动物镇静情况下呼气时拍摄。在镇静图像中，心脏显得更大，这主要是由于胸廓扩张程度减少。然而，与镇静诱导的心动过缓相关的心腔充盈增加也会发生。另外，图 B 的肺不透射线性增加，肺通气减少和体位性肺不张会降低肺病变可见性

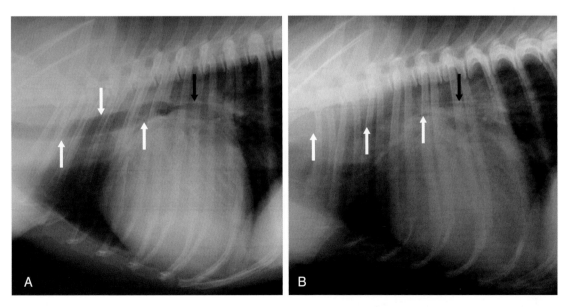

图 6-4 12 岁吉娃娃具有慢性咳嗽病史，兴奋时症状加重。该犬患有二尖瓣心内膜病伴心脏增大。图 A 是在吸气末拍摄的，图 B 是在用力呼气（咳嗽状态下）时拍摄的。白色箭头指示的是气管。黑色箭头指示的是支气管。在图 A 中，气管和支气管是打开的。在图 B 中，支气管和整个胸腔内气管完全塌陷。两张图像中均可见叠加在背侧胸腔的水平方向伪影

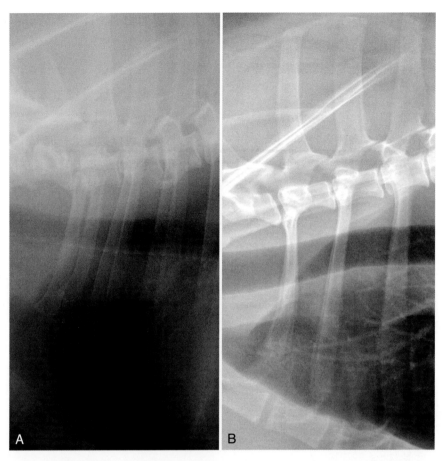

图 6-5　A，一只大型犬的头侧胸腔侧位片。在图 A 中使用的数字成像系统无法调节图像的亮度和对比度，使胸椎棘突和肺同时良好显影，其成像方式与胶感屏系统类似。B，大小相近的犬胸部侧位片。这张 X 线片的数字成像系统具有更卓越的处理能力，增强了动态范围，使骨骼和软组织结构同时达到理想的成像效果

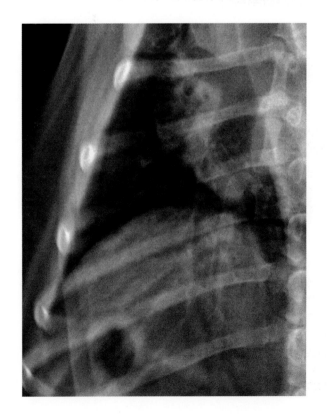

图 6-6　10 岁美国可卡犬的腹背位片。患病动物在拍摄期间呼吸急促，出现运动伪影。外侧胸壁比脊柱更模糊。运动伪影将严重影响影像的判读

片。这与重力侧的正常生理性肺不张有关。重力侧肺叶充气较少，可能会导致该侧肺叶不透射线性增加，从而导致肺病变可能被邻近不透射线性增加的

肺遮挡。拍摄两张侧位图可以减少这一问题发生（图6-7）。

与体位相关的肺不张也会在 VD 位片和 DV 位片

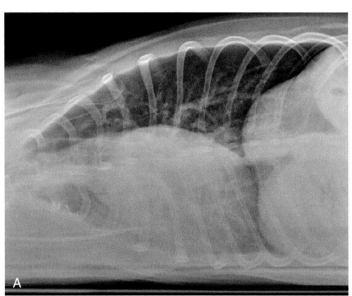

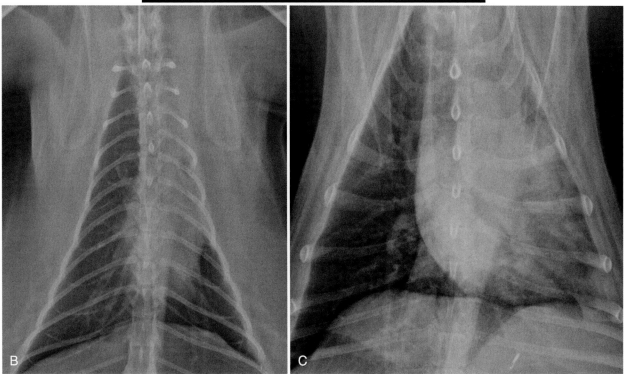

图 6-7　A，12 岁金毛寻回犬左侧卧水平投照腹背位片，使用水平方向的 x 线束显示重力侧肺不张程度。在进行拍摄之前，患病动物已左侧卧 15 min。由此导致左肺肺不张，心脏和纵隔向左侧倾斜。重力侧肺内气体减少，不透射线性增加。所有动物在日常拍摄胸部 X 线片时均会出现卧姿相关的肺不张，虽然这是一种正常的生理现象，但如果病灶在重力侧肺野其可见度会降低，从而导致误诊。为了避免误诊，每次常规胸部 x 线检查，均应拍摄左、右两侧位片。B，7 岁家养中毛猫的腹背位片。左肺，尤其是左前叶的不透射线性增加，纵隔向左侧移位。虽然不能排除实质疾病的可能性，但该影像学表现很可能与卧姿导致的肺不张有关。避免化学保定并确保患病动物在拍摄前不处于长时间的躺卧状态将会使这种情况最小化。C，12 岁混种犬的腹背位片。纵隔结构明显左移，左半侧胸腔的不透射线性增加。这是由与卧姿相关的肺不张引起，并不是肺部疾病

中出现，但严重程度不同于侧位片。俯卧位（即DV位）时相关肺不张的程度最少。

尽管通常仅获取VD位片或DV位片，但在许多情况下，同时获取VD位片和DV位片可以提供额外的诊断信息。背侧的肺部病变通常在DV位片中更明显，相反，腹侧病变，包括副叶的病变，在VD位片中更明显（图6-8）。

与腹部相同，不同视图X线片之间存在重要的解剖学差异。了解这些变化可以提高判断的准确性。在左侧位片和右侧位片之间（以及在DV位片和VD位片之间）存在相对固定的显影差异，在大多数情况下，很容易将它们区分开来。图6-9显示了胸部X线片可见的主要器官的概览。

左侧位观

对于左侧位胸片，患病动物处于左侧卧位，X线束进入右侧胸腔。根据正确的放射学命名法，该投影应称为右－左位观，但通常简称为左侧位观（图6-10）。在左侧位，膈脚在背侧分叉，通常左膈脚比右膈脚更靠头侧。左膈脚没有特别的特征，但右膈脚可以通过与其交会的后腔静脉辨认，后腔静脉穿过位于横膈右侧的后腔静脉裂孔。躺卧位置对左、右膈脚相对位置的影响相对固定，但并不是在每只犬、猫身上都能观察到。在左侧位片上，左膈脚的位置更头侧是由于腹部器官的压力推动左侧横膈的同时，位于重力侧的左肺通气量减少所致（图6-11）。

与右侧位相比，左侧位胸骨与心影轮廓的接触面通常较少。

肺脏血管以成对的肺动／静脉排列，中间为支气管。在侧位片上，肺动脉在支气管的背侧，肺静脉在支气管的腹侧。在VD位片或DV位片上，肺动脉位于支气管外侧，肺静脉位于支气管内侧。常规检查中应仔细评估肺动静脉对，因为直径差异往往是严重心血管疾病的第一个影像学征象。右前叶动、静脉通常容易识别。最腹侧的前叶肺动静脉对在左侧位片上最明显（图6-9、图6-12和图6-13）。我们应评估成对的肺动、静脉的大小，相对大小和绝对大小。前叶血管的直径通常与第四肋骨最窄处宽度相等。

夹在肺动脉和静脉之间的是相应的支气管。重要的是，支气管并不总是占据肺动脉和静脉之间的整个空间，因此，不应用肺动脉和肺静脉之间的距离推断支气管的直径。识别矿化的支气管壁有助于评估支气管的绝对直径，但并不是每只患病动物都能看到矿化的支气管壁（图6-12和图6-14）。

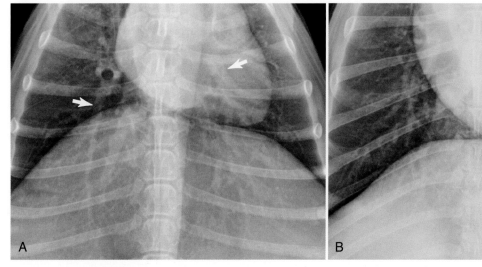
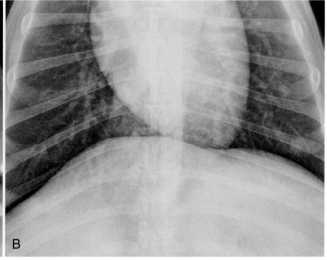

图6-8 12岁混种犬的背腹位片（A）和腹背位片（B）。在图A中，横膈的圆顶与心脏的尾侧边界接触，心尖左移。这在背腹位片中比较常见，尤其是在大型犬上。腹背位片（B）中心脏与胸骨的接触较少，心脏未移位。在背腹位片中，位于背侧的尾叶动脉更清晰可见（白色箭头）。与腹背位片相比，肺部背侧团块在背腹位片中更加明显

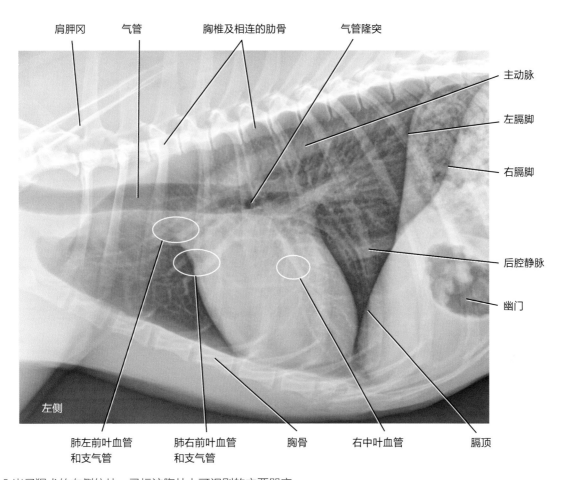

肩胛冈　　气管　　胸椎及相连的肋骨　　气管隆突

主动脉

左膈脚

右膈脚

后腔静脉

幽门

肺左前叶血管　　肺右前叶血管　　胸骨　　右中叶血管　　膈顶
和支气管　　　　和支气管

左侧

图 6-9　8 岁灵猩犬的左侧位片。已标注胸片上可识别的主要器官

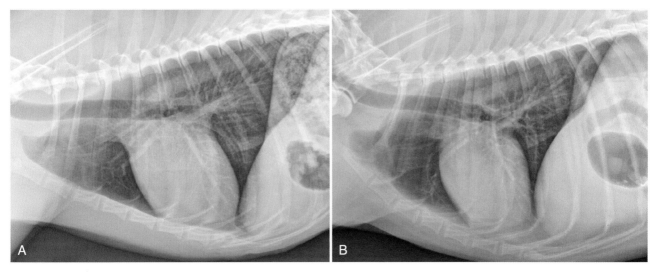

图 6-10　A，图像与图 6-9 相同，无标注，在吸气末进行 X 线片曝光，患病动物摆位合适。B，9 岁混种犬的左侧位片。在吸气末进行 X 线片曝光，患病动物摆位合适

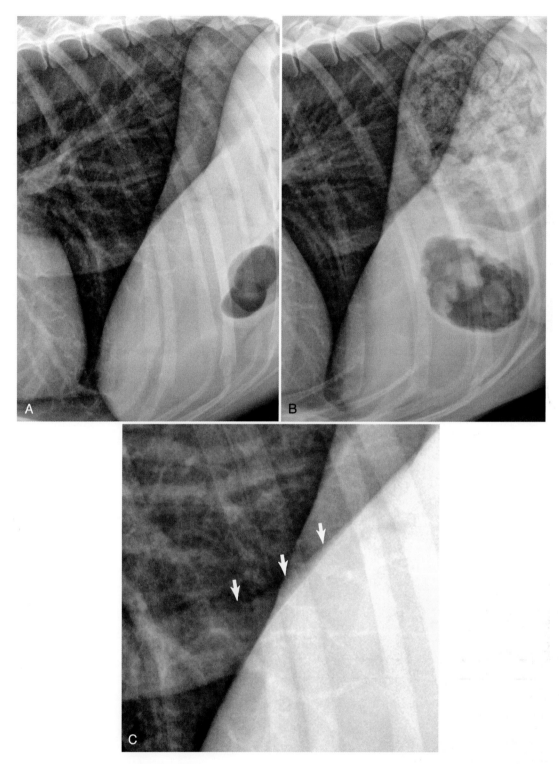

图 6-11 A，空腹的 7 岁灵猩犬的左侧位片。左膈脚位于右膈脚的头侧，可见后腔静脉尾侧进入右膈脚。幽门内有少量气体。B，8 岁灵猩犬的左侧位片。左膈脚尾侧可见胃底因摄入物而适度扩张。胃底与左膈脚的相对位置可以帮助区分左、右膈脚。在图 A 和图 B 两种情况下，因侧卧的左肺膨胀不全和腹部器官的压力，左膈脚位于右膈脚的头侧。幽门充满气体，因为气体上升到右侧。C，与图 A 相同，局部放大后腔静脉。后腔静脉（背侧缘用白色箭头标示）越过左膈脚水平进入更尾侧右膈脚

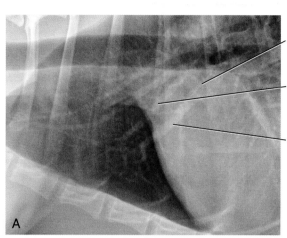

右前叶支气管的
腹侧缘

右前叶肺动脉

右前叶肺静脉

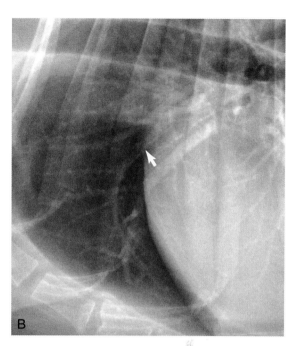

图 6-12 A，8 岁灵猩犬的左侧位片，以前叶血管为中心。左、右前叶血管在左侧位片中更容易辨别。右前叶血管和支气管比左前叶血管和支气管更靠腹侧。最腹侧的结构是右前叶肺静脉，背侧是右前叶肺动脉。两个肺血管之间的透射线性结构是右前叶支气管。重要的是，支气管并不总是占据肺动脉和肺静脉之间的整个空间，不应用肺血管之间的距离来推断支气管的直径。矿化的支气管壁有助于评估支气管直径，但不是每只患病动物都能看到矿化的支气管壁。图中右前叶动、静脉背侧是左前叶前部的血管 / 支气管三联征。B，9 岁混种犬的左侧位片。左、右前叶血管很容易区分。右前叶支气管壁矿化（白色箭头），支气管很明显没有占据右前叶动、静脉之间的整个空间

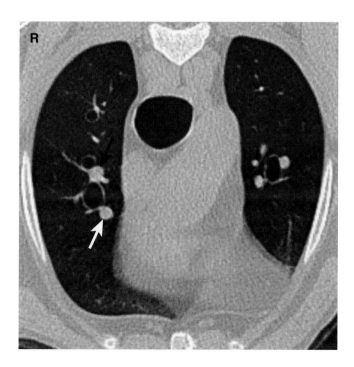

图 6-13 犬胸部升主动脉水平的 CT 横断面影像，优化为肺窗。患病动物处于俯卧位。黑色箭头指示的是右前叶动脉。白色箭头指示的是右前叶静脉。右前叶动脉 / 支气管 / 静脉三联征通常比左侧的对应结构更靠腹侧

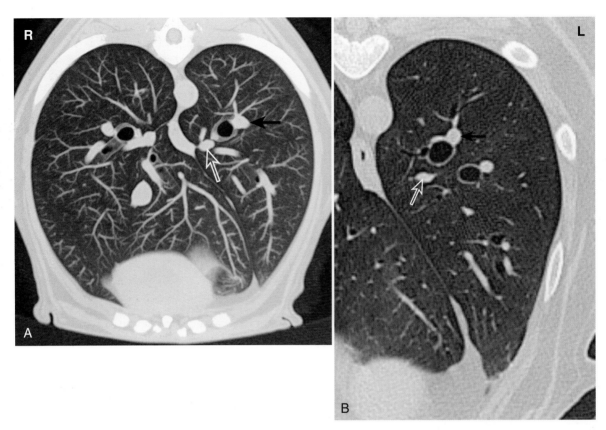

图6-14　2只患犬的计算机断层扫描（computed tomography，CT）横断面图像，在心脏尾侧缘和横膈间水平，优化为肺窗。患犬处于俯卧位。在图A中，肺血管很明显，因为树枝状软组织衰减结构分布在整个肺部。图B是大致相同水平的薄层图像。在这两个图像中，黑色实心箭头所指的结构是左后叶动脉。白色空心箭头所指的结构是左后叶静脉。两个血管之间的管状结构是左后叶支气管。支气管不占据动脉和静脉之间的整个空间，在本研究中显影明显是由于CT造影增强了对比度

右肺在左侧位片中处于非重力侧，不受腹压和体位相关肺不张的影响，并且比重力侧的左肺通气更好。这使右侧正常肺结构的可视化更好，右侧肺叶病变更加明显。在左侧位片中，叠加在心脏上的血管通常是右中叶动、静脉。这些血管通常被误认为是冠状动脉。肺血管在X线图像上很明显，因为它们被肺内的空气包围。空气增加了血管的显著程度，因为它具有较低的物理密度和更高的透射线性。肺充气越好，肺血管和其他实质结构越明显。正常的冠状动脉与心肌的不透射线性相同，会出现边界消除效应，这使得在X线检查中难以区分心肌和冠状动脉（图6-15）。冠状动脉只有在注射造影剂或矿化的情况下才可见（图6-16A、B）。

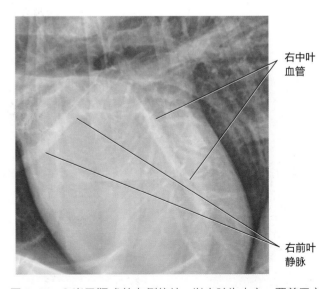

右中叶血管

右前叶静脉

图6-15　8岁灵猩犬的左侧位片，以心脏为中心。覆盖于心脏尾侧1/3的肺血管为右中叶血管。这并不是冠状动脉。周围空气的存在使肺血管显影。冠状动脉具有和心肌一样的不透射线性，除非静脉注射造影剂或血管壁矿化，否则在X线片上不可见

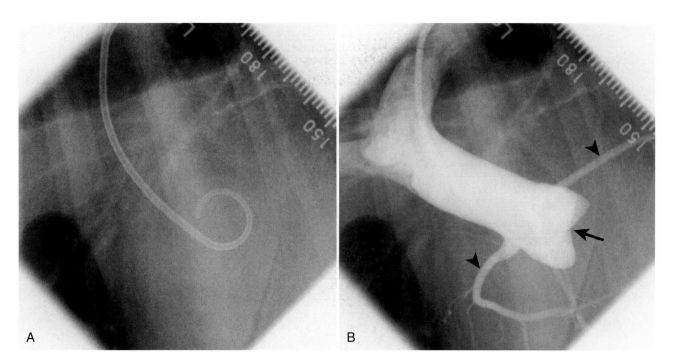

图 6-16 在图 A 中，导管的尖端放置于升主动脉中，紧靠主动脉瓣的上方。经股动脉放置导管进入主动脉。主动脉根部和冠状动脉不可见。在图 B 中，升主动脉内注射了不透射线的造影剂。升主动脉和冠状动脉（黑色无尾箭头）显影。由于造影剂的存在，血管具有了不同的衰减度（金属的）而显影。正常的主动脉瓣（黑色箭头）阻止造影剂逆流进入左心室流出道

右侧位观

　　对于右侧位胸片，患病动物处于右侧卧位，X 线束进入左侧胸腔。与左侧位相似，根据正确的 X 线片命名法，这种 X 线片投影应该称为左–右侧位观，

但通常简称为右侧位观（图 6-17）。在右侧位片中，膈脚通常是平行的（图 6-18）。右膈脚通常比左膈脚更靠前，然而，正如前面提到的，并非每只犬、猫的膈脚都符合这种相对位置关系。与左侧位片相比，右侧位片中心脏与胸骨的接触面积更多。在右侧位

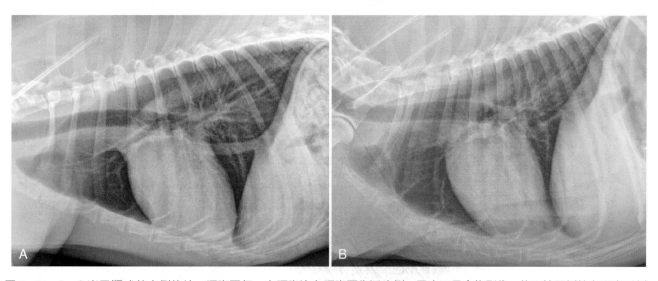

图 6-17 A，8 岁灵猩犬的右侧位片。膈脚平行，右膈脚比左膈脚更靠近头侧。胃底可见食物影像，位于较尾侧的左膈脚后侧。可见后腔静脉进入右膈脚。左、右前叶肺血管重叠，较难识别。这些常见于右侧位片中。B，9 岁混种犬的右侧位片。后腔静脉进入更靠前的右膈脚。左、右两侧的肺前叶血管重叠，无法准确区分动脉和静脉

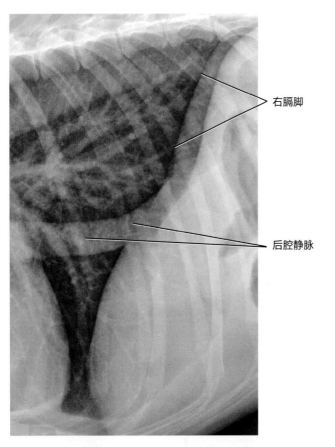

右膈脚

后腔静脉

图6-18 8岁灵猩犬的右侧位片，投照中心为横膈。膈脚平行，右膈脚更靠近头侧。后腔静脉进入右膈脚。右膈脚更偏向头侧是由于右肺通气量减少和腹部器官的压力。胃中存在少量气体，包括幽门

片中，右前叶动、静脉通常比在左侧位片更偏向背侧，并叠加在左前叶动、静脉上（图6-19）。这会导致在识别和评估前叶肺血管的相对大小和绝对大小时出现混淆，准确性也会下降。右侧位片中右前叶肺血管更加偏背侧的主要原因是重力侧胸腔受压，这时肺向背侧回缩。不仅重力侧肺的正常结构会向背侧移位，而且肺部病变也会发生移位。这种情况在左、右侧位片中均会发生，称为**重力侧病变上升**（down pathology rises）现象。右侧位片中右侧肺团块的背侧移位显示了重力侧肺脏的解剖移位（上升）幅度（图6-20）。

左前叶尾部和左后叶前腹侧方向的血管通常覆盖在心影轮廓的尾侧（图6-21）。这些血管有时也被误认为冠状动脉。

背腹位观

对于背腹位片，患病动物处于俯卧位，X线束从背侧入射患病动物，从腹侧出射（图6-22）。背腹位片的拍摄比较困难，特别是对于患有髋关节骨关节

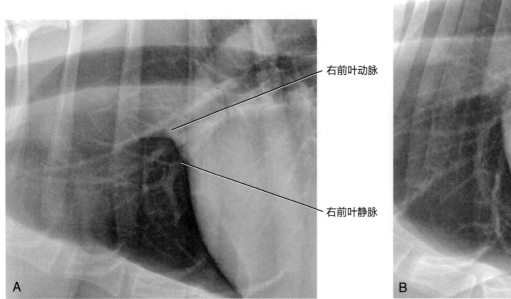

右前叶动脉

右前叶静脉

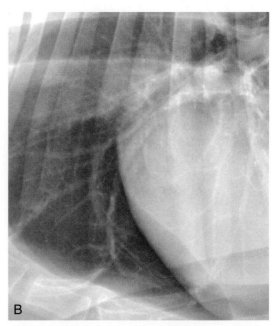

图6-19 A，8岁灵猩犬的右侧位片，投照中心为肺前叶血管。左、右前叶血管和支气管重叠，难以准确评估肺前叶血管的绝对大小和相对大小。右侧位片相比于左侧位片，肺前叶血管向背侧移位，导致左侧肺血管／支气管重叠。B，9岁混种犬的右侧位片，投照中心为肺前叶，肺前叶血管和支气管的相互重叠，导致无法准确评估血管的绝对大小和相对大小。这种左、右肺前叶血管的重叠通常出现在右侧位片中

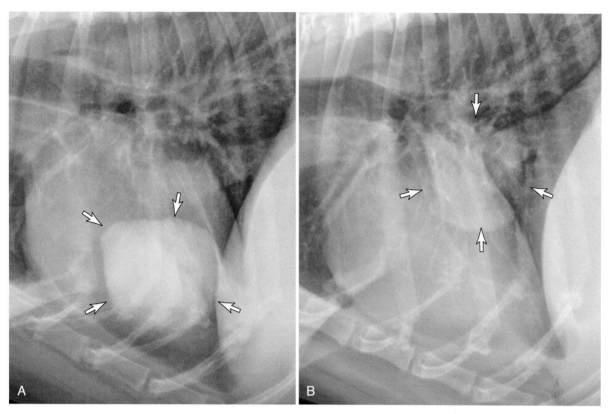

图 6-20 11 岁拳师犬的左侧位片（A）和右侧位片（B），其右中叶有一个团块（箭头）。在右侧位片中，团块更靠背侧，说明了由于侧卧而发生解剖位移的程度。重力侧肺野的正常结构和肺部病变通常向背侧移位。这是由于该侧胸腔的肺通气量减少。如果在腹背位片（VD）或背腹位片（DV）中看不清楚，这种现象可以帮助评估局灶性肺部病变的偏侧性

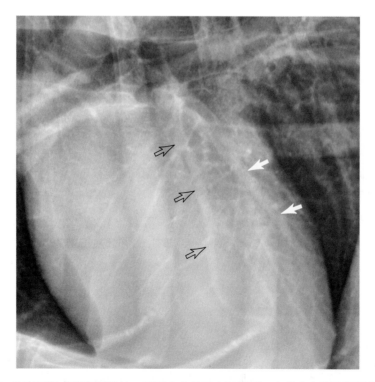

图 6-21 8 岁灵猩犬的右侧位片，投照中心位于中叶腹侧。白色实心箭头指示的是左后叶前腹侧的肺血管。黑色空心箭头指示的是左前叶尾部的肺血管

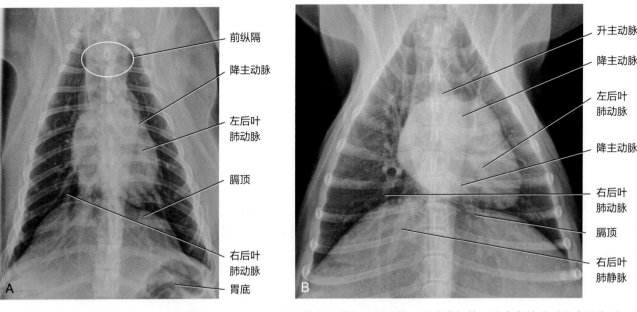

右侧标注（A图）：
前纵隔
降主动脉
左后叶
肺动脉
膈顶
右后叶
肺动脉
胃底

右侧标注（B图）：
升主动脉
降主动脉
左后叶
肺动脉
降主动脉
右后叶
肺动脉
膈顶
右后叶
肺静脉

图 6-22　A，10 岁拉布拉多寻回犬的背腹位片。心尖与横膈接触，横膈呈圆顶状。胃底含气体，因犬在俯卧时胃底更靠后。肺后叶血管清晰可见。B，12 岁混种犬的背腹位片。位于头侧的膈顶使心脏向左移位。在背腹位片上，心脏的位置通常可变

炎的动物。前肢对称伸展，确保头部和颈部伸直并与脊柱轴线对齐，可以提高定位的准确性。投照范围应包括整个胸腔。最常见的错误是投照中心靠后，获得的 X 线片包括过多腹腔。在 DV 位片中，由于腹部压力，横膈呈圆顶状，比在 VD 位片上更靠头侧。这导致横膈和心影轮廓之间的接触增加，心尖向左偏移。心脏左移的程度与体重相关，大体型犬心脏左移更多[3]。在 DV 位片中，正常的心脏左移通常被误读为心脏增大。与小型犬类似，猫在俯卧时心脏向左移动的程度较小[4]。

　　肺后叶血管在 DV 位片中比在 VD 位片更明显（图 6-23 和图 6-24）。因为在俯卧时，后叶肺血管更垂直于 X 线束，变形最小。此外，在俯卧时，肺后叶几乎不会发生肺不张，在通气良好的情况下，血管显影更加清晰。如前所述，左、右后叶动脉位于支气管外侧，左、右后叶静脉位于支气管内侧（图 6-23）。右后叶静脉常重叠于后腔静脉上，这使得对右后叶静脉和后腔静脉的评估变得困难（图 6-23）。肺后叶血管朝向肺边缘逐渐变细。正常的肺后叶动、静脉大小应与 VD 位片或 DV 位片中第九肋骨的直径大致相同（图 6-23C）。测量数据表明，第九肋骨直径的 1.2 倍可能是更准确地绝对大小上限[5]。这些估

算的参数仅供参考，应与其他血管形态综合评估，尤其是心脏大小和形状。

腹背位观

　　对于腹背片，患病动物处于仰卧位，X 线束从患病动物的腹侧入射，从背侧出射。由于不需要后肢伸展，VD 位对于患有髋关节骨关节炎的动物通常更易摆位。消瘦患病动物脊柱下方放置垫板便于定位。与 DV 位片摆位一样，前肢对称性伸展，颈部伸直，头部朝向垂直方向。前肢位置不对称或头颈部弯曲是胸部摆位不良的常见原因。对于心肺功能明显受损的患病动物不应尝试 VD 位，患病动物呼吸困难可能导致失代偿。在 VD 位片中，横膈凸出，膈顶更靠近尾侧，与俯卧的患病动物相比，腹部对膈顶压力较小。这时心脏后缘和横膈之间存在充气的肺，因此可以更好地显示副叶[3]（图 6-25 和图 6-26）。后叶肺动脉和肺静脉在 VD 位片中不如在 DV 位片中明显，因为血管走向与主 X 线束呈较大角度，成像变形。患病动物仰卧时，肺后叶压迫性肺不张增加，这也是导致肺后叶血管清晰度下降的原因之一（图 6-27）。

　　与 DV 位片相比，VD 位片中的心影轮廓通常更

加窄长。心脏很少因与横膈接触而位移，心脏通常位于胸腔中央[3]。

临床中决定是否使用麻醉或镇静进行胸部 X 线拍摄取决于许多因素，包括当地的辐射安全法规。当使用全身麻醉时，为获得最佳肺通气量，应在放射检查过程中使用适当的正压通气。麻醉诱导时患病动物应保持俯卧直到拍摄侧位片。麻醉诱导和拍摄 X 线片之间的时间间隔应尽量缩短。

长时间侧卧或麻醉后动物会并发肺不张和继发性纵隔移位。肺部由于通气不良而缺乏支撑力，导致纵隔结构向肺不张一侧移位（图 6-7）。在侧位片中，肺部通气程度可通过心影后缘、后腔静脉腹侧和膈顶之间三角形区域的大小进行评估。区域的容积越大，整体肺通气量越好（图 6-28）。

胸壁

胸部 X 线片通常能够评估脊柱发育异常，这将在第三章进行讨论。

在肋骨和肋弓的评估中，幼年动物常见肋软骨不完全钙化，成年动物常见肋软骨和肋软骨交界处矿化。肋软骨的矿化通常无关紧要，但常被误认为胸部异常，因影像重叠而误诊为肺部疾病（图 6-29），影响肺实质的评估。

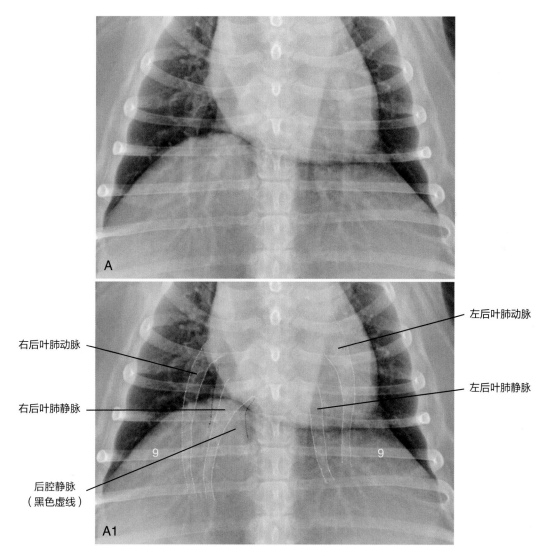

左后叶肺动脉

右后叶肺动脉

左后叶肺静脉

右后叶肺静脉

后腔静脉
（黑色虚线）

图 6-23　A，11 岁可卡犬的背腹位片。在图 A1 中，肺后叶血管被勾勒出来（白色虚线）。每条肺后叶动脉位于各自静脉的外侧。在这只犬的影像中，可以很容易地识别出右后叶静脉，叠加在后腔静脉（黑色虚线）

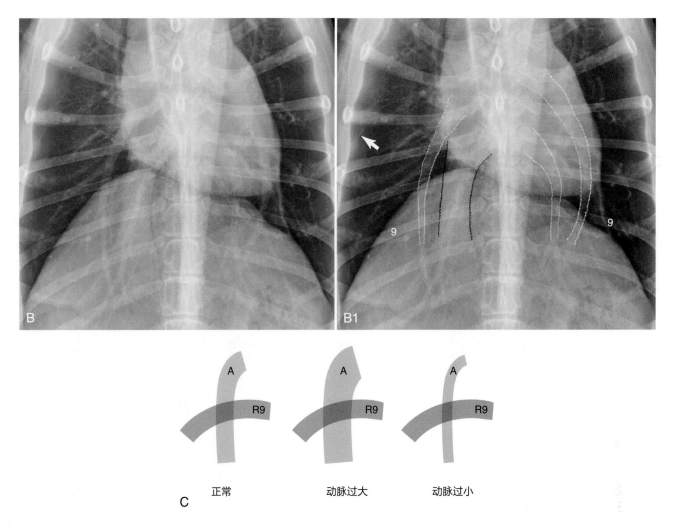

图 6-23（续） B，15岁拉布拉多寻回犬的背腹位片。在图 B1 中，后叶肺动脉和左后叶肺静脉已被勾勒出来（白色虚线）。黑色虚线勾勒出后腔静脉的边缘。这只犬的右后叶静脉由于与后腔静脉重叠而难以辨认。在右中叶后缘和右后叶前缘之间有一条胸膜裂隙线（白色实心箭头）。C，血管穿过第九肋交汇示意图。每条后叶肺动、静脉的相对大小应大致相同，对于犬，绝对大小应和第九肋相交处的宽度相似（最大为 1.2 倍）

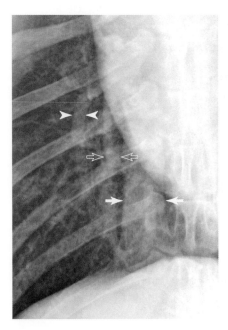

图 6-24　6岁大丹犬的腹背位片。后叶血管通常在腹背位片中更难识别。白色实心箭头指示的是后腔静脉。白色无尾实心箭头指的可能是右后叶动脉。在这只犬中，白色空心箭头被认为是右后叶肺静脉，没有叠加在后腔静脉上

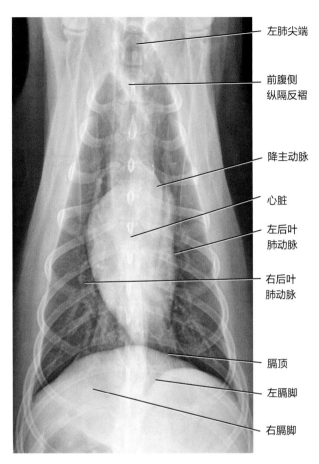

左肺尖端

前腹侧
纵隔反褶

降主动脉

心脏

左后叶
肺动脉

右后叶
肺动脉

膈顶

左膈脚

右膈脚

图 6-25 9 岁混种犬的腹背位片。心脏轮廓细长，心脏后缘和横膈之间有明显的空间。这是因为当患病动物仰卧时，横膈处腹压降低，副叶区域能够更好地显影

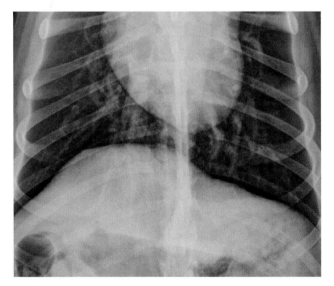

图 6-26 6 岁混种犬的腹背位片。在心影轮廓和横膈之间有明显空间。腹背位片可以更好地评估副叶区域。肺后叶血管在腹背位片更难评估，因为它们与 X 线束呈较大的角度，并且由于仰卧，其周围肺不张更明显

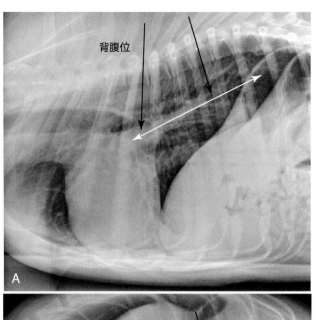

背腹位

A

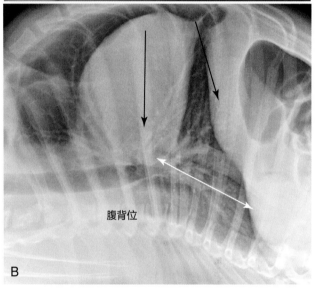

腹背位

B

图 6-27 3 岁杜宾犬的水平投照 X 线片。图 A 患病动物为俯卧，图 B 患病动物为仰卧。当患病动物处于俯卧时，肺后叶充气最佳，后叶肺动、静脉更垂直于 X 线束。与腹背位相比，由于生理和位置因素，后叶肺血管在背腹位片中的可见度明显增加。当患病动物处于仰卧（B）时，如腹背（VD）位片所示，由于与仰卧相关的肺不张，尾背侧肺的通气量减少，后叶肺血管与主射线束不垂直。因此，腹背位片中不易看到后叶肺血管。白色箭头指示的是后叶肺血管的大致方向。黑色箭头指示的是发散的 X 线束的大致方向

软骨营养不良的犬种，如腊肠犬和巴吉度猎犬，有较肥大的肋软骨交界外，肋弓轮廓不规则。在 VD 位片或 DV 位片上，肋软骨交界处可能被误认为肺结节。此外，肋软骨区域的结构导致周围区域的不透射线性增加，这可能被误认为胸腔积液（图 6-30）。

皮肤褶皱在 X 线片上会显示为边界明显的线性

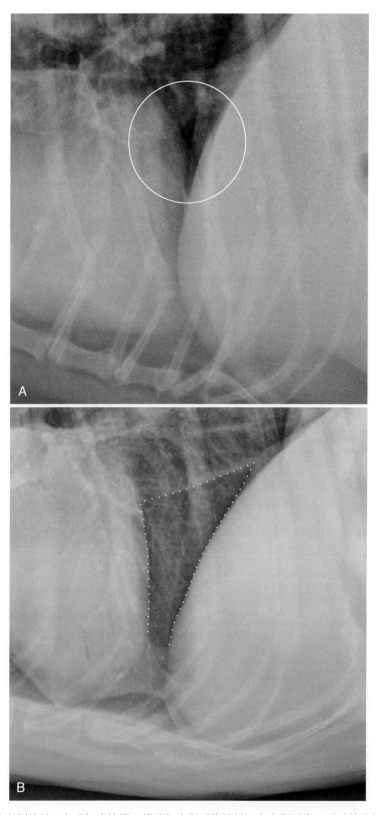

图 6-28 A，9 岁比格犬的左侧位片，在呼气末拍摄。横膈与心影后缘接触，在心影后缘，后腔静脉的腹侧和横膈头侧之间有一处小三角形充气肺部（白色圆圈）。每一张侧位片中都应评估此三角区以确定拍摄时肺的充气程度。肺通气量减少会导致肺内弥漫性不透射线性增加，降低实质病变的显影程度。此外，心脏在不完全扩张的胸腔中显得较大，让人误以为心脏增大。镇静、肥胖和造成横膈向头侧移位的腹部疾病（如肝肿大、大量腹腔液等），均会使肺通气量减少。B，7 岁金毛寻回犬的左侧位片，在吸气末拍摄，在最佳肺通气条件下，后腔静脉、心脏和横膈之间的三角形区域较大。理想的肺通气量改善了实质性疾病的显影，提高了诊断的准确性

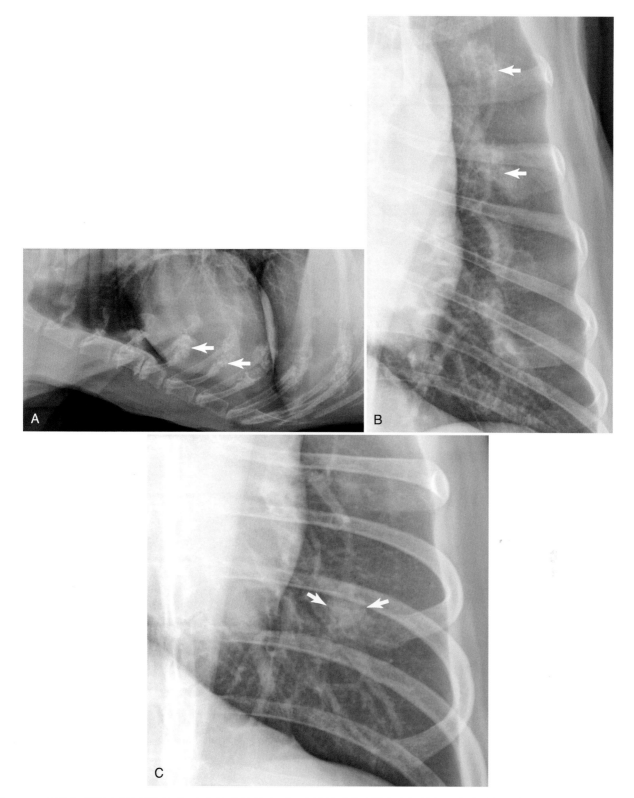

图 6-29　9 岁金毛寻回犬的侧位片（A）和腹背位片（B）。在肋软骨交界处有广泛的新骨生成（白色箭头指出的是其中两个受影响的肋软骨交界处）。这在临床中很常见，通常发生在老年患病动物中，无临床意义。然而，这种变化会使胸部腹侧的影像判读复杂化，肋软骨上的新骨生成的局部区域可能被误解为单个 / 多个肺结节。这只犬的胸骨有退行性变化。C，12 岁拉布拉多寻回犬的腹背位片。第七肋软骨交界处可见骨性增生（白色箭头），容易被误认为单个肺结节

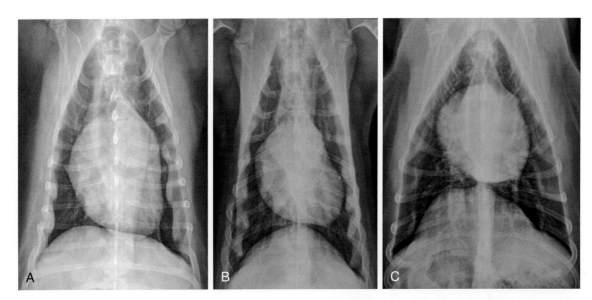

图 6-30　6 岁的巴吉度猎犬（A）和 8 岁柯基犬（B）的腹背位片。软骨营养不良品种通常在肋骨软骨交界处有不典型的肋骨弯曲。肋骨在肋骨软骨交界处向内侧偏离，像软组织边缘，这在腹背位片和背腹位片中可能被误认为胸腔积液。在这些犬中，左胸的尾侧最明显。图 C 是 2 岁杜宾犬的腹背位片。在这只深胸的无软骨营养不良犬中，肋软骨向头侧偏斜，且过度弯曲，这是个体差异所致

不透射线性影像，穿过胸部延伸到胸腔边界外，在一些患病动物中，这些重叠的不透射线性区域会非常明显，使人混淆。此外，在 VD 位片上皮肤褶皱外侧组织透射线性很高。当皮肤褶皱与胸腔外侧缘平行时，皮肤褶皱外侧的不透射线性减少，可能会与气胸混淆（图 6-31）。若想做出正确的判读，重要的是观察皮肤褶皱的不透射线性影像是否延伸至胸腔边界外[6]。

偶尔会出现肋骨发育异常。C7 上可能有小的残留肋骨，或者相邻肋骨的异常融合（见脊柱第三章颈椎部分，图 3-30 和图 3-31）。

胸骨由八块骨头组成，形成了胸腔的底部。每个节段由块状短软骨相连，称为胸骨间软骨，与前九对肋骨两侧相连。第一节胸骨（胸骨柄）的异常并不常见，但最后胸骨（剑突）的异常较常见。剑突发育不全或尾段胸骨缺失常伴有尾侧胸腔和横膈形态异常，最常见的是漏斗胸（图 6-32）。虽然漏斗胸明显异常，但它通常不伴有任何临床并发症。尾段胸骨和剑突常有不同程度的矿化，可能与侵袭性病变混淆。另外，增生性退行性骨重塑也可能发生（图 6-33）。多胸骨节段缺失较罕见，通常无临床意义（图 6-34）。

纵隔

纵隔是左、右胸膜腔之间的空间，以纵隔膜为界。纵隔从胸腔入口处延伸至横膈。纵隔有孔洞，所以通常不会只出现单侧胸膜病变[7]。纵隔经胸腔入口处与颈部相通，通过主动脉裂孔与腹膜后间隙相通。

纵隔基本位于中线，但有三条纵隔反褶自中线偏离，如下所示：

- 前腹侧纵隔反褶
- 后腹侧纵隔反褶
- 腔静脉纵隔反褶

前腹侧反褶位于右前叶与左前叶前部之间。在犬、猫中，左前叶前部最靠近头侧，在胸腔入口处，左前叶前部横跨中线至右侧。在侧位片上，左前叶前部通常位于胸腔最前腹侧，呈边界清晰的透射线区域。右前叶跨越中线至左前叶前部后缘，这些肺叶之间的纵隔胸膜形成了前腹侧反褶。此反褶解释了某些侧位片中左前叶前部头侧边缘清晰的原因（图 6-35）。胸内动脉和静脉位于前腹侧纵隔反褶区。

后腹侧纵隔反褶的右侧是副叶，左侧是左后叶（图 6-36 和图 6-37）。副叶左侧穿过中线并且推动

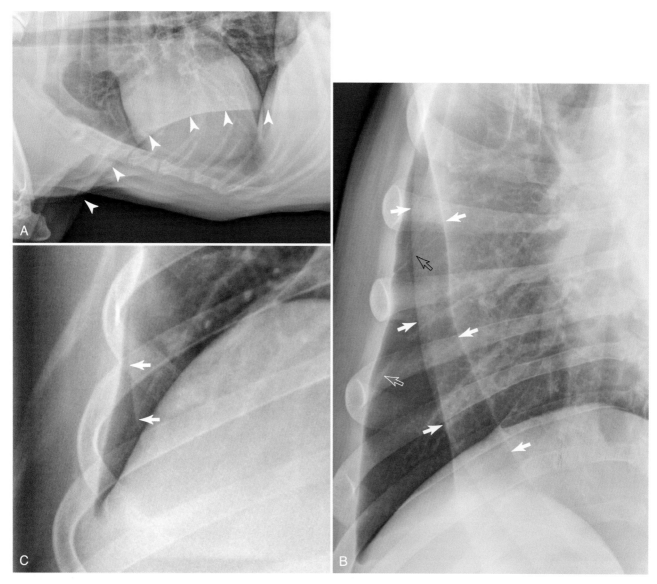

图 6-31　A，11 岁金毛寻回犬的侧位片。前肢有明显的皮肤褶皱。在侧位片中，肢体未完全伸展时（白色无尾箭头），皮肤褶皱位置的不透射线性明显增加。B，9 岁獒犬的腹背位片，皮肤褶皱内侧（白色实心箭头）肺部不透射线性增加，而皮肤褶皱外侧的肺部不透射线性下降。黑色空心箭头指示的是右前叶和右中叶之间的胸膜裂隙线，白色空心箭头指示的是右中叶和右后叶之间的胸膜裂隙线。C，10 岁德国牧羊犬的腹背位片。皮肤褶皱侧面肺部不透射线性明显下降会造成气胸的假象，尤其是当皮肤褶皱与胸壁紧密平行时（白色实心箭头）。X 线片应具有足够的动态范围，以显示整个胸腔的肺纹理

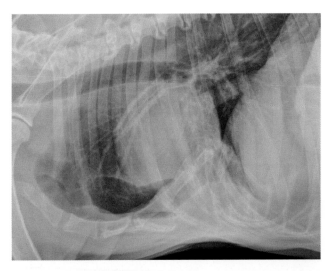

图6-32　9岁德国牧羊犬的右侧位片。胸骨后段明显向背侧移位，导致心影轮廓轻度移位。只有六个胸骨节。这种异常称为漏斗胸，很少见，通常无临床症状。严重畸形时，心脏移位会导致心肺功能障碍

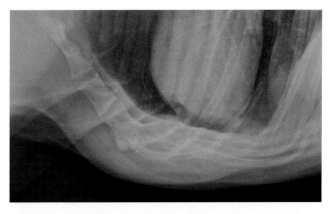

图6-34　8岁拉布拉多寻回犬的侧位片。只有两个正常的胸骨节。第三节段畸形，第三节胸骨后节段缺失

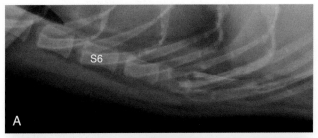

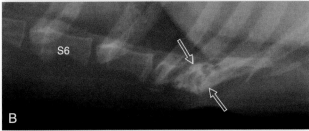

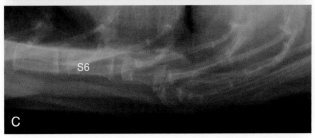

图6-33　A，5岁爱尔兰猎犬的侧位片。剑突不透射线性下降，这是一种常见的正常变异，可能被误认为侵袭性病变。B，5岁查理王猎犬的侧位片，投照中心位于胸骨尾侧，剑突（白色空心箭头）处存在广泛性矿化。C，9岁拉布拉多寻回犬的侧位片。剑突有轻度增生性重塑，多个肋软骨有慢性、不同愈合程度的骨折。S6表示第六节胸骨

纵隔向左，形成后腹侧纵隔反褶。后腹侧纵隔反褶的厚度变化主要取决于它所含的脂肪量。

后腔静脉从心影后缘延伸至右膈脚，并被包围在后腔静脉反褶中，称为腔静脉皱襞。通常，该纵隔反褶在X线片上不可见，但重要的是要认识到后腔静脉的周围有纵隔反褶（图6-1、图6-11、图6-18、图6-28和图6-38）。例如，纵隔积液可以进入腔静脉皱襞，造成后腔静脉扩张的表现。后腔静脉的大小随心脏和呼吸周期的不同变化很大。正常情况下，后腔静脉的直径不超过降主动脉直径的1.5倍。

通常在影像学上可以看到的纵隔内器官包括心脏、气管、后腔静脉、主动脉，以及不同程度的食管。前腔静脉和前纵隔动脉通常不可见，因为它们彼此接触并与邻近的食管接触，使其可见度降低。升主动脉和降主动脉的背侧缘通常很容易看到。升主动脉的基部通常是不可见的，因为它与部分心影重叠。心影的前缘和后缘通常可见（图6-39）。左锁骨下动脉的近端部分有时可见，紧邻心脏和气管的背侧，呈背侧凸出的软组织不透射线性影像，这在没有大量纵隔脂肪的大且瘦的犬身上最常见（图6-40）。

在VD位片或DV位片中，前纵隔的宽度通常是头侧胸椎椎体宽度的1～2倍。这种差异主要与脂肪量和患病动物的体型有关。短头犬，特别是斗牛犬，由于纵隔脂肪过多，所以纵隔通常较宽（图6-41和图6-42）。这有可能会掩盖前腹侧纵隔肿物。

纵隔有三个淋巴中心：胸骨淋巴结、前纵隔和后

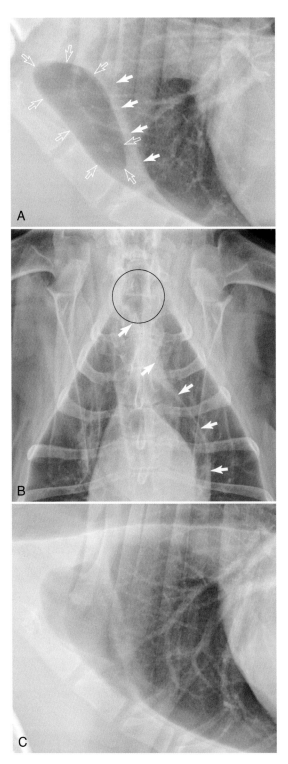

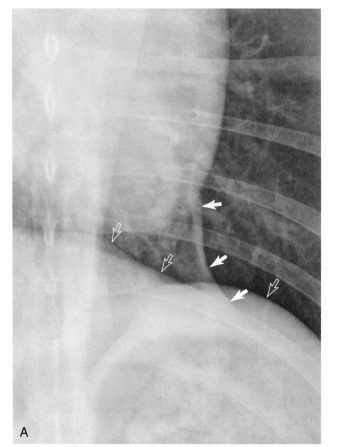

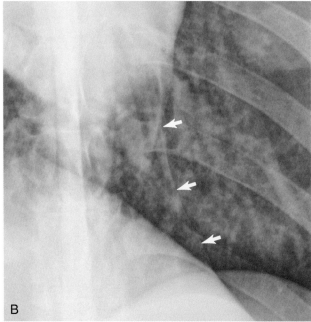

图 6-35 A，8 岁大丹犬的右侧位片，以前胸腔腹侧为投照中心。白色实心箭头指示的软组织不透射线区域为前腹侧纵隔反褶。白色空心箭头勾勒的为左前叶的最前端，又称为顶。左肺顶实际上位于右侧。B，12 岁哈士奇的腹背位片。前腹侧纵隔反褶由白色实心箭头标示。左前叶最前端向右前侧延伸，位于圆形标示区域。右叶延伸到左侧，紧挨着心脏。C，7 岁金毛寻回犬的右侧位片。前腹侧纵隔反褶不像图 A 那样明显。这种反褶的形态变化取决于纵隔脂肪量和其与主 X 线束的相对位置的关系

图 6-36 A，11 岁德国牧羊犬的腹背位片。后腹侧纵隔反褶，白色实心箭头指示的是左后叶内缘和副叶外缘之间的边界，副叶是右肺的一个肺叶。后腹侧纵隔反褶的显影程度取决于反褶中的脂肪量、肺通气程度和患病动物的体型。白色空心箭头指示的是横膈的前缘。B，6 岁大丹犬的腹背位片。白色箭头指示的后腹侧纵隔反褶比图 A 薄得多。这是由于脂肪较少和相对于入射 X 线束处的反射平面

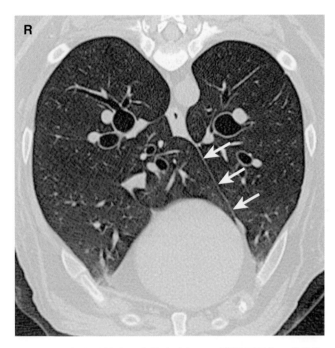

图6-37 在心脏轮廓后缘的犬胸部CT横断面图像，优化为肺窗。患病动物处于俯卧位。后腹侧纵隔反褶用白色实心箭头指示，是左右两侧胸腔的边界。副叶在后腹侧纵隔反褶的右侧，左后叶在其左侧

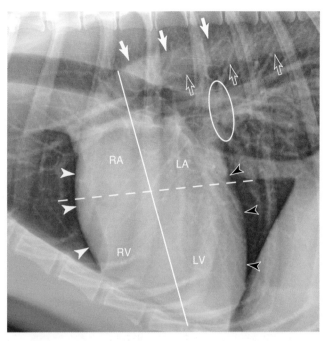

图6-39 8岁灵猩犬的右侧位片，以心脏为投照中心。白色实心箭头指示的是降主动脉背侧缘，白色空心箭头指示的是其腹侧缘。椭圆形表示供应后叶的后叶肺动脉和将后叶血液回流入左心房的肺静脉。白色无尾箭头指示的是心脏的前缘，而黑色无尾箭头指示的是心脏的后缘。白色实线近似于左心与右心的边界。白色虚线大致位于房室瓣膜的位置

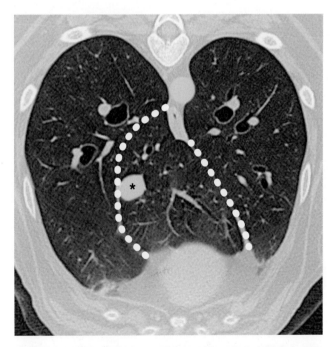

图6-38 犬俯卧位心尖CT横断面影像，优化为肺窗。虚线是副叶边缘。后腔静脉用黑色星号表示。它位于右后叶和副叶之间的腔静脉皱襞内

纵隔淋巴结、气管支气管淋巴结。这些淋巴中心在正常动物中通常不可见，但中度增大时，可以在X线片上观察到。胸骨淋巴结位于第二节胸骨背侧。由于前肢未充分伸展，前腹侧纵隔反褶内的脂肪和前腹侧胸腔的不透射线性增加，可能会影响胸骨淋巴肿大的评估（图6-43）。前纵隔淋巴结位于气管腹侧的前纵隔。后纵隔淋巴结围绕气管和心基部，气管支气管淋巴结围绕气管隆突和主支气管起点。

幼犬（6～8月龄）胸腺通常位于腹侧纵隔内，呈三角形软组织不透射线性影像，在VD位片或DV位片中位于心脏轮廓的头外侧（图6-44）。

气管和支气管

胸腔内气管的外观有很大的差异。在VD位片和VD位片中，气管通常位于中线偏右，在食管腹侧（图6-45），主动脉弓右侧。在大多数品种中，胸腔内气管从胸腔入口水平至气管隆突，与脊柱形成夹角。在

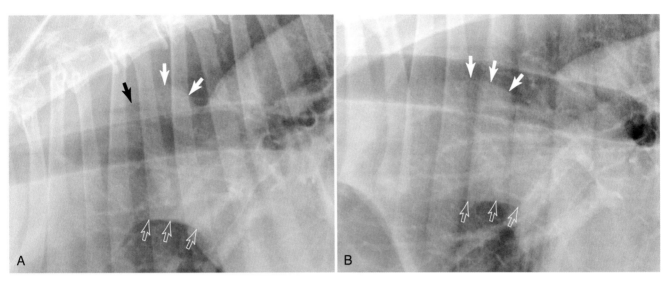

图 6-40 A，12 岁哈士奇的左侧位片。白色实心箭头勾勒出的弯曲软组织结构是左锁骨下动脉。食管内有少量气体（黑色实心箭头），紧邻该动脉。白色空心箭头勾勒的是较厚的背侧前纵隔较腹侧缘，其内包裹了食管、气管、淋巴结和前纵隔血管。不能区分前腔静脉、头臂动脉干和其他前纵隔血管，因为它们彼此接触并与食管接触，导致边界消失。B，8 岁大丹犬的右侧位片。左锁骨下动脉的背侧，用白色实心箭头标出，与气管重叠。较厚的背侧前纵隔的腹侧缘由白色空心箭头标示

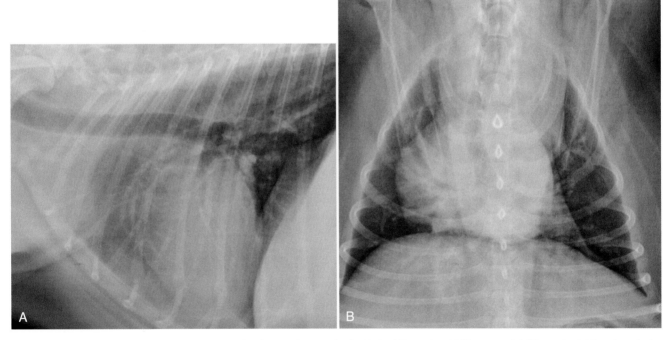

图 6-41 肥胖的 8 岁迷你雪纳瑞犬的侧位片（A）和腹背位片（B）。前腹侧纵隔、心脏处纵隔和后腹侧纵隔反褶内堆积大量脂肪。虽然前纵隔在背腹位片上看起来很宽，类似团块，但在侧位片上没有前纵隔团块的征象

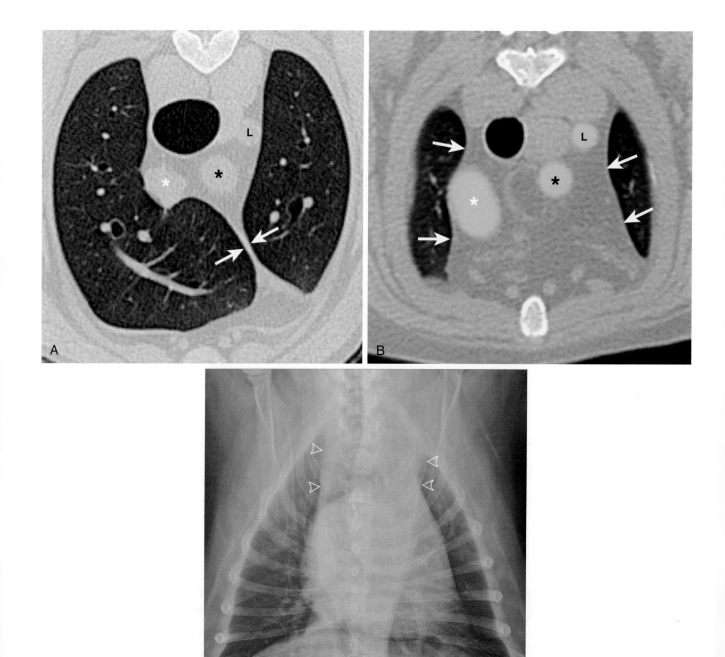

图 6-42　A，瘦弱深胸犬的第三胸椎（T3）水平 CT 横断面影像，优化为肺窗。白色箭头所描绘的线性斜向软组织衰减线是前腹侧纵隔。它很细因为其中只包含少量脂肪。B，斗牛犬同一水平的 CT 横断面影像。可见大量纵隔脂肪，前腹侧胸肺通气量整体偏少。在两幅图中，白色星号标示前腔静脉，黑色星号标示头臂动脉干，L 为左锁骨下动脉，因周围有脂肪而可见。C，8 岁英国斗牛犬的腹背位片。由白色空心箭头描绘的前纵隔，由于纵隔脂肪的大量堆积而变宽。这可能会混淆对纵隔团块的评估

胸腔扁平的品种中（如腊肠犬和巴赛特犬），胸腔内气管通常与脊柱更平行，但在正常状态下，仍会在隆突处与脊柱形成夹角（图 6-46）。气管隆突处气管和脊柱趋于平行，表明心脏肥大或存在明显的胸腔畸形。关于气管大小，据报道在非短头型品种中，通常来说气管直径与胸腔入口处直径的平均比值为 0.2 ± 0.03。在短头犬品种中（不包括斗牛犬），该比例为 0.16 ± 0.03[9]，斗牛犬的气管通常较为狭窄，并且已经规定了测量标准来评估该品种的气管直径是否正常。该品种的气管直径与胸腔入口处直径之比已被量化为 0.13 ± 0.38，表明气管通常较小，但直径变化非常大。无临床症状的最小比值为 0.09[9]。这些数据必须谨慎解读，仅作为参考。

气管在隆突处分为左主支气管和右主支气管。支气管通常基于每个肺叶支气管的起源来命名。右肺分为前叶、中叶、后叶和副叶，均源于右主支气管。左前叶和左后叶两个肺叶则源于左主支气管。左前叶支气管再分为供应左前叶的前部和后部两支（图 6-47）。总的来说，右肺的体积大于左肺的体积。图 6-48 勾勒出肺叶的大致位置。

侧位片上气管影像可能受到患病动物头部摆位的影响。在 X 线片中，当头部（非颈部）屈曲时，胸腔内气管有时会向背侧偏离，造成前腹部纵隔肿块的假象（图 6-49）。一般来说，气管抬高却没有软组织团块效应，可认为气管移位是由颈部摆位导致的。如需确认，则可在患病动物头部伸展后重新拍摄侧位片。

犬和猫的气管环的背侧都不是完全闭合的，由气

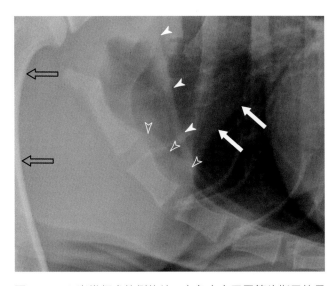

图 6-43　3 岁拳师犬的侧位片。白色实心无尾箭头指示的是前腹侧纵隔反褶。空心无尾箭头指示的是增大的胸骨淋巴结的背侧缘。白色箭头指示的是前臂软组织的后缘。黑色空心箭头指示的是伸展不充分的肱骨。胸骨淋巴肿大很明显，但由于纵隔脂肪和前肢软组织的叠加而显得不太明显

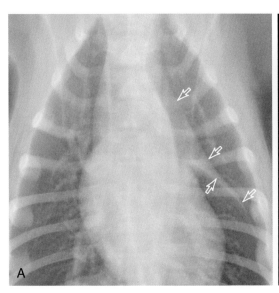 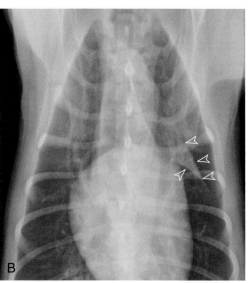

图 6-44　A, 2 月龄史宾格犬的腹背位片。胸腺由白色空心箭头标示。胸腺通常在 6 月龄时消退, 在此之后不应在 X 线片上出现。B, 6 月龄拉布拉多寻回犬的腹背位片。胸腺由白色空心无尾箭头标示

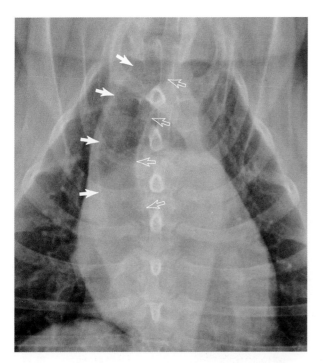

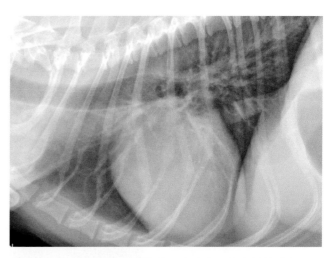

图 6-46 7岁腊肠犬的侧位片。胸腔扁平的犬侧位片上可见气管与胸椎的距离较短，但在气管隆突水平气管与脊柱之间仍有明显的角度

图 6-45 7岁美国可卡犬的背腹位片。白色实心箭头指示的是气管的右侧边缘，白色空心箭头指示的是气管的左侧边缘。气管通常位于中线或中线稍右一点。有时正常动物的胸腔内气管也会向右偏移一些。淋巴结肿大和心基部有团块时也会出现这种情况

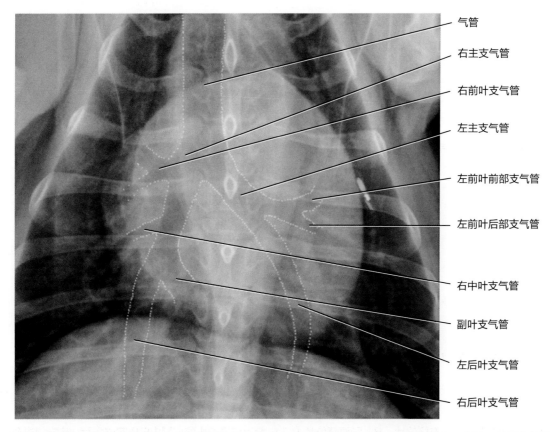

气管

右主支气管

右前叶支气管

左主支气管

左前叶前部支气管

左前叶后部支气管

右中叶支气管

副叶支气管

左后叶支气管

右后叶支气管

图 6-47 10岁杰克罗素狗犬的背腹位片。支气管树已被勾勒出来（白色虚线）。右肺包括右前叶、中叶、后叶和副叶。左肺包括前叶和后叶。左前叶进一步细分为前部和后部。芯片与左心耳区域重叠

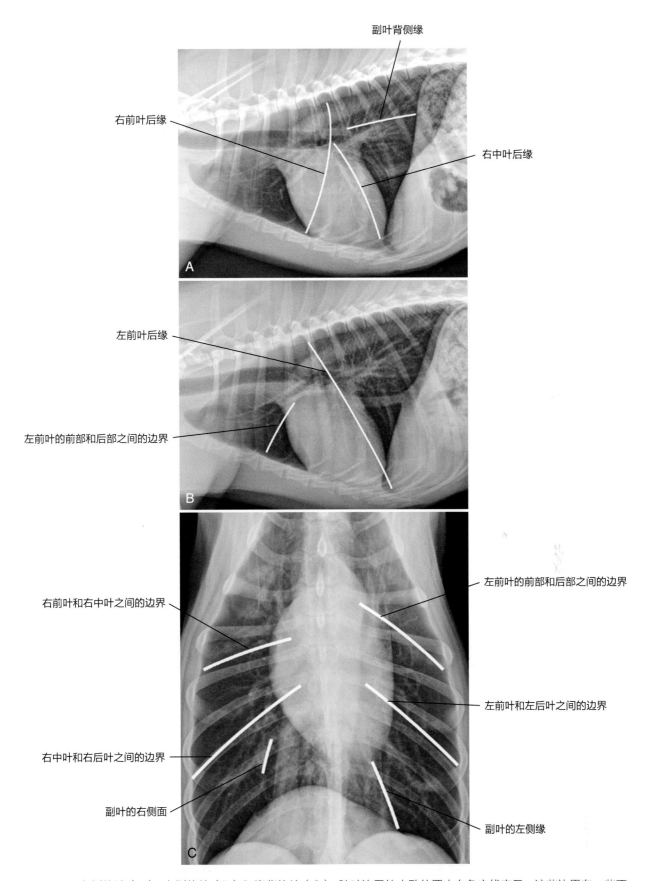

图 6-48 左侧位片（A）、右侧位片（B）和腹背位片（C）。肺叶边界的大致位置由白色实线表示。这些边界在一些正常动物和患病动物的 X 线片中很明显，称为胸膜裂隙线

管肌肉和气管环状韧带连接。这些结构，连同气管背侧黏膜，统称为气管背侧膜。有时，这层膜通过气管环缺口脱垂到气管管腔背侧。颈部尾侧水平食管位于气管背侧，也可内陷到气管背侧腔内。这些内陷，被称为气管背侧膜冗余或下垂，导致颈部尾侧和胸腔入口处水平气管背侧不透射线性增加。气管背侧膜下垂通常不会引起临床症状，不应与气管塌陷混淆（图6-50）。

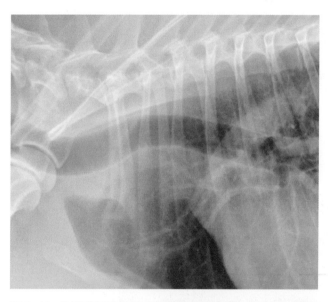

图6-49　8岁英国波音达犬的右侧位片。胸腔内局部气管向背侧偏移。纵隔和气管腹侧的其他结构正常，没有占位性团块的迹象。像这只犬表现的气管向背侧偏移，通常为在拍摄时头部过度弯曲。如果怀疑是纵隔团块引起气管抬高，应伸展头部并重新拍摄X线片

在一些患病动物中，食管会移位到下垂到气管膜中，从而导致不透射线性增加。

食管

食管主要位于气管的左背侧，从胸腔入口到气管隆突水平在主支气管的背侧。在一些患病动物中，特别是短头品种（见后文），胸腔入口和头侧胸内食管位于气管的腹侧（图6-51）。头侧胸内食管会有少量气体（图6-52）。镇静或麻醉的患病动物可发生广泛性食管扩张积气（图6-53）。

心影尾侧的食管形态结构是多样的。通常在侧位片中可看到后段食管的腹侧缘，特别是在左侧位片（图6-54）。有时候可见后段食管呈模糊的管状结构，特别是当食管含有少量液体时，这可能是发生了与镇静相关的反流，但也见于有意识的患病动物（图6-55）。食管造影有时用于评估食管的位置、通畅度、完整性和功能，在评估纵隔病变方面特别有用（图6-56）。

短头犬常见胸腔内食管冗余，表现为前纵隔水平气管腹侧有一充满气体的管状不透射线结构。不应将其与继发于食管狭窄或与血管环异常造成外源性压迫相关的病理性食管扩张混淆（图6-57），尽管在某些犬中，食管冗余会出现反流。

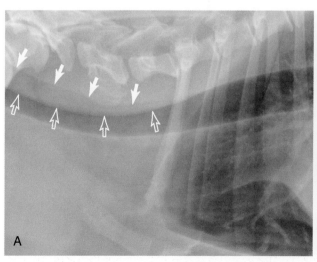

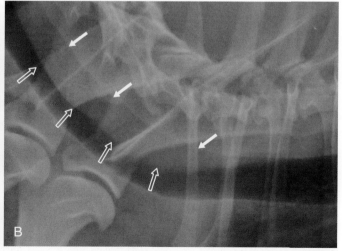

图6-50　11岁混种犬（A）和2岁柯基犬（B）的右侧位片。气管的背缘由白色实心箭头勾勒。内陷的冗余气管背侧膜由白色空心箭头描绘。不应误判为气管塌陷

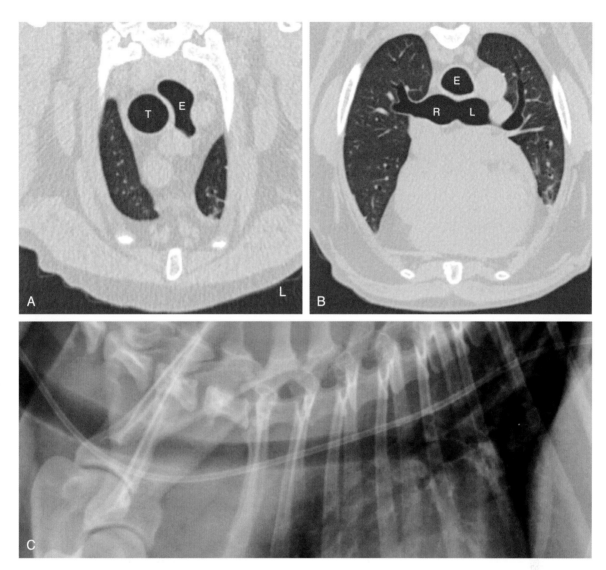

图 6-51　10 岁拉布拉多寻回犬的第一胸椎 CT 横断面影像（A）。食管（E）位于气管左侧，腹侧缘略微向气管腹侧延伸。在图 B 中，在气管隆突水平，食管（E）在气管隆突的背侧。T 是气管，R 和 L 分别是左、右主支气管的根部。C，6 岁比格犬的食管内放置了一根管子。在胸腔入口水平，食管位于气管的腹侧

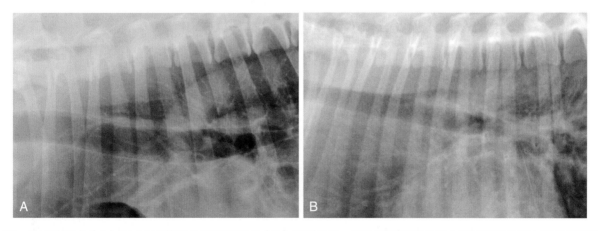

图 6-52　9 岁秋田犬（A）和 11 岁苏格兰猎鸭寻回犬（B）的侧位片。在头侧至气管分叉水平的胸腔食管内有少量气体。这在镇静和完全清醒的患病动物中都很常见。全身麻醉的患病动物因中枢神经系统被抑制和食管上括约肌松弛，而食管内有大量气体

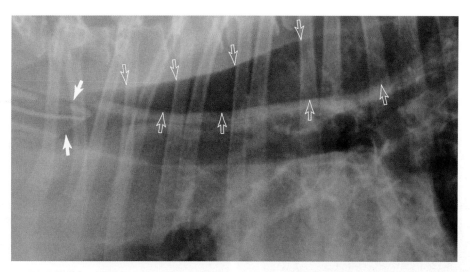

图 6-53　8 岁波士顿㹴的左侧位片。拍摄时患病动物处于全身麻醉状态，可见气管插管（白色实心箭头）。胸腔内头侧食管扩张积气（白色空心箭头）。镇静和全身麻醉会使食管充气的可能性增加。患病动物清醒时重新拍摄 X 线片有助于区分是食管疾病还是化学保定造成的影响

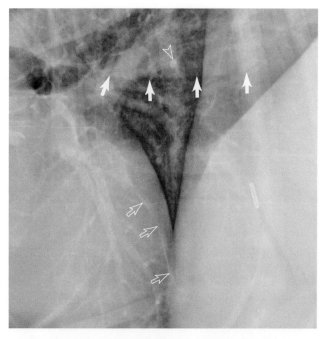

图 6-54　9 岁大丹犬的左侧位片，以胸部尾侧为投照中心。食管腹侧缘清晰可见（白色实心箭头）。白色空心箭头勾勒出弯曲的软组织边界，这是右中叶和右后叶之间的叶间裂隙。叶间裂隙线显影是比较常见的，这并不能提示一定存在胸膜疾病。在肝脏区域可见胆囊切除术留下的手术钉。食管上方有与正常结构相叠加的血管断端（白色空心无尾箭头）

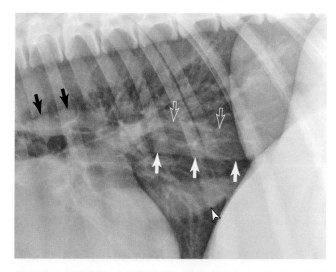

图 6-55　9 岁秋田犬的侧位片。后段食管有少量液体。腹侧缘由白色实心箭头标示，背侧缘由白色空心箭头标示。后腔静脉的腹侧缘由白色实心无尾箭头所示。后腔静脉延伸至更尾侧的右膈脚，这是典型的左侧位影像。黑色实心箭头标示的是左后叶肺动脉的背侧缘。左肺动脉位于气管隆突背侧，最常见于左侧位片上。这可能是因为在左侧观视图中左肺动脉稍向背侧移位（重力侧病变上升），导致重叠较少的原因

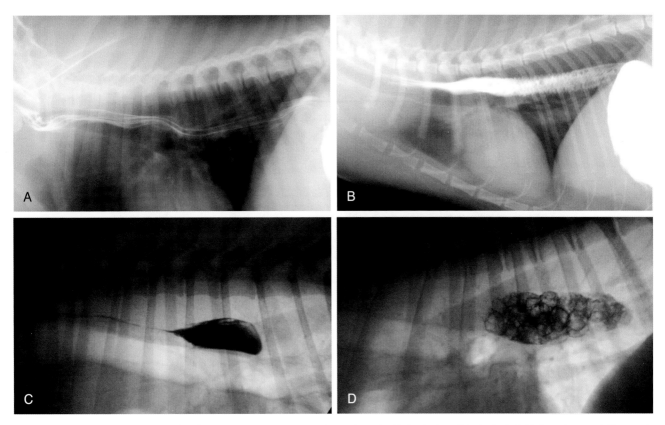

图 6-56　成年犬（A）和成年猫（B）在服用钡餐后拍摄的侧位胸片。黏膜褶皱中残留的钡餐在犬食管内形成了一个线形图案，在猫食管内形成了一个鲱骨状图案，尤其是末端。C 和 D，评估犬食管的单帧透视图像。通过透视检查，可以获得连续的 X 线图像（通常为每秒 30 帧），并在患病动物吞咽时实时查看。过去，图像的灰度是负像的（借助于模拟技术）。这对于数字技术来说是不必要的，尽管许多人喜欢这样。在图 C 中，大量钡餐通过心基部。在图 D 中，食团为在钡餐中浸泡过的干粮粒

心脏

　　心脏轮廓由心脏和心包脂肪组成。心脏轮廓的形态取决于不同 X 线摆位姿势。即使轻度角度倾斜也可导致患病动物心影轮廓出现显著变化，这可能会导致对腔室大小的评估错误。犬的心脏大小和形状有很大的差异，无论是同一品种还是不同品种。又长又瘦的犬的心脏看起来又长又瘦。矮胖或肌肉发达的犬的心脏看起来比较圆，比较大。在这些肌肉发达、矮小健壮的犬中，常被误诊为心脏增大（图 6-58）。镇静、呼气末拍摄的 X 线片或肥胖可造成心脏增大的假象，因为胸部偏移减少和肺膨胀减少导致胸腔整体变小。此外，深度镇静患病动物的心脏轮廓可能相对较大，可能是因为心动过缓导致心腔充盈增加。

　　由于这些原因，在 X 线片上对心脏大小的主观评估是不准确的，可能会被误导。为了量化品种之间的差异，已经发展出了一种心脏测量技术，称为椎体心脏评分（vertebral heart score，VHS）。在这种方法中，心脏轮廓的长度和宽度的总和是根据胸椎的长度标准化的。遗憾的是，正常 VHS 值的范围是相当宽的。这种方法在评估个别患病动物的心脏大小时价值可能有限，而用其对同一患病动物的心脏大小进行纵向比较可能是最有用的。

　　如图 6-39 所示，侧位片大致显示了心脏腔室的位置。在侧位片上，右心位于心影的头侧，左心位于其尾侧。心房在背侧，心室在腹侧。从侧位片上看，心脏通常不超过 3.5 个肋间隙。在 DV 位片和 VD 位片中，有时使用表盘类比来描述心脏的各个区域，12 点钟的位置是头侧，6 点钟的位置是尾侧（图 6-59）。表盘类比只是一个大致的参考，患病动物体型的变化可影响心脏在胸腔内的外观和位置。重要的是，胸椎不适合作为区分心脏左和右腔室的标志，

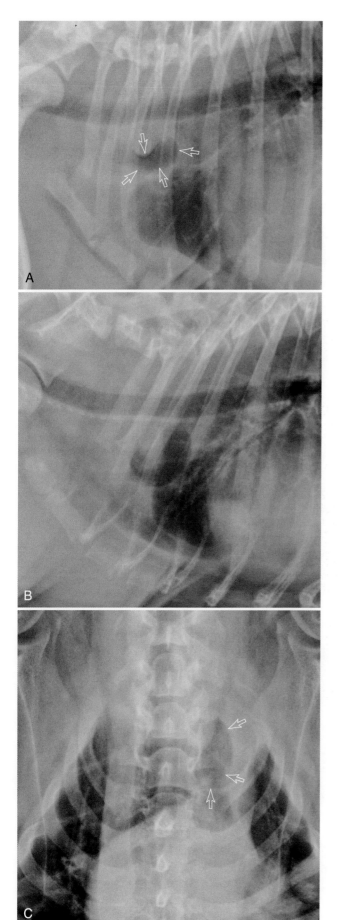

图 6-57　A，5 岁巴哥犬的侧位片。气管腹侧第二和第三肋骨间有一弯曲管状气体不透射线性结构（白色空心箭头），其是由胸腔内食管冗余所致。1 岁斗牛犬的侧位片（B）和腹背位片（C）。白色空心箭头指示的是食管冗余。短头犬的食管冗余不应与伴有血管环异常的病理性食管扩张混淆，在很严重的情况下，食管冗余可引起临床症状

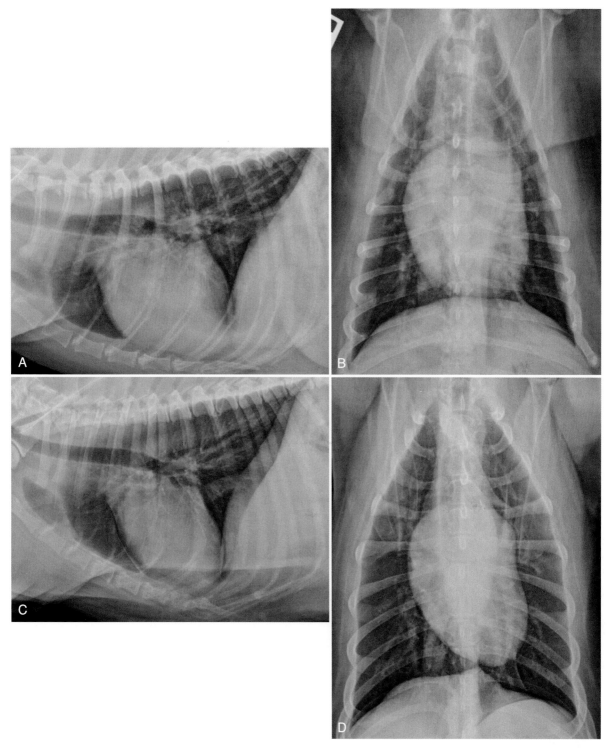

图 6-58 心影轮廓的品种差异。8 岁威尔士柯基犬的右侧位片（A）和腹背位片（B）。气管相对平行于前段胸椎，会出现全心增大的假象。这在软骨营养不良品种中很常见，不应与心脏病混淆。在肺通气量减少和进行化学保定时，心脏增大的假象更加显著。9 岁罗威纳犬的右侧位片（C）和腹背位片（D）。在纵隔内脂肪的衬托下，左侧位片中的心脏头侧缘清晰。该犬的肺动脉干区域的明显隆起是正常的解剖变异，不提示继发于肺动脉狭窄的肺动脉高压或重塑

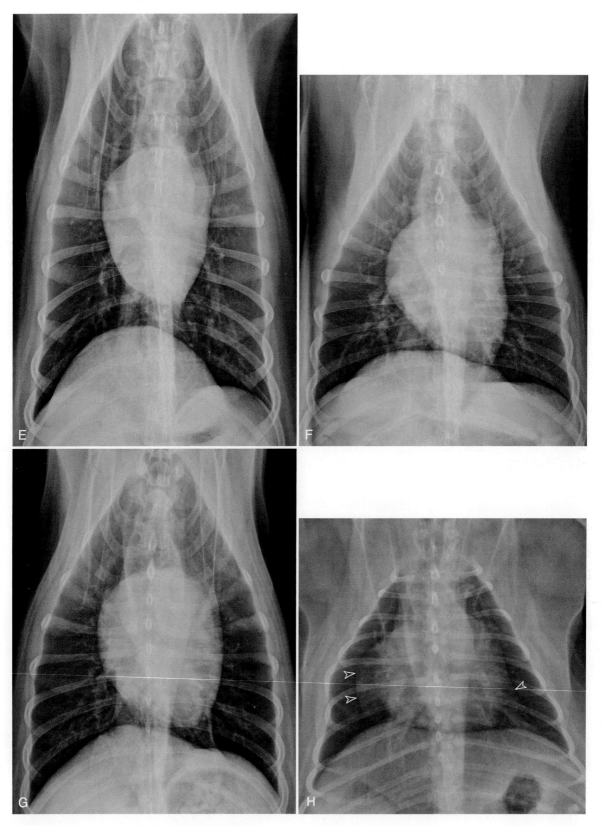

图 6-58（续） E，7 岁金毛寻回犬的腹背位片。F，7 岁美国斗牛犬的腹背位片。G，11 岁德国牧羊犬的腹背位片。H，7 岁查理王骑士小猎犬的背腹位片。E、F、G 和 H 在心影轮廓的外观上都表现出典型的品种相关差异。在图 H 中，中间呈不透射线的曲线边缘（空心无尾箭头）指示心包囊内的脂肪

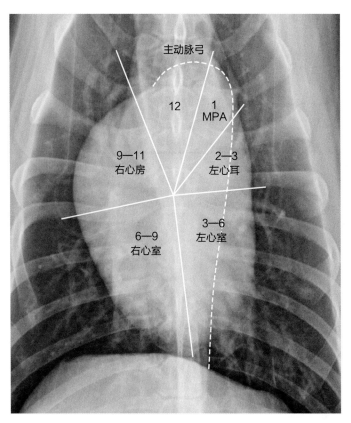

图 6-59　8 岁罗得西亚脊背犬的腹背位片。表盘类比通常被用作在腹背位片中定位各心脏腔室和主要血管的经验法则。需要注意的是，肺动脉干位于左侧，胸椎并不是将心脏分为左、右心的准确参考点。主动脉弓通常在 12 点钟的位置；肺动脉干，也被称为主肺动脉，在 1 点钟的位置；左心耳在 2—3 点钟的位置；左心室在 3—6 点钟的位置。右心室在 6—9 点钟的位置，而右心房在 9—11 点钟的位置

因为房间隔和室间隔与胸椎的长轴呈一定角度。

　　整体来说，犬心脏在 DV 位片或 VD 位片上通常不超过胸腔宽度的 2/3，并且 VD 位片与 DV 位片相比，VD 位片上的心脏通常显得更窄长。左心房位于心影的尾背侧中央，主支气管骑跨在其上方（图 6-60）。

　　综上所述，在 DV 位片中，心尖常向左偏移，且与横膈顶接触（图 6-7）。在某些犬中，特别是软骨营养不良犬种，在 DV 位片中，心尖通常向右移而不是向左移（图 6-61）。

　　左后叶肺动脉位于气管隆突背侧，通常在 X 线片上很明显，最常见于左侧位片。右后叶肺动脉从左侧肺主动脉发出后向气管腹侧延伸，然后转向尾背侧。在侧位片上，右后叶肺动脉位于气管隆突腹侧，呈明显的圆形不透射线影像，常被误诊为肺团块（图 6-62，图 6-63A、B 和图 6-64）。

　　与正常犬的心脏相比，正常猫的心脏较小，形状也更一致（图 6-65）。猫心脏尾侧缘应该是一个连续的凸面，任何显著的心影轮廓变化都表明可能患有心脏疾病。

　　在正常老年猫中，心脏角度更倾斜，心尖 / 心基轴与胸骨更平行，通常主动脉弓角度更明显。在 DV 位片或 VD 位片上，主动脉弓呈角，可能会被误认为肺肿块（图 6-66）。主动脉形状改变在老年犬身上很少发生，但确实可能会发生，不应被误认为主动脉扩张（图 6-67）。

　　肥胖患病动物的纵隔和心包囊内积聚了脂肪。这可能导致心影增大，并导致误诊为全心增大（图 6-68）。

　　在深胸犬中，心脏通常更偏向于背腹侧方向，这导致在 DV 位片和 VD 位片中心影整体看起来更圆（图 6-69）。

　　心脏后缘和肋骨重叠形成的不透射线区域会给

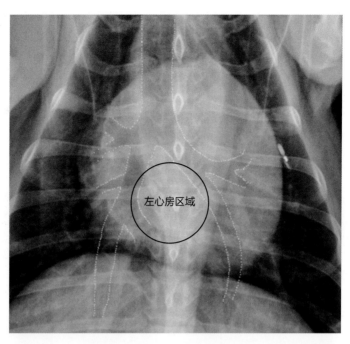

左心房区域

图6-60　10岁杰克罗素㹴犬的背腹位片。左心房位于心影轮廓的尾背侧中央，在主支气管的腹侧。左心房增大可导致支气管上抬、压迫和支气管夹角增大

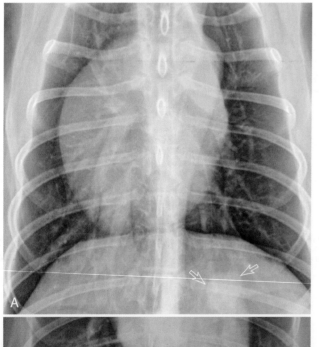

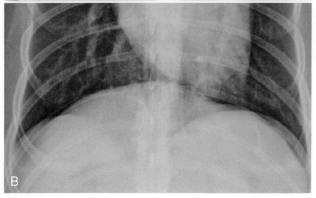

图6-61　10岁金毛寻回犬的背腹位片（A）和腹背位片（B）。该患病动物的心血管结构是正常的，但图A中心尖向右侧移位。在背腹位片中，心脏向右移位不常见，但在软骨营养不良品种中更常见，并不一定提示任何异常。左后叶的背侧可见一个结节（白色空心箭头），经细胞学证实为肿瘤。由于仰卧导致的肺不张，因此这个结节在腹背位片（B）上并不明显

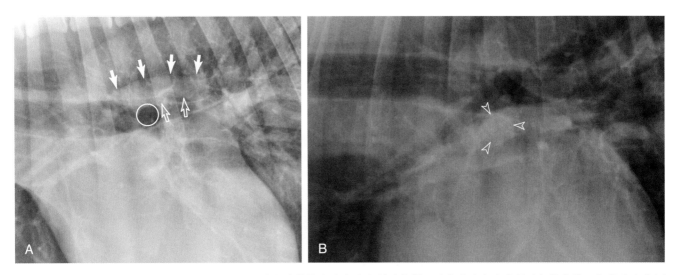

图 6-62　A，9 岁秋田犬的的左侧位片。左后叶肺动脉（背缘由白色实心箭头勾勒，腹缘由白色空心箭头勾勒）位于气管隆突背侧（白色圆圈），通常在左侧位片上更容易看到。右后叶肺动脉穿过气管隆突腹侧然后向尾背侧延伸，紧靠气管隆突腹侧，呈边界模糊的软组织不透射线影像。B，6 岁混种犬的右侧位片。气管隆突腹侧的圆形软组织不透射线影像为右肺动脉，由空心无尾箭头标示

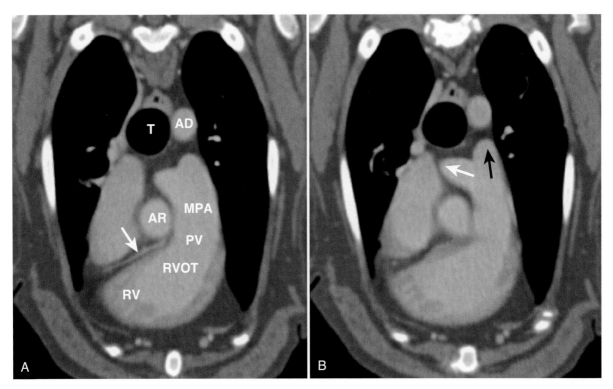

图 6-63　右心室流出道水平的 CT 横断面影像，优化为纵隔窗。静脉注射造影剂。图 A 中 RV 为右心室，RVOT 为右心室流出道，PV 为肺动脉瓣区域，MPA 为主肺动脉，AR 为主动脉根，AD 为降主动脉，T 为气管。白色箭头指示的是右侧冠状动脉。图 B 距图 A 尾侧 5 mm 处。右肺动脉向右延伸，位于气管腹侧（白色箭头）。左肺动脉向背侧延伸，位于气管左侧（黑色箭头）

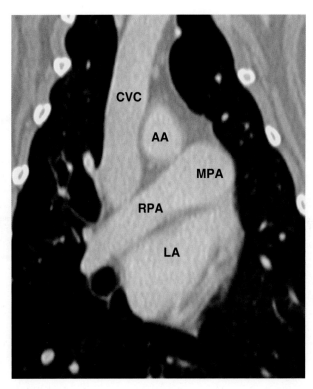

图 6-64　紧邻腹侧隆突水平，心脏 CT 冠状面影像。CVC 为前腔静脉，AA 为升主动脉，MPA 为主肺动脉，RPA 为右肺动脉，LA 为左心房。这就是 12—3 点钟表盘类比的基础

人左心房增大的假象，因为当肋骨向后延伸时，目光会被吸引到肋骨后缘（图 6-70）。

主动脉根部的营养不良矿化很少发生，表现为主动脉流出道区域明显的线状矿化不透射线影像。这种矿化通常仅在侧面明显，通常是偶然发现，不会引起临床症状（图 6-71）。

肺

肺由结缔组织、支气管树、终末支气管和进出的血管组成。X 线片上通常可见肺血管、支气管和一些间质纹理。肺外缘可见肺间质纹理（图 6-72）。肺纹理没有延伸至胸壁提示气胸或 X 线片曝光过度。前面描述的皮肤褶皱影像也很重要，因为它也会造成肺纹理没有延伸到胸壁的错觉。

无法精确判断间质纹理是否超过正常范围，即使是经验丰富的放射科医师也不能达成一致。最重要的是要熟悉不同患病动物和人为导致肺不透射线性增加的技术因素。最常见的错误之一是，没有意识到在侧位片上整体肺不透射线性总是比 DV 位片或 VD 位片上的更高，因为侧卧时发生的肺膨胀不全更严重。侧位片中不透射线性增加容易被误解为肺部疾病，特别是在镇静的患病动物中（图 6-3）。

支气管呈向外周变细的薄壁空心管，而肺血管呈向外周变细的软组织不透射线性管状结构。血管和气道呈横断面或纵切面贯穿于整个肺实质中。肺血管横断面呈小结节状，支气管横断面呈小环形影像。随着患病动物的年龄增长，支气管和肺间质纹理会变得越来越明显。遗憾的是，对于许多疾病，也有从正常到弥漫性肺疾病的逐渐过渡，这也使对肺的评估更复杂。

导致无法看到正常间质纹理延伸到胸腔外周的最常见的技术原因是，过度曝光和不适当的图像处理。非结构性肺不透射线性广泛性增加的最常见患病动物相关的原因是，镇静或呼气时曝光，因为它们导致肺通气量减少（图 6-3）。

胸壁组织量对肺的整体不透射线性和肺间质纹理都有显著影响。对于大体重的患病动物，软组织

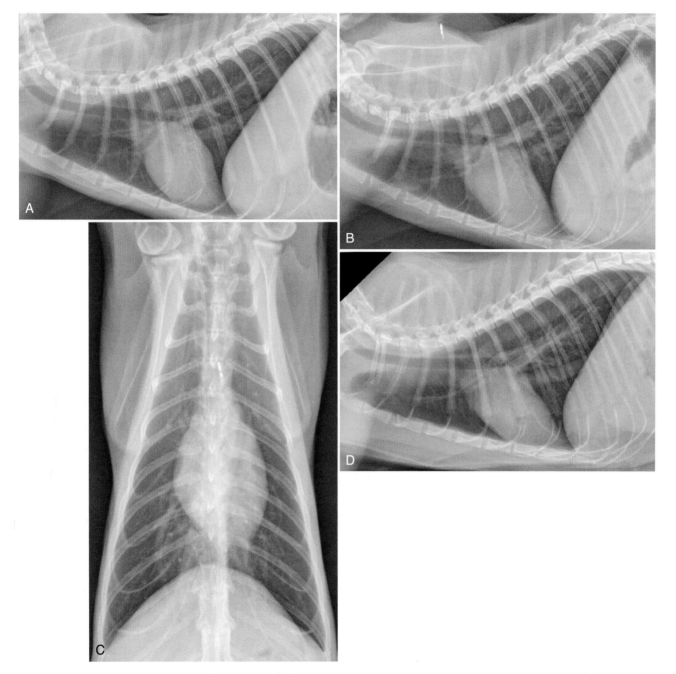

图 6-65　9 岁混种猫的左侧位片（A）、右侧位片（B）和腹背位片（C），以及 7 岁家养短毛猫的左侧位片（D）

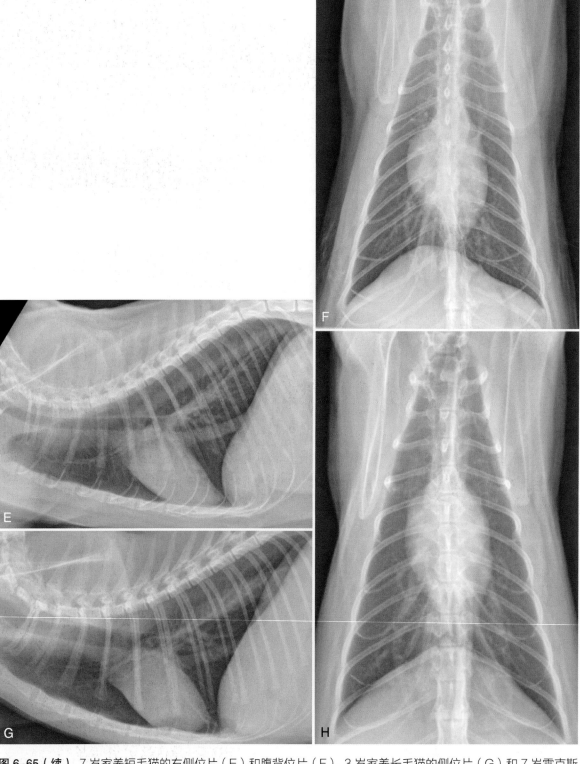

图 6-65（续） 7 岁家养短毛猫的右侧位片（E）和腹背位片（F）。3 岁家养长毛猫的侧位片（G）和 7 岁雷克斯猫的腹背位片（H）。通常猫的心脏轮廓相对小于犬。图 D、图 E 和图 F 中的心影轮廓被认为是正常大小的上限。在侧位片中，正常猫心脏的头尾尺寸通常小于 2.5 个肋间隙。且犬通常可以用横膈脚来区分左侧位和右侧位，但在猫中不那么明显

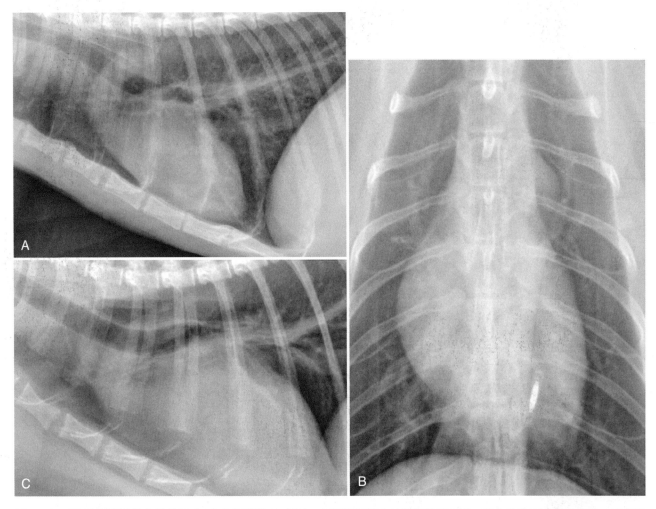

图 6-66 12 岁曼岛猫的左侧位片（A）和腹背位片（B）。心脏在胸腔中的位置较为倾斜，升主动脉相对角度更大。这在老年猫身上很常见。在腹背位片上，成角的主动脉断端在中线左侧呈一圆形结构，有时被误认为肺团块。芯片和心影尾侧重叠。C，12 岁家养短毛猫的侧位片。心影几乎与胸骨平行，升主动脉与心影成角明显。心基部的气管异常地向腹侧移位，这代表心脏位置发生改变，食管内的少量气体使其更显影

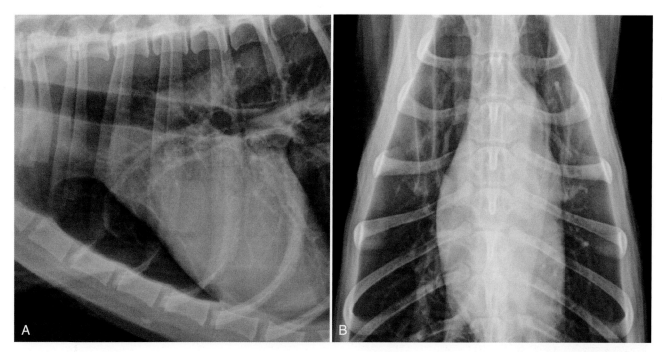

图 6-67　9 岁西伯利亚哈士奇的右侧位片（A）和腹背位片（B）。在侧位片中，心影比典型的影像更倾斜，主动脉冗余，导致心影头侧隆起；在腹背位片中，心影轮廓看起来很长。主动脉瓣病变可引起类似的心脏形态学改变。需要将临床表现和超声心动图相结合，评估犬和猫主动脉弓形状变化的意义，犬主动脉瓣病变更常见

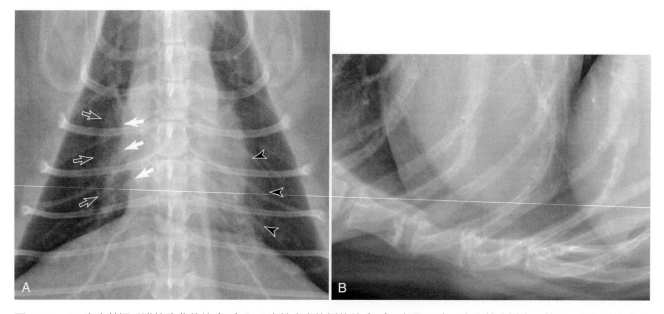

图 6-68　10 岁家养短毛猫的腹背位片（A）和 8 岁杜宾犬的侧位片（B）。在图 A 中，心影轮廓增大，然而，仔细检查发现周围边界不清晰，并且从心影轮廓中央向周围有一个模糊的不透射线影像过渡。这是由于心脏周围纵隔内存在脂肪。白色实心箭头指示的是心影轮廓的右侧缘。白色空心箭头指示的是心影轮廓的外侧缘。两者之间的不透射线影像是心包脂肪。前纵隔和后纵隔反褶内也有大量脂肪（黑色无尾箭头）。在图 B 中，心脏腹侧、横膈和胸骨之间可见脂肪不透射线区域。脂肪不透射线区域沿心脏头侧延伸，这是由于脂肪位于心包囊腹侧

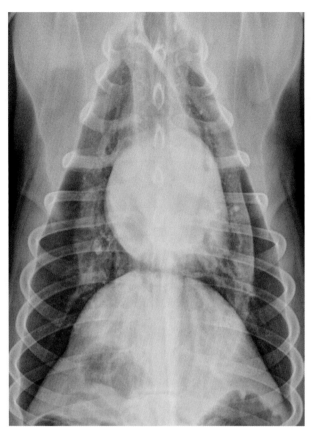

图 6-69　3 岁杜宾犬的背腹位片。深胸犬的心脏位置更偏背腹侧，因此在背腹位片中，心脏看起来更圆

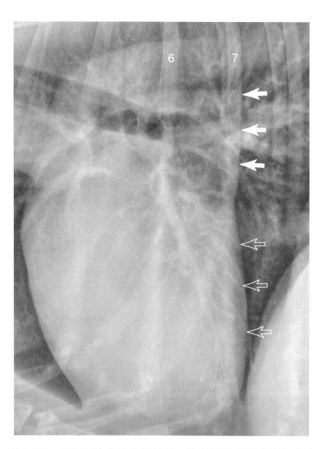

图 6-70　8 岁混种犬的左侧位片。第七肋骨后缘（白色实心箭头）与心脏后缘（白色空心箭头）相邻，造成左心房增大的假象

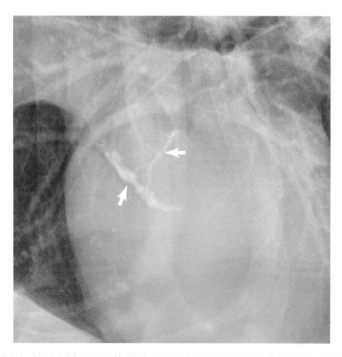

图 6-71　11 岁灵猩犬的左侧位片。与肺血管无关的线状矿化重叠在主动脉球区域（白色实心箭头）。这可能是特发性主动脉球/根部矿化。这通常与内分泌疾病无关，且患病动物无临床症状。矿化通常在心影头背侧区域，第四肋间隙

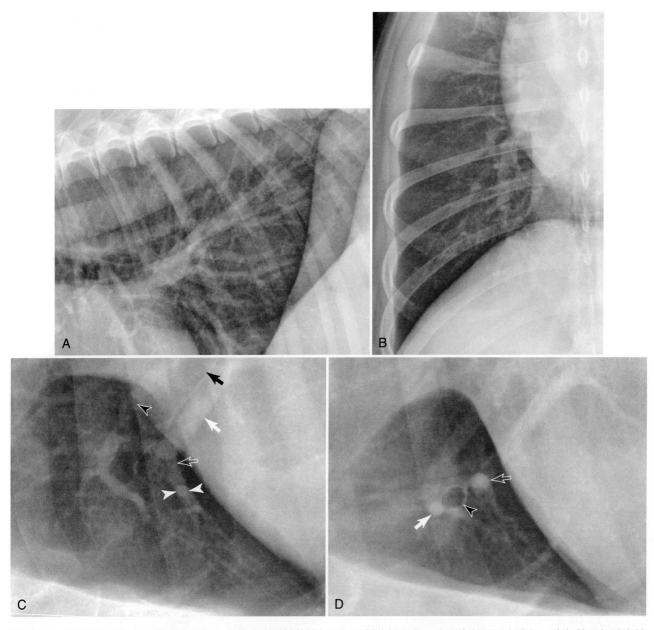

图6-72　正常肺实质。肺血管是由肺门发出的分支样管状软组织不透射线性影像。它们向外周逐渐变细。支气管是与肺血管相邻的空心薄壁管状结构。靠近肺门的支气管较大，更容易辨认。随着年龄的增长支气管逐渐矿化，这在X线片上很明显。A，7岁灵缇犬的左侧位片。B，11岁德国牧羊犬的腹背位片。C，12岁西伯利亚哈士奇的左侧位片，以前叶肺血管为中心。白色实心箭头指示的是右前叶肺静脉腹侧缘。白色空心箭头指示的是右前叶肺静脉分支。白色实心无尾箭头勾勒出一个圆形结构，它重叠在右前叶肺静脉分支上。这个圆形结构为从该血管发出的另一个分支的横截面投影。与其他肺血管相比，该血管的不透射线性明显增加，这是因为该血管横截面在垂直平面上有深度，导致X线衰减度增加，也就是说，这个结构实际上是圆柱形的，而不是球形的结节。这种情况很常见，血管断端不应与肺结节混淆。黑色实心箭头指示的是右前叶支气管的腹侧壁。黑色无尾箭头指示的是右前叶肺动脉的腹侧缘。D，10岁混种犬的左侧位片，投照中心为头腹侧胸腔。右前叶肺动脉、支气管和右前叶肺静脉方向改变，使其断端与X线束垂直。白色空心箭头指示的是肺静脉，白色实心箭头指示的是肺动脉，黑色无尾箭头指示的是支气管

和脂肪重叠导致的广泛性肺不透射线性增加，容易误诊为间质性肺病。前肢截肢的患病动物是一个很好的例子。截肢后同侧肺部透射线性增加，这是由于软组织重叠减少，以及被截肢本身及剩余软组织的失用性萎缩。重叠软组织量的减少导致两侧肺部不透射线性出现差异。非截肢侧的肺由于不透射线性更高而可能被误读为病变（图 6-73）。

正常胸内结构的重叠影像会被误认为肺实质疾病，尤其容易被误诊为肺结节。一种常见的情况是肺血管重叠在肋骨上时，会形成非常明显的不透射线区域，被误认为肺结节（图 6-74）。此外，胸外结构（特别是乳头、皮肤肿块甚至外寄生虫）可能被误判为实质结节（图 6-75）。这些异常点需通过另一张与其相正交的 X 线片、详细的临床检查进行完整的评估，在某些情况下，可用不透射线物质标记可能被误认为肺结节的体壁结构（图 6-76）。

肺血管断端常被误认为肺结节。幸运的是，通常很容易区分血管断端和肺结节。首先，肺血管断端的直径通常小于可识别的单个肺结节直径。假设在理想的患病动物和技术因素下，可以在 X 线片上

看到直径为 2 ~ 3 mm 的肺血管断端。然而，直径小于 3 ~ 5 mm 的孤立软组织结节由于不能吸收足够量的 X 线，通常不可见。虽然肺血管断端的直径较小，但因为它们呈圆柱形，其横断面有深度，这个深度吸收了足够的 X 线，使其可视化。其次，肺血管断端通常有一个尾部，表现为相邻的不透射线性曲线影像，这是因为部分血管方向改变，X 线从侧面进入，而不是从断端方向进入（图 6-77）。最后，由于肺血管与气道之间的关系，肺血管断端常与支气管断端相邻（图 6-72C、D）。

叶间裂隙线一词用于描述相邻肺叶之间的不透射线性区域。叶间裂隙线在正常动物中通常不明显，但当胸膜腔液在肺叶间流动时，叶间裂隙线就会变得明显。在正常动物中偶尔可见反映两个相邻肺叶间界面的细的不透射线性线（图 6-78）。没有胸膜腔积液时，轻度的胸膜纤维化也会使这一边界显影，这可能是一种与年龄相关的改变。

在健康的动物中，右前叶和右中叶之间偶尔会出现不透射线性增加的线状影像。这是纵隔反褶中冗余的脂肪（图 6-79），如果单独存在，不应与胸膜腔

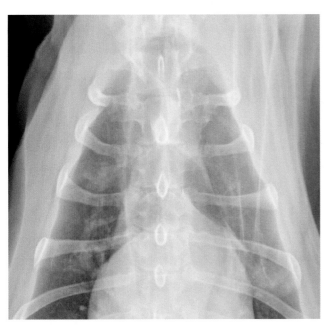

图 6-73 9 岁拉布拉多寻回犬的腹背位片。右前肢已截肢。由于没有前肢重叠并继发了肌肉萎缩，右边前腹侧肺不透射线性相对减少

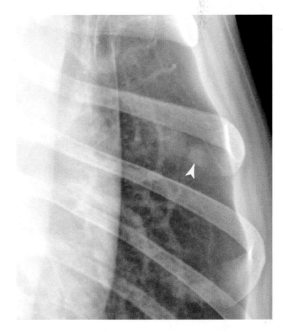

图 6-74 8 岁德国牧羊犬的腹背位片。肋软骨交界处可见一不透射线性增加的病灶（白色实心无尾箭头）。病灶形态似肺结节，但实为肋软骨交界处矿化和重塑所致。这种征象很常见

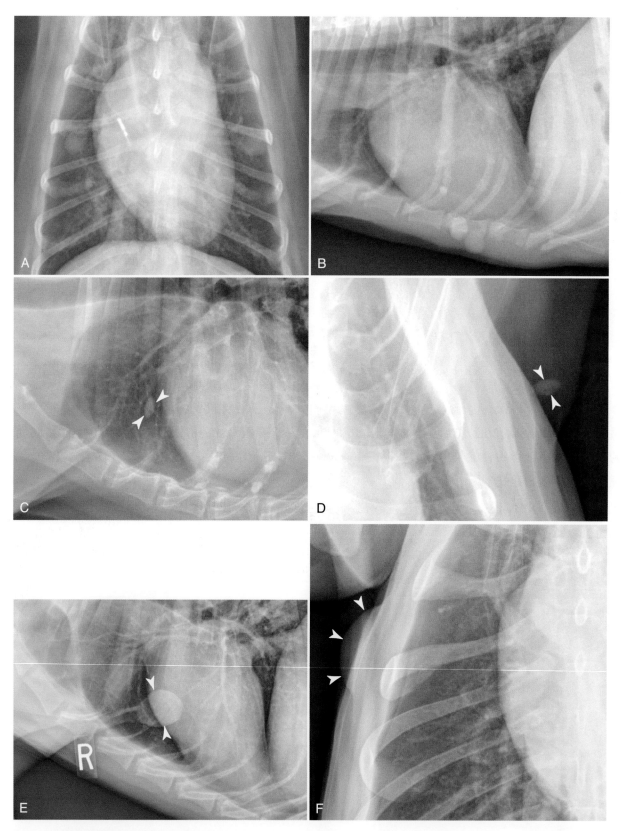

图 6-75   14岁比熊的腹背位片（A）和左侧位片（B）。在心脏中段水平，可见左、右侧肺野上各有一个边缘清晰的软组织不透射线性结构，为肿大的乳头。乳头在左侧位片（B）上很明显为胸腔外下垂的软组织不透射线性区域。在腹背位片中，芯片重叠于右半侧胸腔上。11岁澳大利亚牧牛犬的右侧位片（C）和腹背位片（D）。在侧位片上，边缘清晰的软组织不透射线性结构（由白色无尾箭头标示）重叠于前叶腹侧，紧邻心脏头侧，位于前叶血管的腹侧。在图D中，一结节明显位于左侧胸壁（白色无尾箭头）。临床检查证实有一只吸血蜱。6岁大丹犬的右侧位片（E）和腹背位片（F）。一个大软组织结节重叠于心影的头腹侧区。在右侧位片中，团块轮廓清晰，看起来位于胸腔内（白色无尾箭头）。然而，在腹背位片中，团块很明显位于右侧胸壁上（白色无尾箭头）

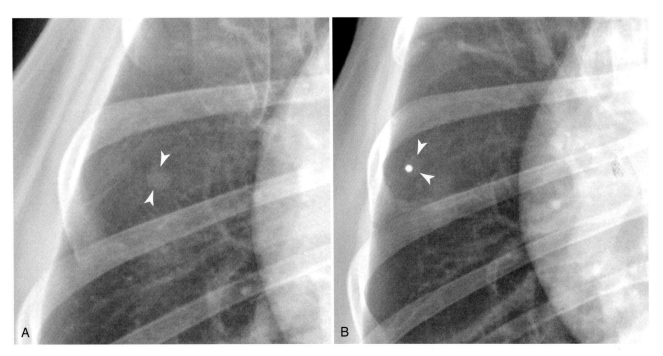

图 6-76　A，13 岁混种犬的腹背位片。右侧第五肋间隙可见一软组织结节（白色无尾箭头）。一个重要的鉴别诊断是肺转移性疾病。侧位片中没有发现此病灶，临床检查发现了一个皮肤小结节。在此结节上放置一个小的不透射线的珠子，再对患病动物重新拍摄 X 线片（B）。在 X 线片上看到的局灶性不透射线性增加区域，被证实为皮肤结节

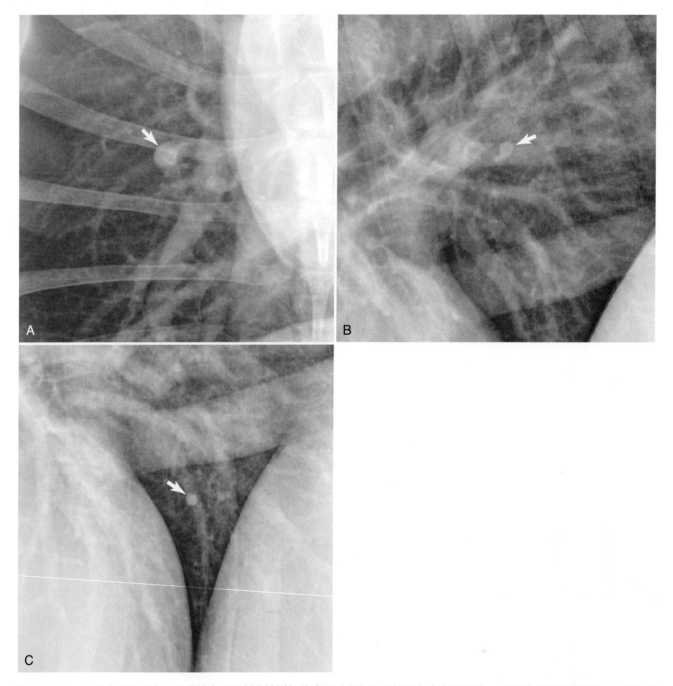

图 6-77 A，9 岁金毛寻回犬。X 线片中不透射线性增加的病灶（白色实心箭头）为血管断端。肺血管断端深度增加，X 线从断面射入时衰减增加，不透射线性随之增加。此外，肺血管断端有一个"尾巴"，这是由血管的邻近部分侧面成像所致。这些表现有助于区分肺血管断端和肺的小结节。不透射线性增加的尾巴很明显。B，6 岁大丹犬。血管断端与肋骨和血管重叠（白色实心箭头）。重叠的肋骨增加了不透射线性，使血管更加明显。图 C 与图 B 是同一患病动物，血管断端（白色实心箭头）和尾巴更加明显

积液相关的叶间裂隙线混淆。当 X 线方向平行于肺的边界时，正常的叶间裂隙线显影。这在右中叶和右后叶的交界处常见，在侧位片上，显示为重叠于心脏后缘的一条软组织不透射线性曲线影像（图 6-80）。

肺骨化生，也称为肺异位骨或肺骨瘤，是一种常见于正常动物的良性衰老变化。I 型肺泡细胞可产生类骨质，在一些犬中表现为肺实质内散在小的、点状的矿化灶。这种异常可以发生在任何品种中，最常见于柯利牧羊犬。这些良性矿化点不能与肿瘤转移混淆。矿化点通常比相同大小的血管更不透射线，比类似大小的软组织结节更明显（图 6-81）。由于其矿化特性，即使其很小，可能在 1 mm 或 2 mm 的范围内，也能被发现。而肺的软组织结节必须达到 3 ~ 5 mm 才能在 X 线片中显影。

与中头犬和短头犬品种相比，长头犬的胸腔更高、更窄。这会导致胸骨与心脏接触面减少。当肺部通气良好时，在侧位片中，心脏腹侧和胸骨之间可能有肺脏。透射线的肺和偏背侧的心脏常被误认为气胸（图 6-82）。相反，在侧位片中，肺脏未延

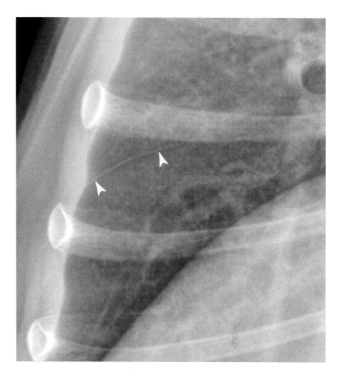

图 6-78 12 岁混种犬的背腹位片。胸部右尾外侧可见一条不透射线的细线（白色无尾箭头）。这是一条叶间裂隙线，为右中叶尾侧和右后叶头侧的交界。正常动物常见细的胸膜裂隙线。其显影可能是轻度胸膜增厚或 X 线与裂隙线平行的结果。肺叶间的分离与胸膜腔积液有关，这是一个重要的鉴别诊断

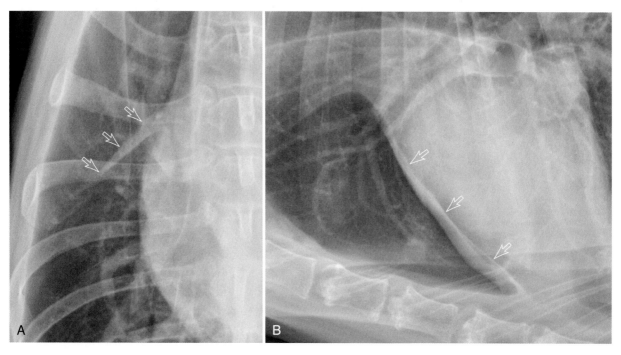

图 6-79 10 岁混种犬的腹背位片（A）和右侧位片（B）。白色空心箭头指示的不透射线性增加的曲线是由右前叶和中叶之间的脂肪构成的，位于冗余的纵隔反褶内。在右侧位片中，脂肪的轮廓与心脏前缘相接。不应与胸腔积液或右中叶塌陷混淆

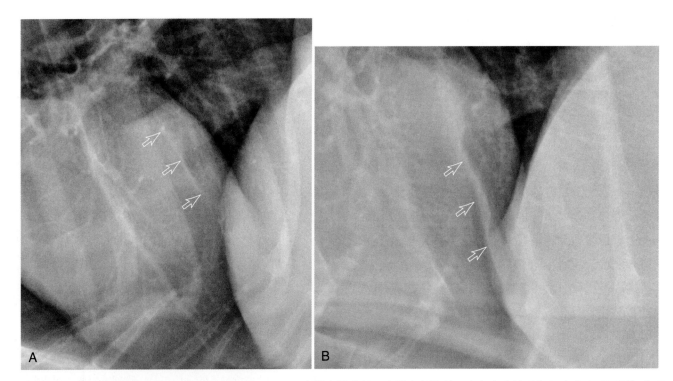

图 6-80 A，12 岁西伯利亚哈士奇的左侧位片。B，10 岁拉布拉多寻回犬的左侧位片。白色空心箭头指示出右中叶尾侧与右后叶头侧之间的裂隙线。常见于左侧位片中，尤其是肺通气不良时。这条裂隙线不应与胸腔积液混淆。它之所以在 X 线片上显影，是由于 X 线束直射入肺叶后缘。在 X 线片的腹侧可见明显的腋下皮肤褶皱

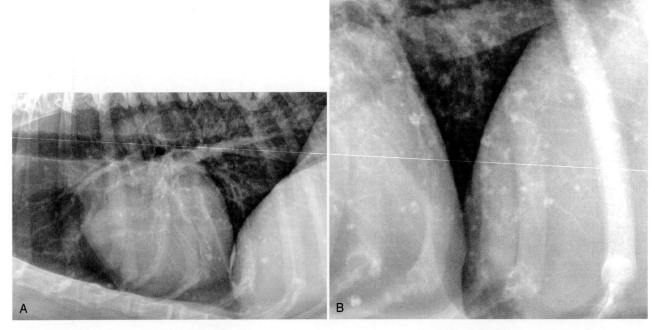

图 6-81 肺骨化生的 11 岁大白熊犬的左侧位片（A）和放大后的 X 线片（B），所有肺叶中可见多发性点状不透射线性增加。与大小相似的肺血管相比，肺骨化生的影像更小、不透射线性更高。肺骨化生在老年患病动物中很常见，特别是柯利牧羊犬品种。心脏后缘处线状软组织不透射线性区域，很可能是右中叶尾侧和右后叶头侧的边界，因为 X 线束射入肺叶后缘。在图 A 中患病动物脊柱退行性变化表现为终板硬化、椎间隙狭窄和腹侧椎关节强直。在图 A 中食管腹侧缘显影

伸到胸腔腹侧缘是正常的，特别是在深胸的运动型患病动物中。这有时候会被误认为胸膜腔积液（图6-83）。

与年轻犬相比，老年犬通常有更明显的支气管纹理。支气管纹理增加的相对意义必须结合临床症状判读（图6-84）。通常，这种支气管显影明显是由于支气管壁轻度矿化，这可能是慢性轻度气道炎症的结果，不引起临床症状。

猫的支气管纹理通常比犬的少。在猫身上出现的支气管纹理（在犬身上被认为是正常的），通常表明存在气道相关疾病（图6-85）。

横膈

横膈是胸腔和腹腔之间的肌腱膈膜。在X线片

中，包括一个腹侧膈顶和两个背侧膈脚（图6-11A、B，图6-17A、B，图6-18）。如前所述，横膈的位置受卧姿和呼吸阶段影响。就如之前讨论的，在DV位片中，膈顶通常位于更头侧且形状更圆，这导致其与心脏接触面积增加，心脏随之移位（图6-22A、B）。相对于DV位片，VD位片中的膈脚更明显（图6-25）。

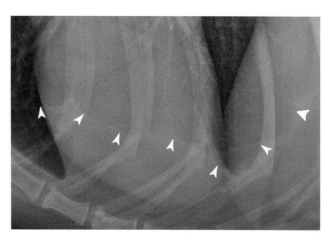

图6-83　8岁苏俄猎狼犬的右侧位片。白色无尾箭头指示的是左腹侧肺边缘。这种"扇形"肺边缘可能被误认为与胸膜腔积液相关

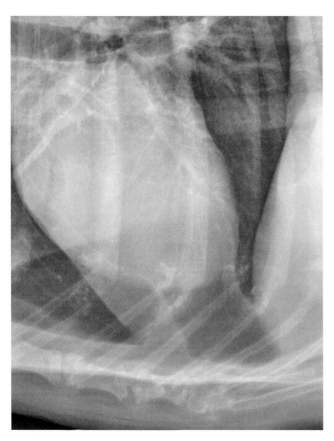

图6-82　12岁金毛寻回犬的左侧位片。心脏远离胸骨向背侧移位，气胸是其一个重要的鉴别诊断。然而，肺纹理延伸到胸腔外周，心脏腹侧的不透射线性介于气体和软组织（即脂肪）之间。该患病动物没有气胸，这种变化是其体型的一种表现

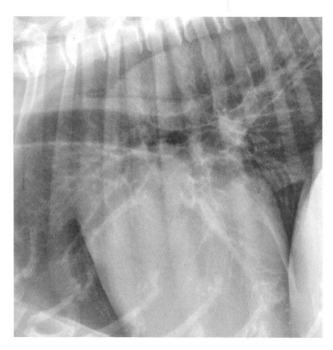

图6-84　12岁混种犬的侧位片。其支气管纹理明显，这在老年患病动物中很常见。当支气管壁矿化时，在肺血管旁可见细线状的支气管壁影像。其临床意义必须与临床症状相结合。这种变化在老年无症状患病动物中很常见

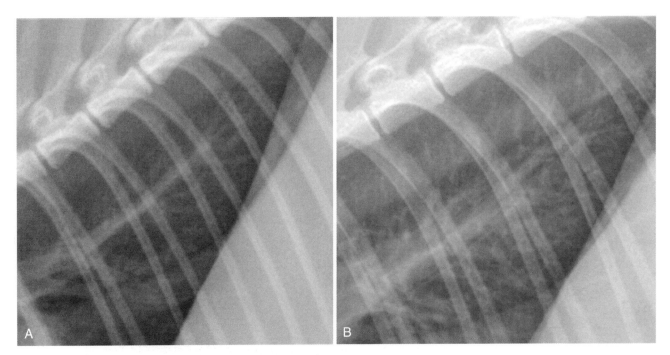

图 6-85 正常 1 岁（A）和正常 7 岁（B）家养短毛猫的侧位片。猫的支气管纹理和间质纹理比犬的少。猫的支气管纹理增加通常与呼吸系统疾病有关。总的来说，年轻猫（A）通常比老年猫（B）有更少的支气管纹理，原因和犬一样，但这种变化不太常见且不明显

横膈有三个正常开口，都称为裂孔。背侧为主动脉裂孔，为主动脉和主动脉旁血管进入腹膜后间隙的通道；食管裂孔，为食管和迷走神经的通道，以及腔静脉裂孔，为后腔静脉从腹部进入右心房的通道。膈脚向背侧延伸，与中部腰椎椎体相连。横膈的位置受肺部通气或过度通气影响。通常情况下，肺叶尾背侧缘从 T11 延伸至 T12，但这取决于患病动物的体型和肺通气量。与犬相比，猫的肺叶尾背侧缘通常更靠腹侧（图 6-86），有时室外猫比室内猫更明显。这可能与运动猫的轴下肌肉量增加有关，不应与胸腔积液混淆。

横膈轻度不对称是常见的正常变异，在 VD 位片上最明显（图 6-87）。在没有动态成像的情况下无法确定这种不对称是否有意义，虽然横膈麻痹不常见，但也可能出现类似的变化。

偶见滑动性食管裂孔疝，表现为胸腔尾背侧中央处边界不清晰的团块效应，在食管裂孔水平与膈影重叠。食管裂孔疝，通常无明显临床症状，更常见于左侧位片，这可能是由躺卧侧的腹部压迫胃造成机械压力升高引起的。裂孔疝可能与肺部肿物或

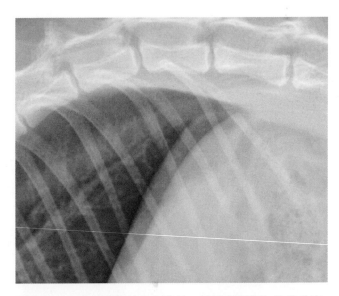

图 6-86 9 岁混种猫的右侧位片。肺尾背侧缘与胸椎分离。这是猫常见的变化。这和猫轴下肌肉量较多有关。不应与胸膜腔积液混淆。肺叶的尾背侧缘通常位于 T12 或 T13-L1 水平，这取决于患病动物的体型和肺通气程度

纵隔肿物混淆。通常情况下，三个体位的胸片不一定能诊断食管裂孔疝（图 6-88）。在某些情况下，可能需要使用特殊的影像学检查，如食管或胃钡餐造影或计算机断层扫描成像，以做出明确诊断。

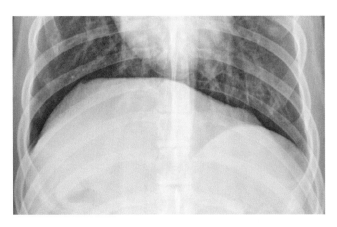

图 6-87 8 岁罗德西亚脊背犬的腹背位片。横膈不对称，右膈脚比左膈脚更靠前。轻度膈肌不对称在正常动物中很常见。重要的鉴别诊断是膈肌麻痹或同侧肺通气减少。由于腹内压力增加，腹部肿块也可能引起横膈向头侧移位

横膈膨出的特征是膈肌或肌腱部分的局部功能不全，而不是完全断裂。这可能是先天性的或获得性的（如创伤、不完全性撕裂），或与局部神经功能障碍有关。横膈缺损导致受影响的横膈部分比正常的更靠头侧，其外观通常随患病动物体位而改变。该异常通常是局灶性的，会被人误认为胸腔尾侧团块或横膈团块（图 6-89）。与食管裂孔疝一样，可能需要进行其他的影像学检查（如超声或 CT），以做出正确的诊断。

有时，胸腔尾腹侧处后腔静脉腹侧不透射线性增加，其背侧缘有一个相对清晰的线性边界，几乎与后腔静脉腹侧缘平行。这不是胸膜裂隙线，而是间

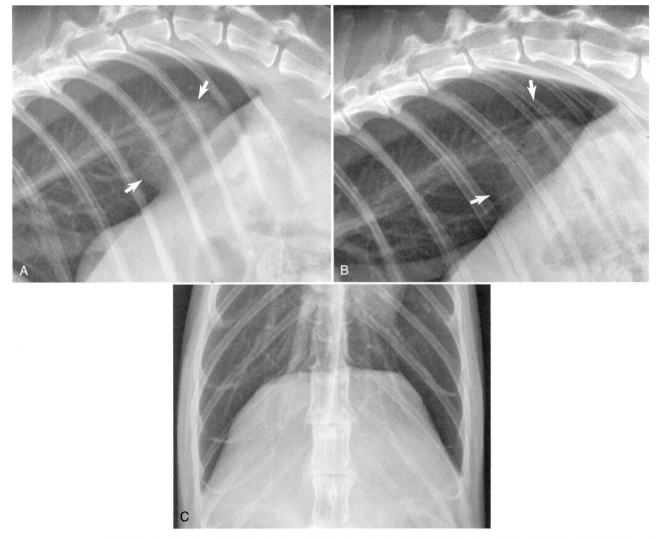

图 6-88 6 岁暹罗猫的左侧位片（A）、右侧位片（B）和腹背位片（C）。食管裂孔水平（图 A 和图 B 中的白色实心箭头）可见一边界不清的软组织团块位于胸腔尾背侧，重叠于横膈前缘（图 A 和图 B 中白色实心箭头）。在腹背位片中，团块不明显。这被证实是一个无症状的滑动性食管裂孔疝。这种发现很容易与肺或纵隔团块混淆

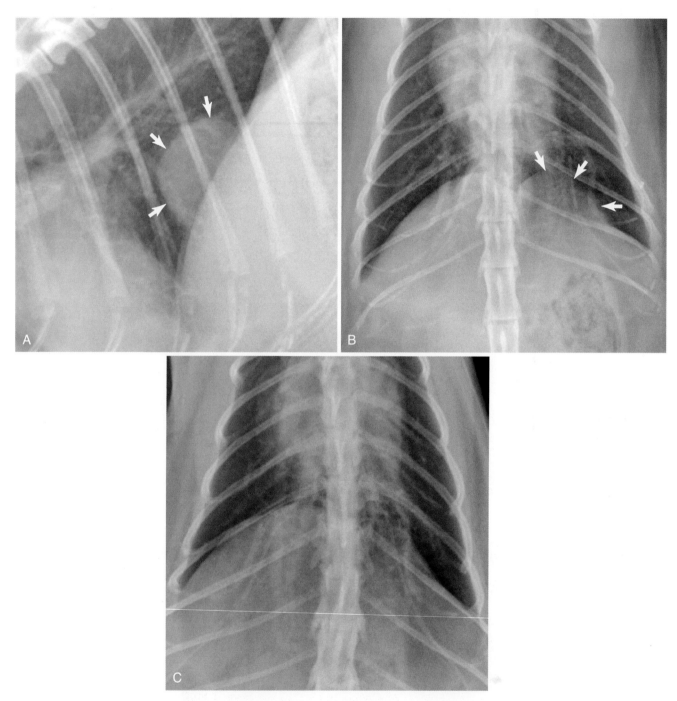

图 6-89　11 岁家养短毛猫的右侧位片（A）、腹背位片（B）和背腹位片（C）。在侧位片中，有一局灶性隆起或团块效应，从横膈左侧延伸至胸腔（白色实心箭头）。腹背位片上对应为左膈脚隆起（白色实心箭头）。在背腹位片上（C）不明显，可能是因为体位改变导致对膈的压力减少，引起膨出动态性消失。其他影像学证实这是偶然发现的横膈膨出。与之相关的重要鉴别诊断是位于肺尾侧的团块或横膈团块

皮遗迹，是由胸腔与腹腔之间胚胎分裂时期闭合失败引起的。根据其开放程度，它可以为腹部器官迁移到腹膜囊提供通道，如腹膜心包横膈疝（图 6-90）。胸骨，尤其是剑突，数量的减少可伴随这种异常。

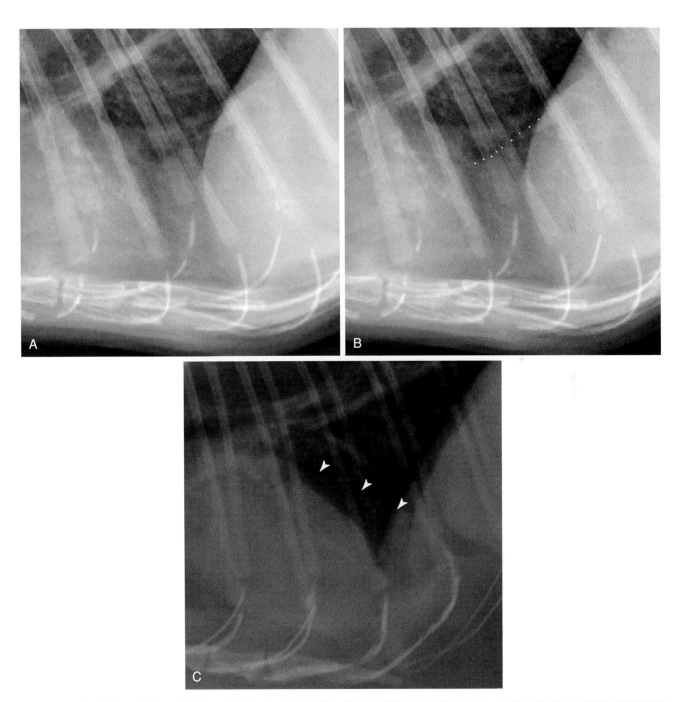

图 6-90　9 岁家养长毛猫的左侧位片。在图 A 中，心脏后缘与横膈头侧的不透射线性增加。此不透射线性的区域背侧缘在图 B 中用白色虚线标示。这代表了间皮遗迹的背侧缘。C，6 岁家养短毛猫的右侧位片。白色无尾箭头描绘了心影轮廓后缘与膈顶之间的脂肪不透射线性影像的背侧缘，这与间皮遗迹表现一致。胸骨数量可能减少，尤其是剑突缺失，会伴有这种异常，但这些患病动物没有出现这种情况

参考文献

[1] Thrall D. Introduction to radiographic interpretation. In: Thrall D, ed. Textbook of Veterinary Diagnostic Radiology. 7th ed. Philadelphia: Elsevier; 2018.

[2] Losonsky J, Thrall D, Lewis R. Thoracic radiographic abnormalities in 200 dogs with spontaneous heartworm disease. Vet Radiol Ultrasound. 1983;24:120.

[3] Ruehl Jr W, Thrall D. The effect of dorsal versus ventral recumbency on the radiographic appearance of the canine thorax. Vet Radiol Ultrasound. 1981;22:10–16.

[4] Carlisle C, Thrall D. A comparison of normal feline thoracic radiographs made in dorsal versus ventral recumbency. Vet Radiol Ultrasound. 1982;23:3–9.

[5] Oui H, Oh J, Keh S, et al. Measurements of the pulmonary vasculature on thoracic radiographs in healthy dogs compared to dogs with mitral regurgitation. Vet Radiol Ultrasound. 2015; 56:251–256.

[6] Thrall D. Radiology corner: misidentification of a skin fold as pneumothorax. Vet Radiol Ultrasound. 1993;34:242–243.

[7] Schummer A, Nickel R, Sack W. Viscera of Domestic Animals. 2nd ed. New York: Springer Verlag; 1985.

[8] Lehmukhl L, Bonagura J, Biller D, et al. Radiographic evaluation of caudal vena cava size in dogs. Vet Radiol Ultrasound. 1997;38:94–100.

[9] Harvey C, Fink E. Tracheal diameter: analysis of radiographic measurements in brachycephalic and non-brachycephalic dogs. J Am Anim Hosp Assoc. 1982;18:570–576.

[10] Suter P, Colgrove D, Ewing G. Congenital hypoplasia of the canine trachea. J Am Anim Hosp Assoc. 1972;8:120–127.

[11] Buchanan J, Bucheler H. Vertebral scale system to measure canine heart size in radiographs. J Am Vet Med Assoc. 1995; 206:194–199.

[12] Douglass J, Berry C, Thrall D, et al. Radiographic features of aortic bulb/valve mineralization in 20 dogs. Vet Radiol Ultrasound. 2003;44:20–27.

腹　　部

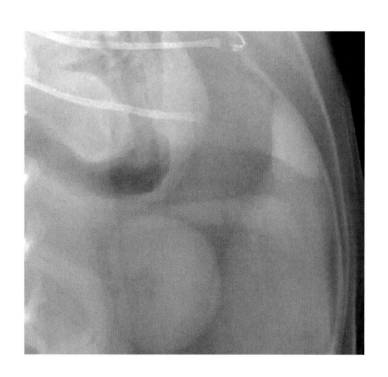

腹部的标准影像学检查应包括左、右侧位片和腹背位片（VD）。很少拍摄腹部的背腹位片（DV），因为后肢会压迫后腹部导致变形。腹部 X 线检查应在非禁食或未灌肠状态下进行。这样，图像才能呈现胃肠道的自然状态，这对诊断很重要。本章中所有影像学检查的图像中的动物均无特殊准备。

胃肠道的某些部分通常存在气体，气体分布对于正确的判读至关重要。对于所有患病动物，除了拍摄腹背位片之外，还建议拍摄腹部左侧位片和右侧位片，因为气体在左、右侧位片中的分布会有所不同，可以提供重要的诊断信息。换句话说，气体如同一种内源性造影剂*。

通常情况下，在拍摄侧位片和腹背位片时，向尾侧牵拉后肢会导致皮肤褶皱，从而产生线性影像，干扰评估后腹部。在拍摄腹背位片时，推荐屈曲后肢，这样不会牵拉后腹部腹壁，使其处于更放松状态，更加向外扩，减少拥挤（图 7-1）。在侧位片中，股骨应近似垂直于腰椎。向尾侧牵拉股骨会挤压后腹部，向头侧推股骨会使其与腹部重叠。

为了理解本章中使用的术语，需要对解剖学进行简要回顾[1]。腹部是躯干的一部分，从横膈延伸到骨盆。腹部包含腹腔，腹腔向尾部延伸进入骨盆，在那里被称为骨盆腔。腹腔和骨盆腔内衬壁腹膜。腹腔内的器官被壁腹膜反折覆盖，称为脏腹膜，这些器官称为腹膜内器官。因此，从严格的定义来看，"腹膜内"一词仅指被脏腹膜覆盖的器官（图 7-2）。

壁腹膜和脏腹膜之间的空间是腹膜腔（图 7-2）。正常情况下，腹膜腔里仅有少量液体充当润滑剂。壁腹膜和脊柱之间的间隙称为腹膜后间隙。腹膜后间隙中的器官，如肾上腺、肾、输尿管和腰下淋巴结，仅部分被壁腹膜覆盖，被称为腹膜后器官（图 7-2）。

---

* 造影剂是一种改变结构或液体不透射线度的物质。这通常会增加结构或液体与周围组织之间的对比度，使一些结构更明显。例如，将不透射线性的液体注入膀胱，使膀胱壁变得可见。大多数造影剂都是外源性的，可以通过肠外或静脉注射。然而，肠道中的气体可以用作内源性造影剂，因为它会随着身体位置的变化而改变位置。这将改变胃肠道不同部分的对比度，可能有助于诊断。

是否能在 X 线片上看到腹部器官边缘需要相邻组织具有不同的对比度（即具有不同不透射线性）。由于脂肪具有较低的物理密度和较低的有效原子序数，它比软组织的透射线性略高，因此脂肪填充有助于看到腹部器官边缘（图 7-3）。在 X 线片上，由相邻脂肪衬托下的腹部器官边缘称为浆膜边缘。腹腔内有大量正常脂肪蓄积，包括肠系膜、大网膜、腹膜后间隙和镰状韧带的脂肪。肠系膜和大网膜中的脂肪在腹膜内，而腹膜后间隙和镰状韧带中的脂肪在腹膜外。一个误解是镰状韧带中的脂肪是腹膜内的。然而，镰状韧带由胃系膜腹侧的两层构成，因此位于腹膜外[2]。

腹腔内所有脂肪的不透射线性应该是相似的。然而，如果腹膜内脂肪（如大网膜或肠系膜），以及腹膜外脂肪（如腹膜后间隙或镰状韧带）之间的不透射线性产生差异，可能提示存在腹膜内和腹膜外疾病，如积液或炎症[3]。

消瘦的动物会出现腹腔内脂肪量减少，导致对比度降低，无法清楚地看见腹部器官浆膜边缘，从而出现边界消失（图 7-4）。除了消瘦动物外，非常年轻的动物腹部脂肪量也较少（图 7-5）。此外，据推测，年轻动物的腹内脂肪可能比成年动物含有更多水分，由此增加了其不透射线性并进一步降低了对比度[4]。

猫，尤其是超重的猫，会在腹腔内蓄积大量脂肪，尤其是在腹膜后间隙和镰状韧带（图 7-6 和图 7-7）。镰状韧带中的脂肪会在腹腔的头腹侧产生显著的团块效应，有时会被缺乏经验的判读者误认为腹膜腔积液。然而，根据影像学不透射线性的基本原则，这不是液体，否则肝脏边缘会消失和浆膜细节会丢失（图 7-6）。

虽然脂肪使腹部器官边缘更加清晰，但腹部器官内部的不透射线性与其构成有关。大多数腹部器官为软组织不透射线性，但胃肠道腔内通常含有矿化碎片、骨碎片和（或）气体。

肝脏

肝脏位于腹腔的头侧，横膈和胃之间。大多数 X

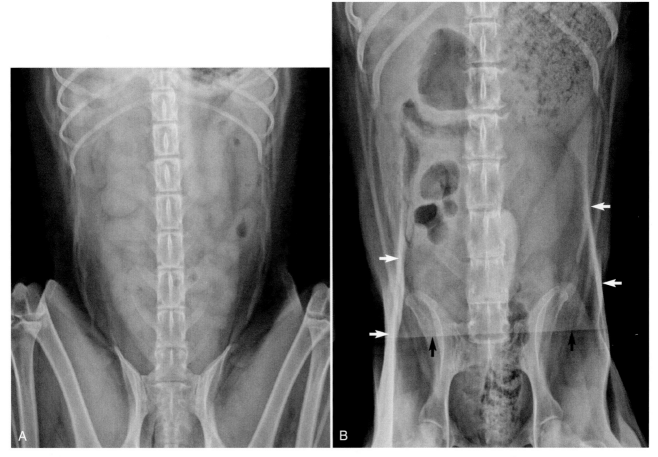

图 7-1 两只犬的腹背位片。在图 A 中，屈曲的后肢使后腹部肌肉放松和后腹部更大程度地扩展。在图 B 中，后肢被拉向尾侧，形成皮肤褶皱（白色实心箭头），形成覆盖在上面的伪影，而后腹部较窄，也更拥挤。同样在图 B 中，"U"形槽的边缘产生了线性影像（黑色实心箭头），这也会干扰诊断。摆位辅助工具的边缘不应包含在主要投射范围中

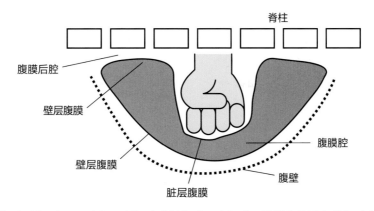

图 7-2 腹膜层解剖示意图。我们可以把腹膜想象成一个气球。黏附在腹壁上的气球表面是壁腹膜。在胚胎发育过程中，我们也可以想象腹部器官在气球外发育，但随着它们的增大推进腹部，取代它们前面的一层气球——就像这幅图中的拳头一样。覆盖腹部器官的腹膜层是脏腹膜。气球的内部，或脏腹膜和壁腹膜之间的空间，是腹膜腔。壁腹膜紧贴腹壁，脏腹膜扩展接触壁腹膜，腹膜腔内只有少量液体。壁腹膜和脊柱之间的空间是腹膜后腔

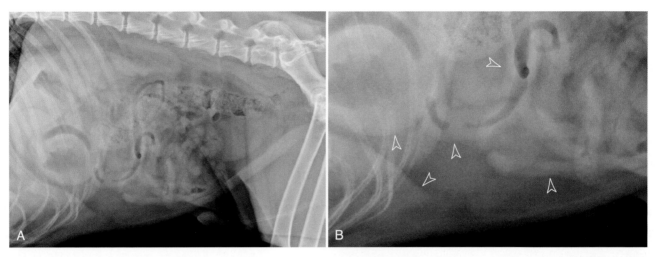

图7-3   6岁拉布拉多寻回犬的侧位片（A），以及腹部X线片的头腹侧放大图（B）。各器官可见。脂肪为辨认器官边缘提供对比，也称为浆膜边缘（图B中的白色空心无尾箭头）

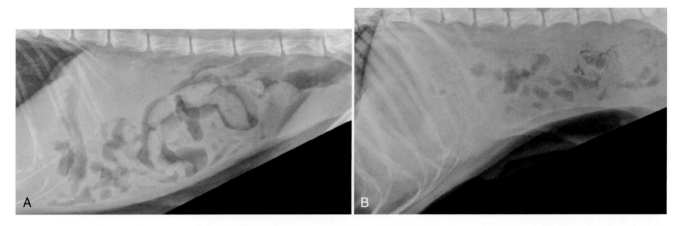

图7-4   16岁家猫（A）和2岁巴辛吉犬（B）的侧位片。动物腹部器官浆膜边缘不清，是由于消瘦导致腹膜内、外的脂肪缺失，从而无法产生对比。腹部脂肪缺乏会影响腹部的影像学评估

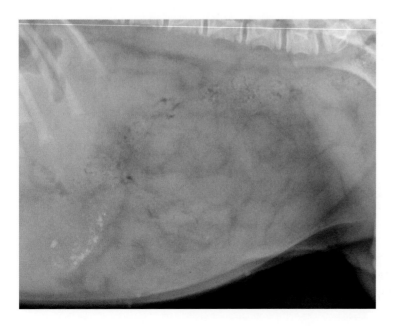

图7-5   11周龄金毛寻回犬的侧位片。由于腹部脂肪相对缺乏，浆膜边缘的可见度降低，这在幼龄动物中常见。然而，边缘清晰度优于消瘦的动物（与图7-4比较）

线片可见的肝脏位于中线右侧（图 7-8）。肝脏通常应具有均匀的软组织不透射线性，边缘锐利而不是钝圆的。

犬和猫的正常肝脏大小存在个体差异，使得对肝脏大小轻微变化的评估具有高度主观性。胃的位置是一个可以用作评估肝脏体积的标准。人们普遍认为，如果肝脏大小正常，则在侧位片中连接胃底

和幽门的线，称为胃轴，其范围介于垂直于脊柱或向尾侧倾斜（平行于肋间隙）之间（图 7-8A1）。如果胃轴位于该范围的头侧或尾侧，则通常考虑肝脏减小或增大。需要注意的是，胃轴的正常范围只起一个指导作用，在肝脏正常时，也可能会出现胃轴在正常范围之外的轻微偏差。

侧位片中另一个常用的肝脏体积的标准是肝脏是否延伸到肋弓之外，肋弓被定义为最后几根肋软骨的边缘。然而，肋弓并不是正常肝脏与肿大肝脏的精确分界点，正常肝脏也可以延伸到肋弓之外（图 7-9）。胃扩张挤压肝脏也会导致其腹侧向尾侧滑动超过肋弓（图 7-10）。

在腹背位片中，胃轴不用于评估肝脏大小。胃幽门部分的位置是另一个标准。在腹背位片中，随着肝脏增大，幽门向尾侧和中线移位。

评估猫肝脏大小的标准与犬相同。然而，猫的幽门通常比犬更位于中间，临近中轴线。因此，在猫腹部的腹背位片中，很少用幽门向中线偏移评估猫肝脏大小（图 7-11）。

胆囊位于方叶内侧和右内叶外侧之间，在肝脏的右头腹侧（图 7-12）。在大多数动物中，正常的胆囊在 X 线片上看不到，因为它和肝脏有同样的不透射线性。偶尔，尤其是在猫中，正常的胆囊可以延伸到肝脏的腹侧缘之外，形成一个凸起的软组织不

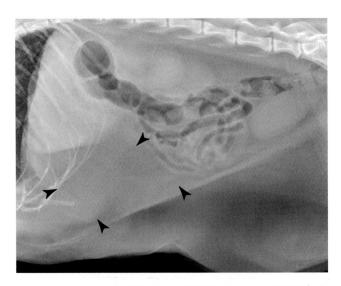

图 7-6　8 岁家猫的右侧位片。镰状韧带（黑色无尾箭头）中含有大量脂肪，导致肝脏背侧移位和小肠尾侧移位。这种脂肪有时会被缺乏经验的判读者误解为腹膜腔积液。然而，这不是液体，因为它的不透射线性低于邻近的软组织器官。液体也会导致肝脏和肠道的边界消失。这只猫的腹股沟区域和肾脏周围的腹膜后间隙也有大量脂肪

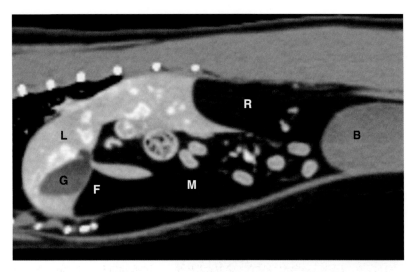

图 7-7　在正中矢状面偏右侧约 2 cm 处的猫腹部 CT 图像。镰状韧带（F）、肠系膜（M）和腹膜后间隙（R）中存在大量腹部脂肪。L，肝脏；G，胆囊；B，膀胱。由于在图像采集前已静脉注射碘造影剂，肝血管出现高衰减（白色）

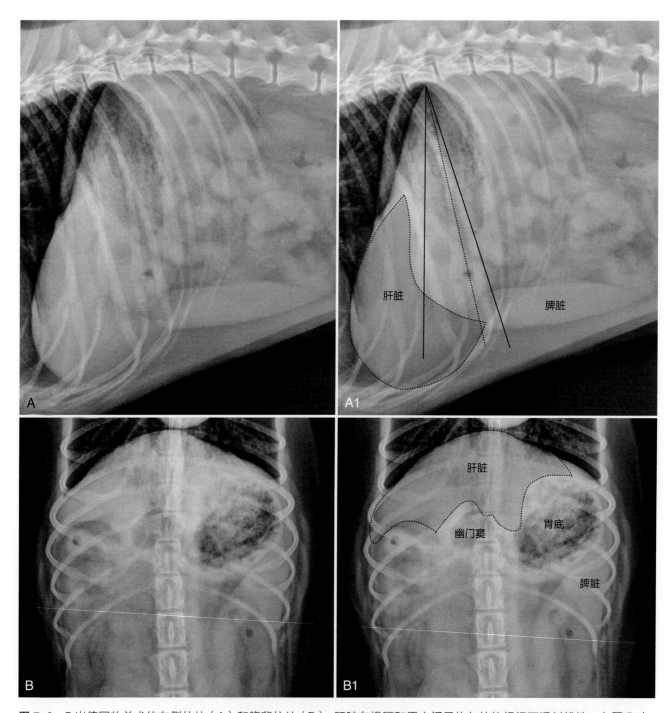

图 7-8 5岁德国牧羊犬的左侧位片（A）和腹背位片（B）。肝脏在横膈和胃之间呈均匀的软组织不透射线性。在图 B 中，注意大部分可见的肝脏位于中线右侧。图 A1 和图 B1 是标记后的 X 线片。在图 A1 中，实线代表胃轴位置的正常范围，它是连接胃底和幽门的虚拟线。虚线代表这只犬胃轴的大概位置。在图 A1 和图 B1 中，灰色阴影为肝脏的可见部分，该区域并不代表整个肝脏体积，因为一部分与胃重叠的肝脏是不可见的

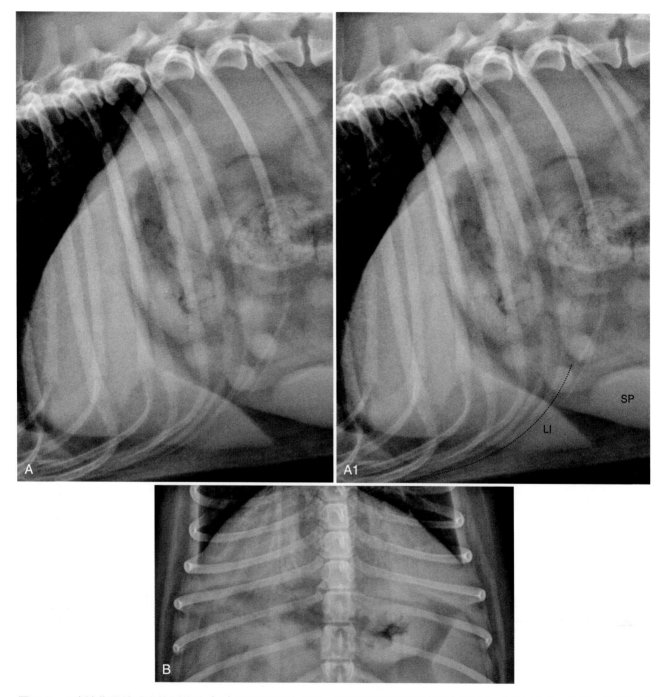

图7-9　4岁迷你雪纳瑞犬的侧位片（A）和腹背位片（B），以及相应的标记X线片（A1）。在图A1中，肋弓，肋软骨的尾侧界限，用虚线标出。该动物的肝脏虽然延伸到肋弓之外但也是正常的。它没有肝功能异常的临床症状或实验室检查异常，肝脏的超声检查也是正常的。肝脏在一定程度上超出肋弓不能被认定为肝脏肿大。LI，肝；SP，脾脏

透射线性影像（图7-13）。这是一个非特异性发现。

脾脏

脾脏的最大部分在左侧腹部。正常脾脏具有均匀的软组织不透射线性。脾脏的近端，通常被称为脾

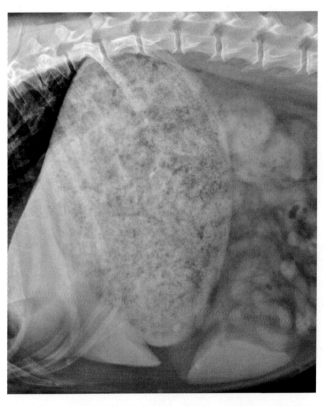

图7-10　9岁罗威纳犬的侧位片，显示一个明显充满食物的胃。肝脏稍微超出肋弓。这可能是由胃增大压迫导致的

头，靠近胃底，被胃脾韧带、胃短动静脉（与脾血管相通）松散地固定于胃底[5]。胃短动静脉在猫身上可能不太发达[6]。脾脏的远端，通常被称为脾尾，比近端更灵活，位置也更多变。

正常脾脏的大小是不同的，特别是在犬中，取决于个体差异、功能状态，以及是否使用镇静或麻醉。如果没有其他检查，如超声检查和（或）细胞学采样，通常无法确定X线片中脾脏增大是否具有临床意义。

犬的脾脏通常大小适中，在腹部侧位片和腹背位片上可见。猫的脾脏通常比犬的小，因此，正常猫的脾脏通常仅在腹背位片中可见，而在侧位片中不可见。有时，X线片上完全看不到正常猫的脾脏。如果在侧位片的腹侧可以看到猫的脾脏，通常会认为脾脏肿大。

重要的是要认识到，在任何一张单独X线片上都看不到完整的脾脏。正常脾脏呈三角形是源于X线束射入脾脏位置，在VD位片和侧位片中是不同的（图7-14）。脾脏的其他部分通常不可见（图7-14）。

在犬侧位片中，脾脏通常表现为腹部腹侧的三角形结构（图7-14和图7-15A、B）。这显示了脾尾的投影。偶尔，在侧位片上也可以看到脾脏从远端向外延伸的部分（图7-15A1、B1，白色箭头）。此外，在侧位片中，脾脏近端在胃底和肾脏之间呈一个边缘不清的团块。这取决于脾脏的相对大小（图7-15A1、B1）。需要进行其他影像学检查才能正确评估这种影

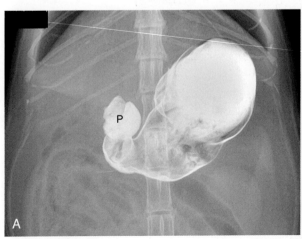
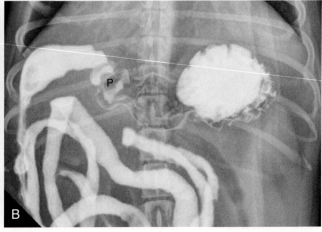

图7-11　12岁家猫（A）和7岁迷你雪纳瑞犬（B）的腹部X线片。胃中含有钡餐。注意猫的幽门（P）位于更靠中轴的位置。在图A和图B中，幽门窦较窄的区域是由于正常的蠕动

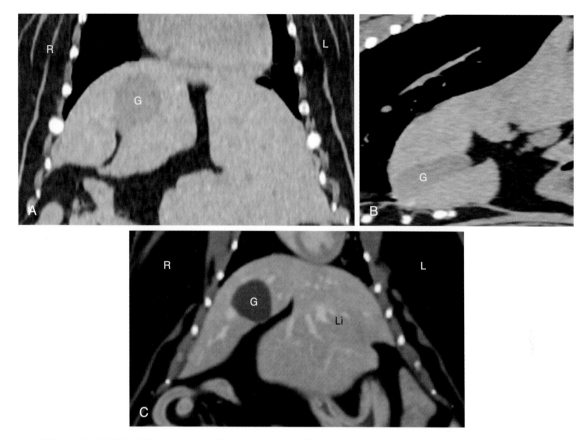

图 7-12　犬胆囊（G）水平的冠状面（A）和矢状面（B）CT 图像，以及猫胆囊水平的冠状面（C）CT 图像。犬在成像前未静脉注射造影剂，而猫注射了。胆囊（G）位于腹部右侧。由于造影剂的原因，猫的肝脏血管和实质呈现更高衰减。即使没有造影剂，由于 CT 固有的对比分辨率，正常胆囊在 CT 图像上与正常肝脏相比也呈稍低衰减。L，左侧；Li，肝脏；R，右侧

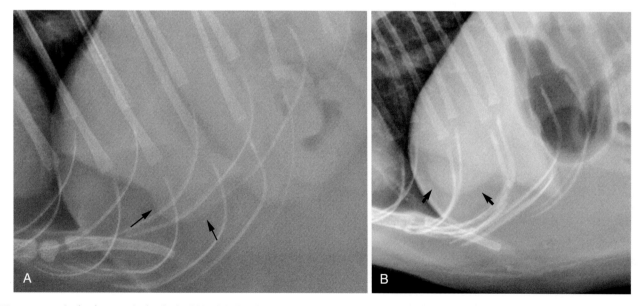

图 7-13　5 岁（A）和 4 岁（B）家猫的侧位片。每张 X 线片上都有一个凸出的不透射线性影像延伸到肝脏腹侧缘之外，符合胆囊影像（黑色实心箭头）。这可能是一个正常的变异，无证据表明与胆道疾病相关

像，因为该区域的异常肿物也会在侧位片中出现同样的不透射线影像。

　　在犬侧位片中，脾远端是可移动的，有时可以非常靠头侧，形成一个三角形到椭圆形的不透射线性区域，可能被误认为一片肝叶（图 7-16）。在这种情况下，正确区分脾脏和肝脏的关键在于这个不透射线性影像头侧的位置。如果没有延伸到幽门，更有可能是脾脏，其和肝脏之间通常会有一层脂肪的

不透射线性影像（图 7-16）。如果可疑的不透射线性影像是肝脏的一部分，通常可以从头侧延伸至幽门，其和肝脏之间不会有一层脂肪的不透射线性影像。

　　在犬腹部 DV 位片中，脾脏通常在左侧呈三角形结构，紧邻胃底的尾外侧（图 7-14 和图 7-17）。这是脾脏近端的投影。与侧位片一样，有时可以在 VD 位片中看到从脾脏近端向外延伸的部分（图 7-17）。

　　如前所述，在侧位片中很难看到正常猫的脾脏

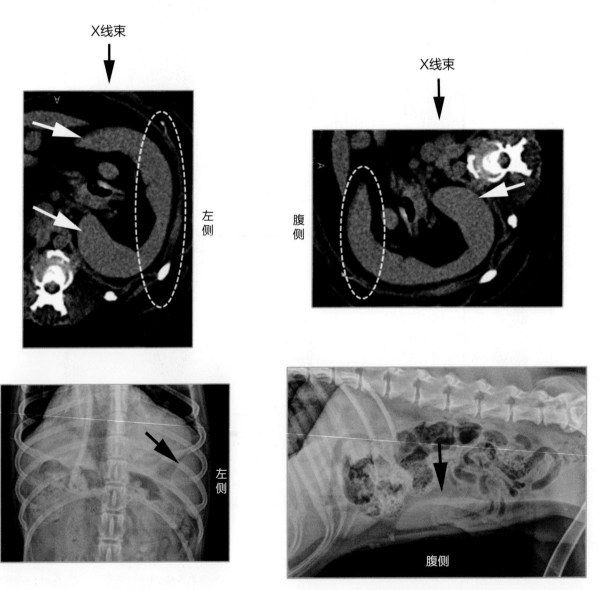

图 7-14　CT 图像显示了正常脾脏的位置和形状。在腹背位片（左图）中，X 线主要投射到沿着左侧体壁的脾脏部分，在 X 线片上形成位于胃尾侧的三角形不透射线性影像（黑色箭头），这部分被称为脾头或脾近端。左侧 CT 图像中白色箭头所指示的脾脏部分会相互重叠，并与其他结构重叠，部分或完全被遮挡。在侧位片（右图）中，主要投射到沿着腹壁的脾脏部分，在 X 线片上腹部腹侧形成三角形不透射线性影像（黑色箭头），这部分被称为脾尾或脾远端。右侧 CT 图像中白色箭头所指示的脾脏部分与脊柱、主动脉和后腔静脉重叠，导致部分或全部被遮挡

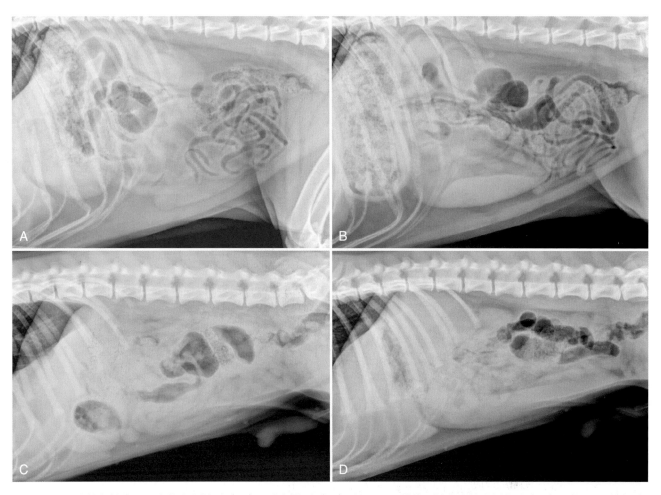

图 7-20　6 岁拉布拉多寻回犬的左侧位片（A）和右侧位片（B），以及 6 月龄德国杜宾犬的左侧位片（C）和右侧位片（D）。脾脏远端在这些右侧位片比左侧位片更明显。这种差异可能不是在每只犬中都存在的

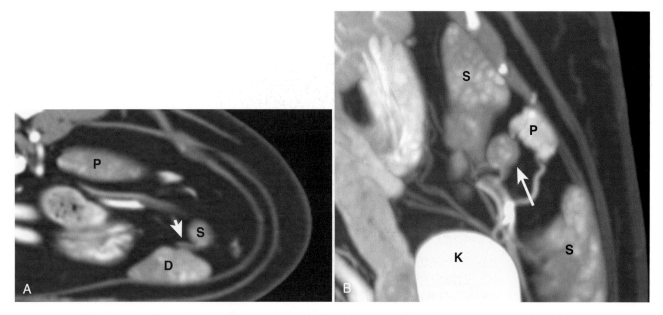

图 7-21　A,猫腹部的 CT 增强后横断面图像。可见副脾（S）。在任何 CT 图像上均未与脾脏相连。副脾腹侧的线状结构（白色箭头）是脾静脉的一条分支。P，脾脏近端；D，脾脏远端。B，与图 A 同一只猫的背侧平面最大密度投影（MIP）CT 图像。副脾（白色箭头）与脾脏（S）具有相同的衰减特征。P，胰腺；K，左肾。MIP 的定义见图 5-3 的图例

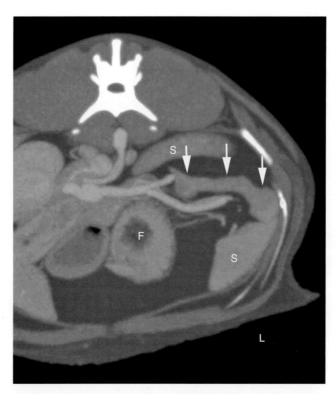

图 7-22　正常猫前腹部的 CT 对比增强横断面最大密度投影（MIP）CT 图像。胰腺的左叶（白色箭头）位于胃底（F）和脾脏（S）之间，并被脂肪包围，提供了放射学对比。胰腺左叶的外侧常呈结节状。此图像中不包括胰腺的右叶。胰腺内侧的高衰减管状结构是正常的脾静脉。L，左侧

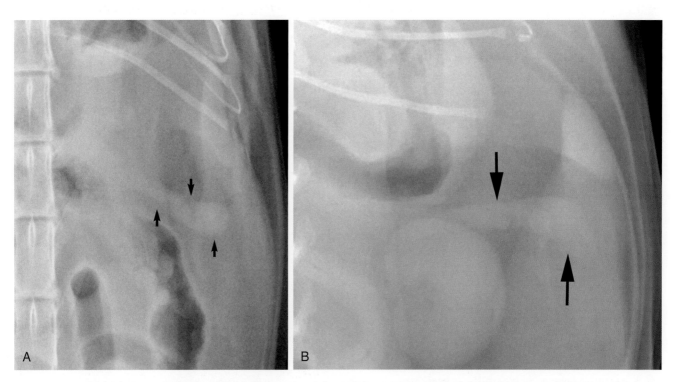

图 7-23　1.5 岁（A）和 12 岁（B）家猫的腹部 X 线片。在每只猫中，正常胰腺的左叶在脾脏内侧可见（黑色实心箭头）。最外侧的边缘呈轻度的小叶样，这是正常的

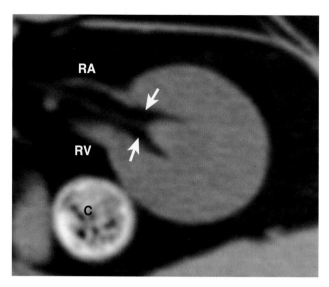

图 7-24 猫左侧肾门的 CT 横断面图像。肾门处有脂肪（白色箭头）。如果射线方向与肾门对齐，则将在 X 线片中产生一个低不透射线性区域。箭头之间的细线结构是左侧输尿管。RA，肾动脉；RV，肾静脉；C，降结肠

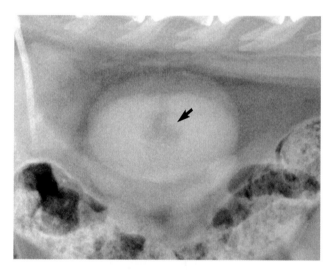

图 7-25 8 岁家猫的右侧位片。肾脏是重叠的。肾门周围有一处由脂肪导致的局部低不透射线性区域（黑色实心箭头）

7-26），或者左肾更靠尾侧（图 7-27）。

　　在犬中，右肾的头极通常嵌入肝尾状叶的肾窝，并与其形成一个区域。因此，部分右肾或整个右肾在 X 线片上是不可见的（图 7-28 和图 7-29）。随着肝脏右侧的增大，右肾可能向尾侧移位，但仍看不到头极。作为正常变异，当右肾位于肝脏的尾侧时，假设肾周脂肪充足，整个肾脏可能是可见的（图 7-30 和图 7-31）。

　　左肾连接疏松，更靠近腹侧，这在猫中比犬更明显[8]（图 7-27），但是也可能在犬中看到位于腹侧的左肾（图 7-29B）。

　　一般来说，猫的肾脏比犬的肾脏周围有更多的脂肪，这使得猫的肾脏非常明显。通常可以看到整个左肾和大部分右肾（图 7-27）。

　　因为左肾是相对可移动的，所以肾脏的相对位置会在左侧位片和右侧位片中改变。当猫的腹膜后脂肪使肾脏向腹侧远离轴下肌肉时，这种情况尤其明显（图 7-32）。在左侧位片和右侧位片中没有固定的肾脏重叠模式，重要的是要认识到肾脏的相对位置可能不同。

　　正常的输尿管在 X 线片上通常是不可见的。

的 1.9 ~ 2.6 倍），但不知道是否存在亚临床肾脏疾病[14]。未去势公猫的肾脏（L2 长度的 2.1 ~ 3.2 倍）可能比去势公猫的肾脏（L2 长度的 1.9 ~ 2.6 倍）更大[15]。重要的是，这些比值只作为指导，肾功能不能根据肾脏大小的放射影像评估来推断。

　　在犬中，左肾几乎总是比右肾略偏向尾侧。在猫中，肾脏位于几乎相同的头尾水平（图 7-25 和图

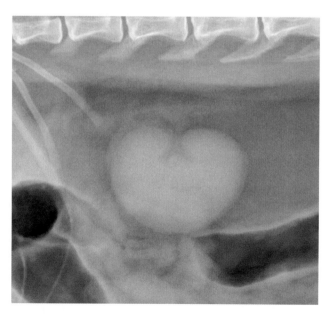

图 7-26 7 岁家猫的左侧位片。肾脏几乎完全重叠在一起。通常，猫双侧肾脏在头尾方向的分离程度比犬要小

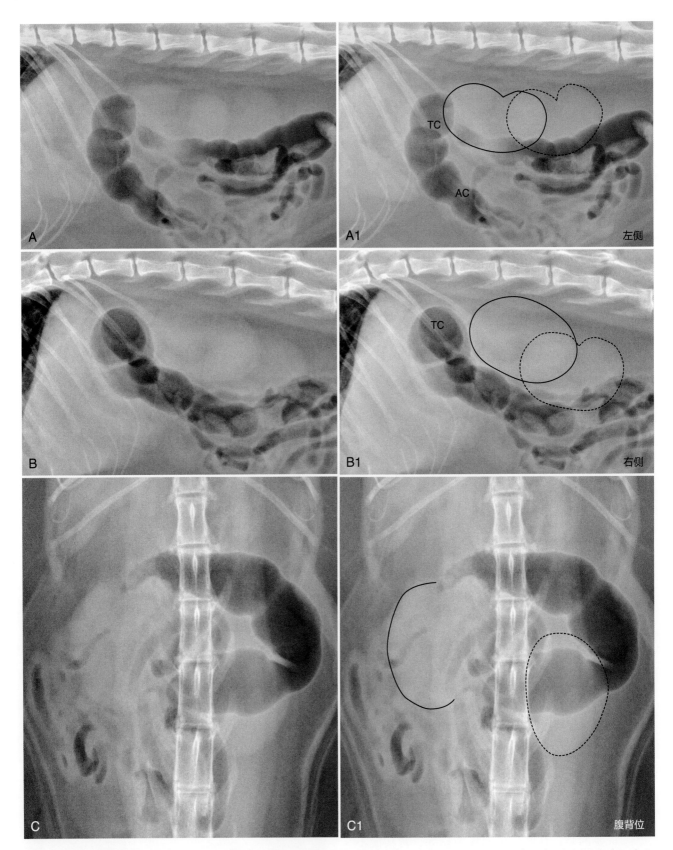

图 7-27　8 岁家猫的左侧位片（A）、右侧位片（B）和腹背位片（C），以及相应标记的左侧位片（A1）、右侧位片（B1）和腹背位片（C1）。在图 A1、图 B1 和图 C1 中，左肾由虚线勾勒，右肾的可见部分由实线勾勒。这只猫的左肾比右肾更靠尾部。尽管腹膜的脂肪丰富，结肠内粪便很少，但整个右肾很难辨认。AC，升结肠；TC，横结肠

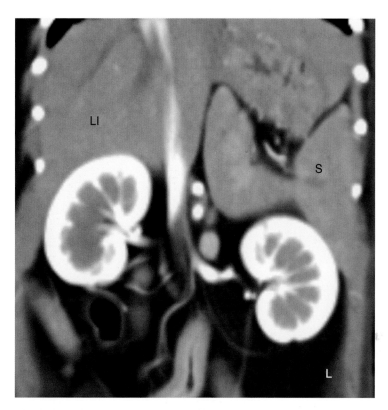

图 7-28 静脉注射造影剂后，立即扫描的犬腹部冠状面 CT 图像。右肾嵌入肝尾状叶的肾窝中，而左肾被脂肪包围。右肾和肝的紧密接触通常导致右肾，尤其是头极，在 X 线片上比左肾更不可见。L，左侧；LI，肝脏；S，脾脏

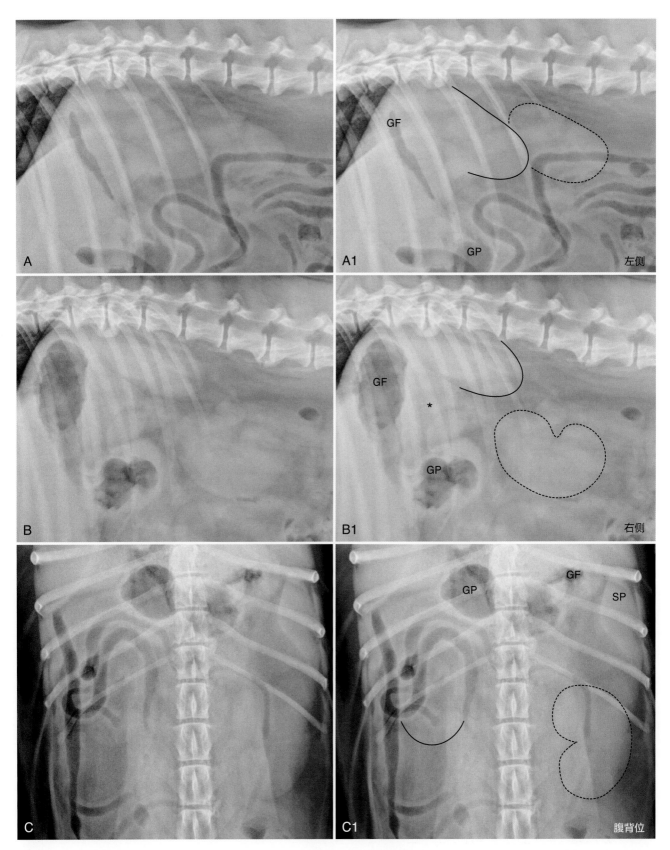

图 7-29　11 岁布鲁克浣熊猎犬腹部的左侧位片（A）、右侧位片（B）和腹背位片（C），以及相应标记的左侧位片（A1）、右侧位片（B1）和腹背位片（C1）。在图 A1、图 B1 和图 C1 中，左肾由虚线勾勒出轮廓，右肾由实线勾勒出轮廓。左肾在右侧位片中更靠腹侧，导致其整个边缘可见。在左侧位片（A、A1）中看不到左肾的整个边缘，因为它的头极重叠在右肾上。右肾很少能完整看到，因为头极嵌入肝脏尾状叶的肾窝中。右侧位片（图 B1 中的星号）中右肾、胃底和胃幽门之间的不规则不透射线性影像很可能是脾脏近端。GF，胃底；GP，胃幽门；SP，脾脏

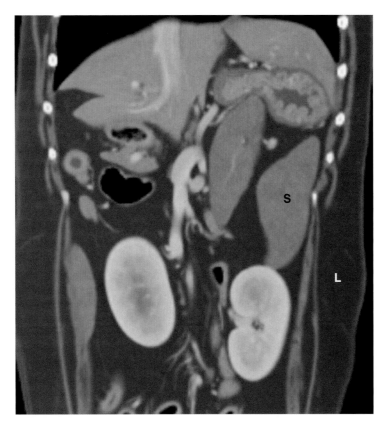

图 7-30　犬的冠状面 CT 图像。由于正常变异，该犬的右肾比正常肾位置更靠尾侧。因此，头极没有嵌入尾状叶的肾窝内，而是被脂肪包围。由于肾周脂肪，在这只犬的 X 线片中可以看到双侧肾脏。L，左侧；S，脾脏

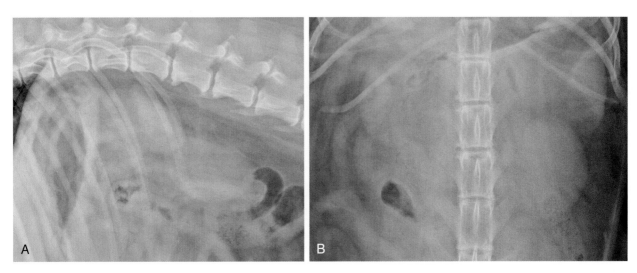

图 7-31　8 岁混种犬的侧位片（A）和腹背位片（B）。右肾和肝之间有足够的间隔，肾周脂肪充足，双侧肾脏的整个边缘都可以看到

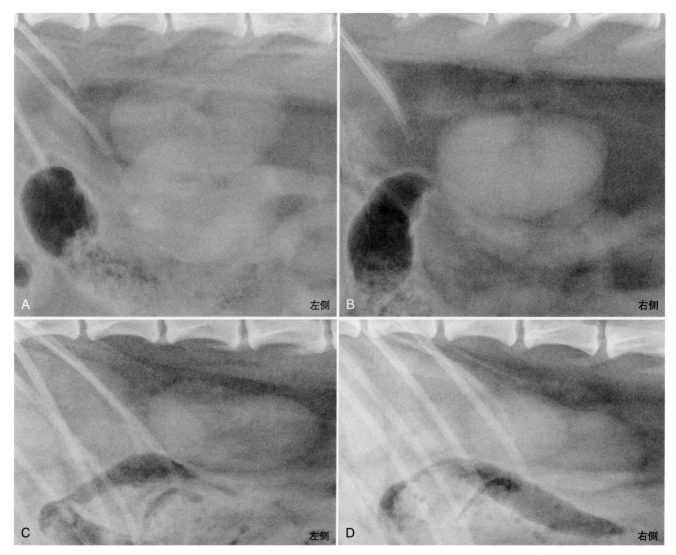

图 7-32　1 岁家猫的左侧位片（A）和右侧位片（B），5 岁迷你贵宾犬的左侧位片（C）和右侧位片（D）。在猫中，注意左侧位片中肾的背腹向间距更大。在犬的右侧位片中，注意右肾的尾极和左肾的头极更大面积重叠。该图证明了左侧位和右侧位时肾脏重叠模式不固定，且肾脏的相对位置在左侧位和右侧位之间可能发生改变的事实

旋髂深血管

　　旋髂深动脉和静脉是腹主动脉和后腔静脉的分支，向外侧延伸（图 7-33）。如果有足够的脂肪存在，这些血管在侧位片上会产生腹膜后间隙的局部不透射线性影像，可能被误认为输尿管结石或淋巴结肿大（图 7-34）。从侧位片看，旋髂深血管穿过腹壁并向腹侧延伸（图 7-35A）。如果 X 线束在腹部或骨盆的腹背位片中投射到这些血管的横截面，则会在皮下脂肪中产生结节样和不均匀的不透射线性影像（图 7-35B ~ D）。

膀胱

　　正常膀胱位于腹腔尾侧，呈均匀的软组织不透射线性影像。偶尔，在导尿或膀胱穿刺术后，正常膀胱中会出现气体（图 7-36）。有些尿路结石被认为是透射线性的。这并不意味着结石比液体更易透射线，只因它们具有与软组织或尿液相同的不透射线性，使它们在 X 线片上不可见。因此，透射线的结石在放射学上并不显影，但也不呈图 7-36 所示的气泡影像。此类结石应称为透射线性或非矿化结石。

　　假设留置导尿管不是软组织不透射线性的，其

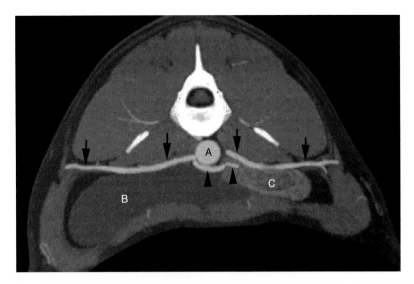

图 7-33 后腹部动脉相 CT 血管造影的横断面最大密度投影（MIP）CT 图像。作为腹主动脉（A）分支的旋髂深动脉（黑色箭头）由于血管内造影剂而呈高衰减。邻近的旋髂深静脉在此图中没有显示。在侧位片上，这些血管的横截面经常在腹膜后间隙的尾侧产生明显的局部软组织不透射线性影像。主动脉腹侧的结构是后肠系膜动脉（黑色无尾箭头）。B，膀胱；C，结肠

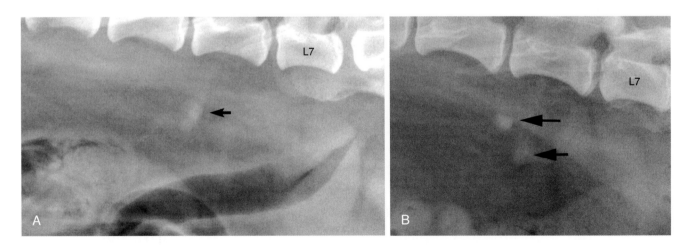

图 7-34 4 岁威尔士柯基犬（A）和 6 岁混种犬（B）的侧位片。腹膜后间隙尾侧的局部不透射线性影像（黑色实心箭头）是由旋髂深动脉和静脉的横截面造成的。这些不透射线性影像不应被误认为输尿管结石或淋巴结肿大。在腹膜后间隙丰富的患病动物的侧位片上，这些血管常见。在图 B 中，有两个结节状不透射线性影像，因为左侧位和右侧位的血管没有重叠，每对血管都被单独投射。L7，第七腰椎椎体

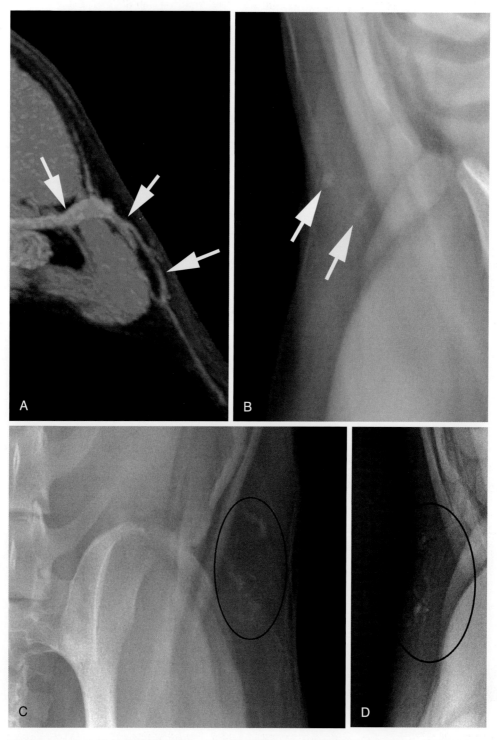

图 7-35　A，CT 血管造影的动脉相，后腹部的横断面最大密度投影（MIP）CT 图像，这与图 7-33 中的犬是同一只。旋髂深血管（白色箭头）穿过腹壁，然后向腹侧延伸。B，后腹部的腹背位片，旋髂深血管的横断面投影在皮下脂肪中形成结节样不透射线性影像（白色箭头）。在其他犬（C、D）中，由于可见旋髂深动脉的多个分支，髂骨外侧的皮下脂肪中可能存在不均匀的不透射线性影像

会在膀胱内显影（图 7–37 ）。

根据膀胱内的储尿量，膀胱的大小差别很大。即使生理性尿潴留也可导致膀胱非常大（图 7–38 ）。在猫中，充盈的膀胱会向头侧移位，如果膀胱周围有足够的脂肪，则在膀胱尾侧可看见尿道（图 7–38B ）。并非每一个充盈的膀胱都是由生理性尿潴留引起的，如果发现了充盈的膀胱，应查明是否存在膀胱充盈的病理原因。

在 X 线片中，由于膀胱壁的边界与尿液融合，无法区分膀胱壁。阴性膀胱造影可以使膀胱壁显影（图 7–39A ）。也可以使用阳性造影剂，然而，由于 Uberschwinger 伪影，这主要是使黏膜边缘可见，而不是浆膜边缘（图 7–39B ）[16*]。

前列腺

在大多数公犬中，正常的前列腺在 X 线片上是不可见的，这是因为它的体积很小，并且位于骨盆中，

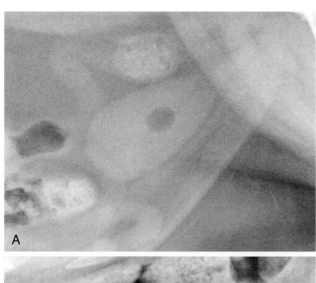

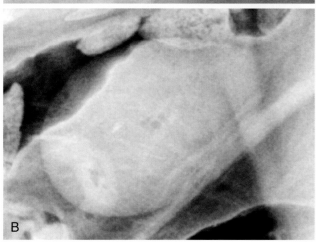

图 7–36　A，8 岁家猫的侧位片。膀胱中央的大椭圆形透射线性区域是导尿后进入的气泡。B，4 岁家猫的侧位片。膀胱中央有多个小的局部透射线性区域，是膀胱穿刺术中进入的小气泡。图 B 中的条纹状外观是被超声耦合剂沾染的被毛造成的伪影

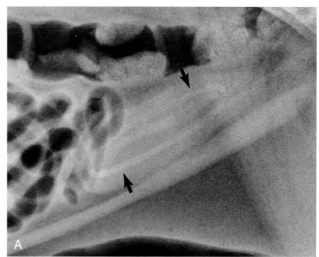

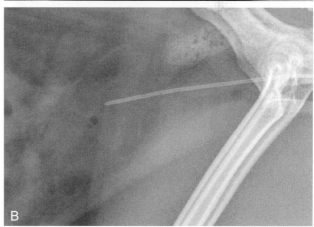

图 7–37　A，16 岁家猫的侧位片。膀胱中有一个管状不透射线性影像（黑色箭头），为橡胶导尿管。由于插入的长度过长，导尿管在膀胱中呈环状。B，4 岁家猫的侧位片。延伸到膀胱的线性不透射线性影像是硬塑料导管的典型影像表现。图 B 的膀胱中也存在多个小气泡

* 　Uberschwinger 伪影是指在不透射线性差异很大的相邻区域周围产生的透射线性光晕。参见参考文献 16。

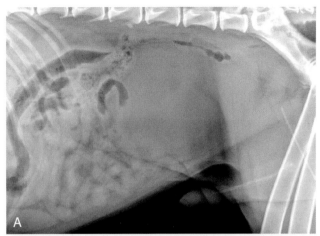

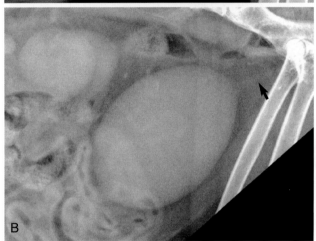

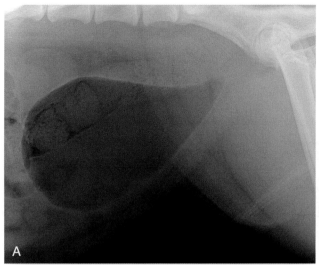

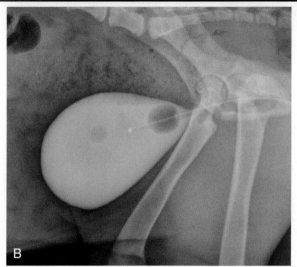

图 7-38　A,7 岁罗威纳犬的侧位片。B,14 岁家猫的侧位片。这些动物患有与生理性尿潴留相关的膀胱过度充盈。在图 A 中，图像的尾侧可见一个静脉导管。在猫（B）中，注意过度充盈的膀胱的头侧位置。这在膀胱过度充盈的猫中很常见。同样在猫中，尿道是从膀胱颈向尾部延伸的线性不透射线性影像（黑色实心箭头）。在图 B 中，叠加在膀胱背侧的不透射线性影像是由超声耦合剂沾染被毛导致的

图 7-39　A，12 岁混种犬的正常膀胱空气造影 X 线片。由于空气提供对比度，膀胱壁可见。正常的膀胱壁相对较薄，尤其是当膀胱充盈时。头腹侧壁厚度增加很可能是由少量残余尿液导致的。B，6 月龄拉布拉多寻回犬的膀胱阳性造影。尿液不透射线性增加与黏膜表面形成对比，然而，膀胱壁很难看清，因为周围的透射性光晕——Uberschwinger 伪影。在膀胱壁足够厚的情况下可能可以看清。膀胱颈部附近的大气泡是导尿管的充气球囊。更小的靠近头侧的透射线性影像是导尿时进入的气泡

轮廓与邻近的软组织融合。然而，良性前列腺增生在中老年公犬中是一种常见的疾病，因此许多人认为前列腺肥大是一种正常的变异。在良性前列腺增生中，前列腺通常轻度增大，呈圆形，位于骨盆髂耻隆起的头侧。在这个位置，通常可以在侧位片上看到前列腺。当前列腺增大时，在膀胱的尾腹侧、前列腺的头腹侧和腹侧腹壁之间通常存在一个三角形脂肪区域。这个三角形区域是可靠的前列腺增大的影像学指征，常见于良性前列腺增生（图 7-40）。良性增生不是前列腺轻度增大的唯一原因。如果在腹部 X 线检查中看到前列腺，则需要考虑前列腺肥大的病理原因。

尿道 / 阴茎

　　犬或猫的正常尿道在 X 线片上是不可见的。与母犬、公猫和母猫的尿道相比，公犬的尿道明显较长（图 7-41A ~ D）。因此，如果怀疑公犬有尿道结石，应额外拍摄会阴部的侧位片，将后肢向头侧牵拉，这样可以在不重叠的情况下评估整段尿道（图

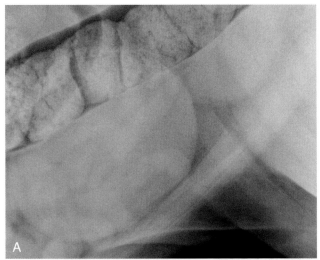

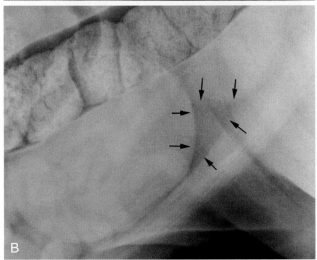

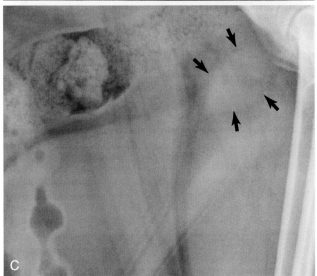

图7-40 A,8岁雄性拉布拉多寻回犬的侧位片。前列腺增大，在膀胱尾侧呈团块样。结肠中含有大量粪便。在前列腺的头腹侧、膀胱尾腹侧和腹侧腹壁之间可见一个三角形的脂肪区域。B,与图A是同一只犬,箭头指示的是三角形脂肪区域。C,10岁去势雄性哈士奇的侧位片。轻度增大的前列腺（黑色箭头）比图A和图B中所示的,更类似纺锤形

7-42）。如果后肢向头侧牵拉不充分，腓肠豆的重叠可能会被误认为尿道结石（图 7-43）。

犬的阴茎包含一根细长的骨外骨，即阴茎骨（os penis），也称为 baculum 或 penile bone。在 9 只体重为 25 ~ 35 kg 的未去势的正常公犬中，阴茎骨的长度范围为 8.3 ~ 12.8 cm，最大外径范围为 8.7 ~ 13.6 mm。阴茎骨大部分由厚的外皮质层和内部小梁区域组成[17]。阴茎骨呈半圆形（图 7-44），除了头侧尖端以外，它从背侧包裹尿道。阴茎骨的头侧尖端较小，呈椭圆形，位于尿道的背侧。由于阴茎骨是骨外骨且仅被软组织包裹，所以在 X 线片上非常明显。不同犬的阴茎骨形状有细微的差异是正常的（图 7-45）。在一些犬中，阴茎骨比预期的要小，这被归因于早期去势，尽管没有数据支持这一点（图 7-46）。这被认为是正常的变异。

有时，阴茎骨有 2 个骨化中心。次级骨化中心与阴茎骨整体相比较小，通常位于头侧，但也可位于尾侧（图 7-47）。

大多数公猫没有阴茎骨，但少部分有[18]。猫的阴茎骨比犬更小且不明显，位于会阴尾侧缘的阴茎尖端区域（图 7-48）。矿化的尿道栓子可能看起来与阴茎骨相似，但是栓子通常较长且位置更接近坐骨。在 50 只猫的 CT 图像中有 19/50（38%）只猫发现了与阴茎骨一致的结构，而在 X 线片中仅发现 8/50（16%）存在这种结构[18]。然而，只有 1 只猫的线状高密度结构被证实为阴茎骨。在其他猫中对于该结构的识别基于推测，猫阴茎骨的出现率似乎高于临床上观察到的数量。

胃

胃位于肝脏的尾侧。在横断面上，胃底位于腹腔的左背侧，幽门位于右腹侧，胃体跨越中线连接胃底和幽门（图 7-49）。如前所述，猫的幽门位置比犬更接近中线（图 7-11）。

胃内通常含有液体、气体和各种食入物，通常无法通过 X 线检查区分食物和异物。胃的 X 线影像取决于气体和液体的分布，图 7-50 是动物位于左侧

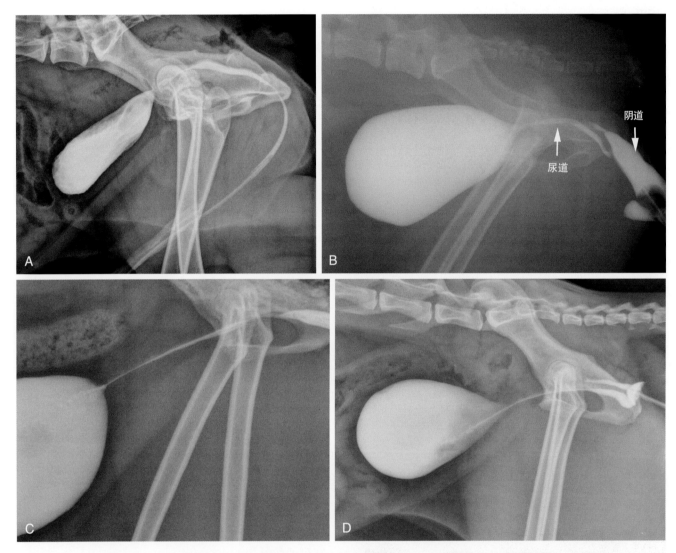

图7-41 A，7岁雄性拳师犬的逆行性尿道阳性造影。B，12岁绝育雌性澳大利亚牧牛犬的逆行性阴道膀胱尿道阳性造影。C，2岁去势雄性家猫的逆行性尿道阳性造影。D，8岁绝育雌性家猫的逆行性阴道膀胱尿道阳性造影。在每个图像中都可以看到尿道的相对位置和长度。公犬的尿道比其他动物的尿道更长

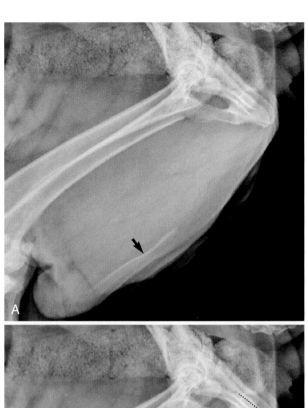

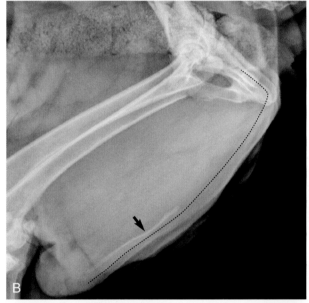

图 7-42　A，8 岁松狮犬会阴区域的侧位片，后肢向头侧牵拉，显示没有重叠的完整尿道影像，如图 B 中的虚线所示。阴茎骨由黑色实心箭头标注

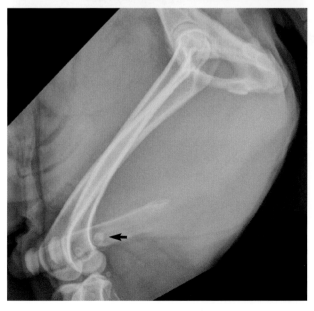

图 7-43　10 岁标准雪纳瑞犬会阴区域的侧位片，后肢向头侧牵拉不足，且一个腓肠肌的腓肠豆重叠在阴茎骨上（黑色实心箭头），可能被误认为尿道结石

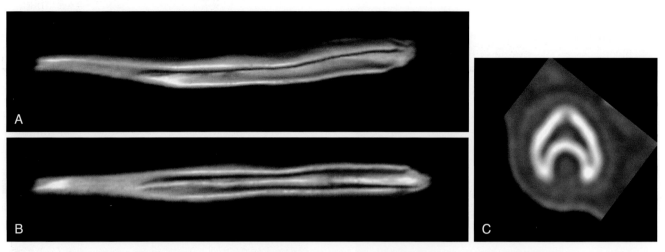

图7-44   阴茎骨计算机断层扫描（CT）三维容积重建图像的斜侧观（A）和腹侧观（B）。大部分骨骼呈半圆形，包裹着尿道。阴茎骨尾侧的横断面CT图像（C），可见骨皮质和内部的骨小梁区域。内部的骨小梁区域向头侧方向逐渐变小

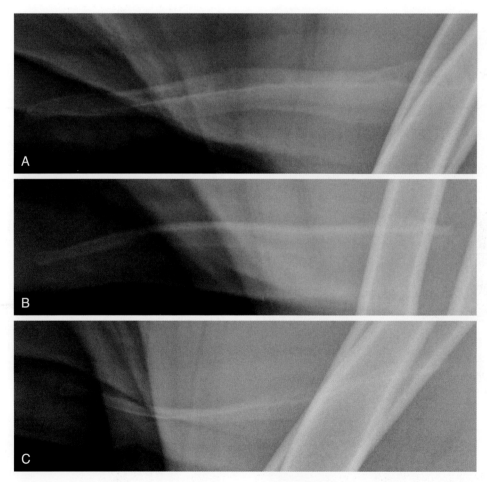

图7-45   11岁去势雄性拉布拉多寻回犬（A）、5岁去势雄性金毛寻回犬（B）和6岁去势雄性拉布拉多寻回犬（C）的阴茎骨侧位片。注意不同犬的阴茎骨形状的轻微差异

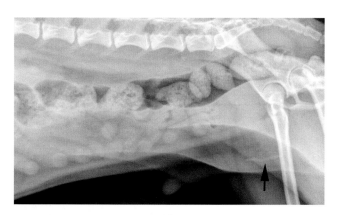

图 7-46 7 岁去势雄性混种犬的侧位片。主观评估阴茎骨（黑色箭头）较小，这是一种正常的变异

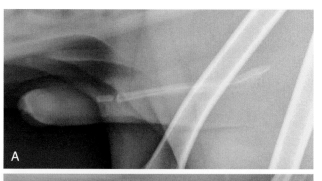

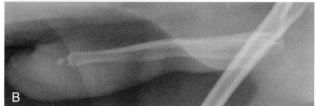

图 7-47 7 岁软毛麦色㹴犬（A）、14 岁约克夏㹴犬（B）和 11 岁德国牧羊犬（C）的阴茎骨侧位片。每只犬的阴茎骨都有 2 个骨化中心。图 A 和图 B 的次级骨化中心位于头侧，而在图 C 中位于尾侧。这是正常的变异，不应误认为骨折或结石

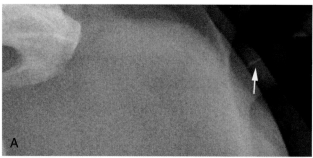

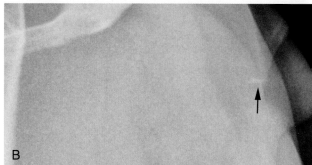

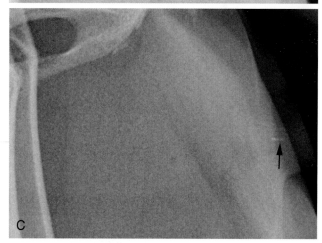

图 7-48 3 岁（A）、8 岁（B）、5 岁（C）去势雄性家养短毛猫的会阴区域侧位片。每只猫的阴茎处（箭头）都有一条不明显的线状高密度阴茎骨影像

图 7-49 犬俯卧位下前腹部的横断面 CT 图像。虚线为胃的边缘，胃底（F）位于左背侧，幽门（P）位于右腹侧，胃体（B）连接胃底和幽门。胃内的黑色圆圈代表胃底和幽门中的气体。由于已经静脉注射造影剂，胃壁的衰减值高于腔内液体。L，左侧

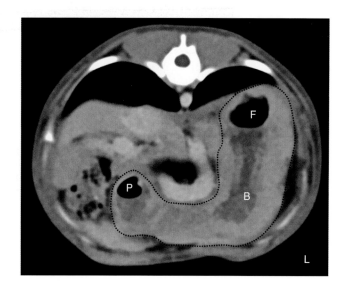

位、右侧位、腹背位和背腹位时的示意图。

在腹部腹背位片中，液体位于胃底，气体位于幽门，也可能位于胃体，这取决于气体体积（图7-50和图7-51）。腹背位片中胃底影像取决于相邻脂肪的量和胃底处内容物的性质（图7-51）。

尽管很少拍摄腹部的背腹位片，但了解该体位下气体和液体的分布也很重要（图7-50）。在腹部背

腹位片中，液体会下移至幽门，气体上升至胃底。胃体的外观取决于气体和液体的相对体积及绝对体积。

当动物位于左侧位时，液体下移至胃底，气体聚集在幽门处（图7-50和图7-52A、B）。胃内同时含有气体和液体时，才能在幽门处呈现出明显的气体影像。如果胃较空虚或主要含有食物，则幽门在左侧位中看起来较小和不均质（图7-52C）。

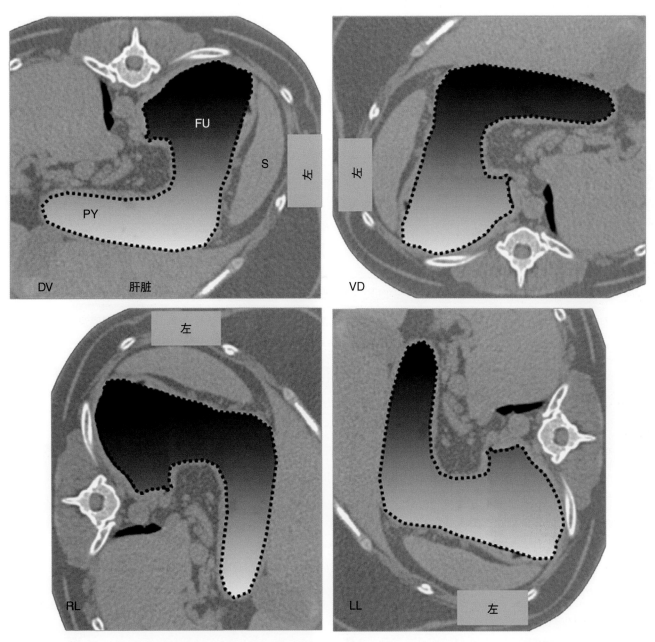

图7-50　不同体位下胃位置的示意图。这些 CT 横断面图像来源于同一只犬，每次旋转90°，分别为背腹位（DV）、腹背位（VD）、右侧位（RL）和左侧位（LL）。虚线为胃的轮廓。胃内的阴影代表不同体位下重力对液体（白色）和气体（黑色）再分布的影响。左侧位时幽门中的气体具有重要临床意义，可以为卡在幽门处的异物提供对比度。FU，胃底；PY，幽门；S，脾脏

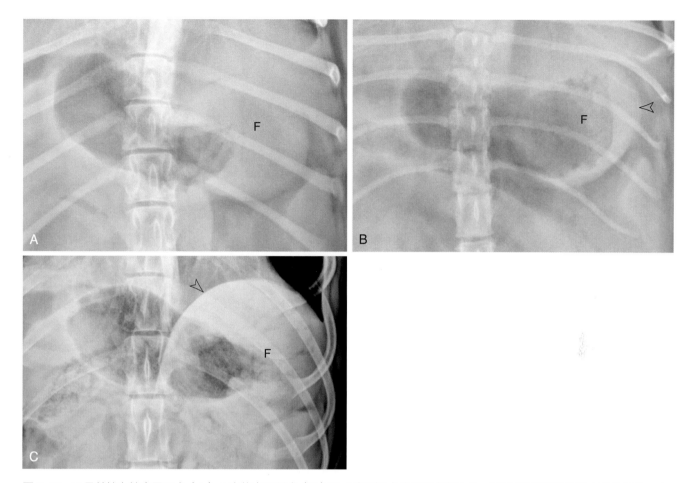

图 7-51 6 月龄拉布拉多寻回犬（A）、4 岁约克夏㹴犬（B）和 4 岁灵猩犬腹部的腹背位片。每只犬的幽门和胃体处均有气体。A，胃底（F）因腔内的液体而呈现为圆形均匀透射线性影像。B，胃底的气体较图 A 更多，且胃底的液体与胃壁轮廓融合，造成胃壁增厚的假象（黑色空心无尾箭头）。由于无法区分腔内液体与胃壁边界，通常不能通过 X 线片评估胃肠道壁的厚度。C，胃底内容物更为不均质，浆膜边缘不明显。通过了解腹背位片中胃底的位置并知道其中通常含有液体，可减少将胃底误认为软组织肿物的可能。重叠在胃体上的曲线（黑色空心无尾箭头）是膈肌边缘，这是深胸犬腹背位片中的典型征象

　　当动物位于右侧位时，液体下移至幽门，气体聚集在胃底处（图 7-50 和图 7-53A、B）。充满液体的幽门通常呈现为一个边界清晰的圆形结构，可能被误认为腹部肿物或胃内异物（图 7-53A、图 7-54）。胃内同时含有气体和液体时，才能在胃体呈现明显的气体影像并使液体下移至幽门。

　　胃黏膜表面会出现折叠，被称为皱褶，在 X 线片中只有含气体的那一部分胃可以看到皱褶（图 7-53A、B，图 7-54B 和图 7-55）。胃底和胃体的皱褶通常比幽门更明显。当胃中含有钡制剂且胃收缩时，胃皱褶会形成非常不规则的黏膜边缘，可能会被误认为异常（图 7-56）。

　　猫的胃黏膜也存在皱褶，但在 X 线片上不如犬

那样常见。猫胃的一个特征是存在胃黏膜下脂肪（图 7-57）[19,20]。所有猫都有一定程度的胃黏膜下脂肪，但数量会有所不同[1]。当胃收缩时，胃黏膜下脂肪有时会呈现出条纹状外观（图 7-58）。

　　正常胃的大小和内容物存在很大差异。偶尔会出现过度扩张的胃，但评估时应结合最近的病史，例如，内窥镜检查或暴饮暴食（图 7-10 和图 7-59）。

小肠

　　十二指肠的位置相对固定。十二指肠的起始部分，即十二指肠球部，根据个体差异，从幽门处向头侧或侧面方向延伸，然后转向尾侧形成降十二指肠。

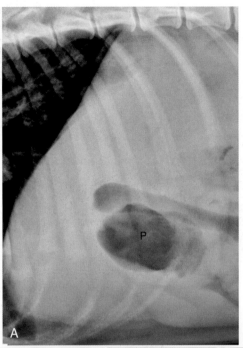

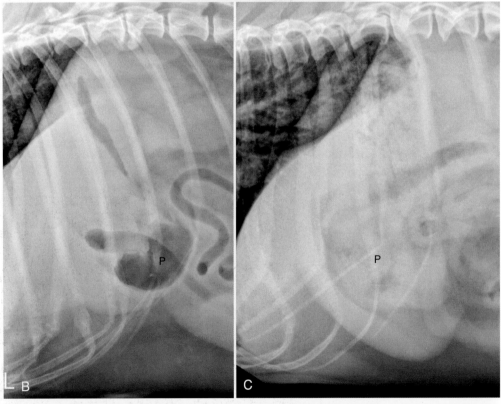

图 7-52 6 月龄拉布拉多寻回犬（A）、11 岁布鲁克浣熊猎犬（B）和 9 岁腊肠犬（C）腹部的左侧位片。在图 A 和图 B 中，幽门（P）处有气体。在图 A 中，胃底内有不均质的食入物。在图 B 中，胃底含有椭圆形气体影像和一些可能的液体，胃体内有不均质的食入物。在图 C 中，因为胃内主要含有食入物和少量液体、气体，所以幽门（P）处未见明显的气体影像

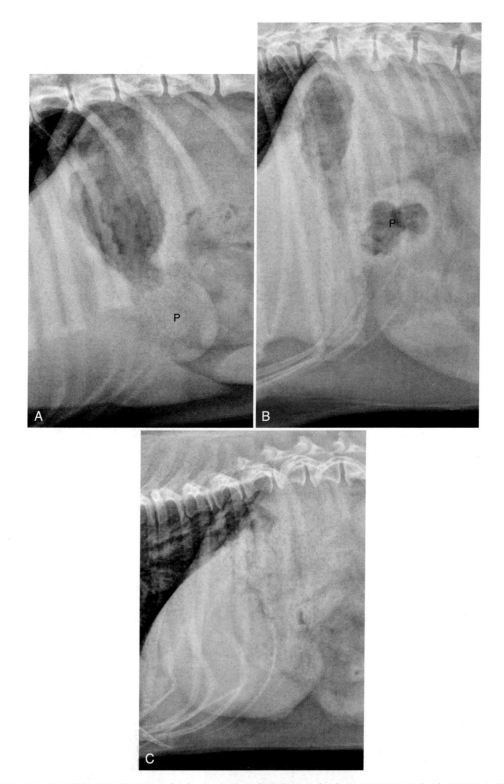

图 7-53 6 月龄拉布拉多寻回犬（A）、11 岁布鲁克浣熊猎犬（B）和 9 岁腊肠犬（C）腹部的右侧位片。A，充满液体的幽门（P）呈现为一个清晰的圆形软组织密度影像，紧邻肝脏。B，胃内液体较少，幽门（P）即使在右侧位中也含有气体，且在图 B 中幽门比预期更接近背侧，这是一种正常变异。C，胃内主要含有食物，只有少量的气体和液体。注意图 A 中胃底和图 B 中胃体的胃黏膜皱褶

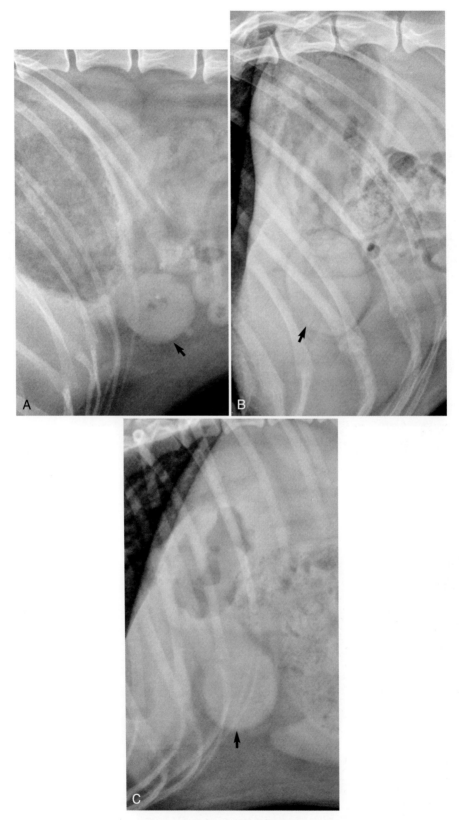

图 7-54   11 岁惠比特犬（A）、4 岁灵猩犬（B）和 2 岁巴哥犬（C）腹部的右侧位片。每一只动物的幽门都充满了液体（黑色实心箭头），呈软组织密度，很容易被误认为是腹腔肿物或胃内异物。请注意每张图中胃底的气体位置都与右侧位的示意图一致。注意图 B 中胃体部位的胃黏膜皱褶

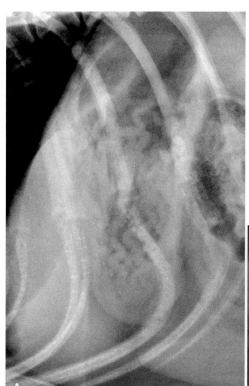 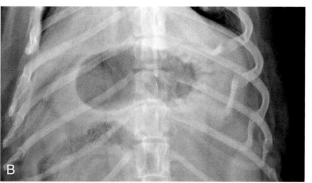

图 7-55　2 岁威尔士柯基犬的右侧位片（A）和腹背位片（B），请注意胃体明显的胃皱褶

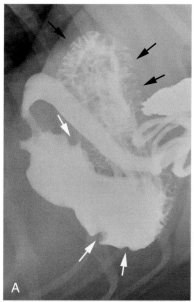

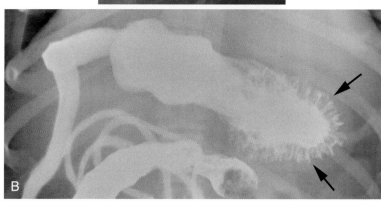

图 7-56　犬前腹部的侧位片（A）和腹背位片（B），胃内含有硫酸钡。大部分硫酸钡已从胃中排出且胃正在收缩，使得胃皱褶集中在一个小区域，硫酸钡位于皱褶之间，形成一种非常不规则的黏膜边缘。这是正常现象。在图 A 中，几个由硫酸钡勾勒出的胃皱褶形成了充盈缺损（白色箭头）

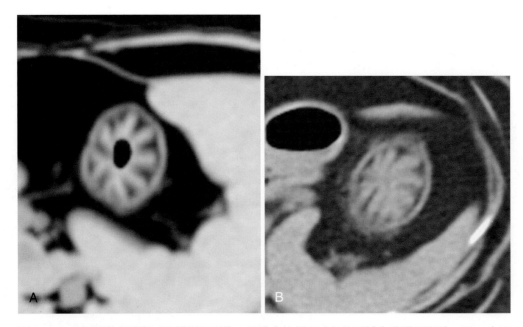

图 7-57　两只猫的前腹部 CT 横断面图像，胃壁中的低衰减条纹区域为黏膜下脂肪。图 A 中胃底有气体。图 B 中胃空虚

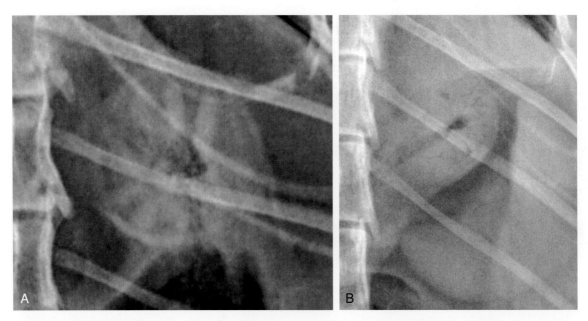

图 7-58　两只不同猫的腹背位片。每只猫的胃壁都有因黏膜下脂肪而产生的条纹状外观。当胃收缩时常见这种条纹状外观

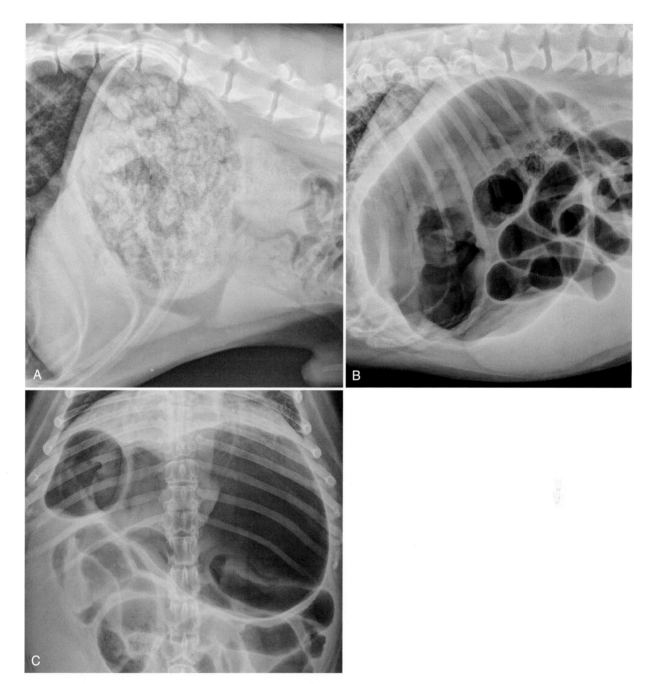

图 7-59　3 岁德国牧羊犬大量进食后拍摄的左侧位片（A），以及 3 岁斗牛犬在经内窥镜取出胃内异物后拍摄的右侧位片（B）和腹背位片（C）。在图 B 和图 C 中，胃和小肠的气体膨胀是由内窥镜检查期间的通气引起。图 B 和图 C 中未见胃位置异常的证据，胃底和幽门处于正常位置

降十二指肠沿右侧腹壁向尾侧延伸。在骨盆入口处头侧向左转为十二指肠后曲。十二指肠在左腹部向头侧弯曲，并在肠系膜根部左侧向腹部头侧方向延伸，连接至空肠[1]（图7-60）。正常十二指肠直径可能比正常空肠略大，但在X线检查中很少能区分。

在犬中，降十二指肠的非肠系膜缘出现黏膜凹陷，称为假溃疡，位于黏膜下层淋巴集合上[1,21]。假溃疡无临床意义，在拍摄三视图腹部X线片的100只犬中，发现11只存在假溃疡[22]。如果十二指肠中存在气体或者使用阳性造影剂可以检测到假溃疡（图7-61和图7-62）。猫的十二指肠没有假溃疡。然而，在使用钡餐后，猫十二指肠的常见特征之一是过度分节（图7-63），这是由瞬时过度蠕动所致，被称为珍珠串征。有时在空肠中也能发现这种瞬时过度蠕动，但不如在十二指肠中常见（图7-64）。这种过度分节无临床意义。

在某些已给予硫酸钡的犬中，可以看到小肠的另一种特征，即空肠黏膜的不规则外观（图7-65）[23]。这种不规则外观被称为**菌毛样变化**，这种变化与肠壁组织学病变无关，不清楚确切成因。

空肠延续十二指肠，通常均匀分布在中腹部，呈一组相互重叠和折叠的管腔。然而在某些猫（尤其是含有大量脂肪储备的猫）中，小肠位于右腹部（图7-66）。同样，在肥胖猫的侧位片中，空肠通常会堆叠或聚集在前腹部（图7-67）。发生线性异物的猫也可能出现小肠的堆叠，这种情况下小肠通常是皱缩的。

犬的空肠很少完全空虚，通常空肠中含有气体和液体，但犬的正常小肠内容物很多样（图7-68）。在犬空肠中很少发现气体和软组织密度的混合影像，但确实存在，这可能是正常的餐后现象、饮食不当或食物梗阻（图7-68D）的结果。

小肠的正常大小具有很大差异，已提出许多方法来评估小肠直径（见《兽医放射诊断学》[24]中的方法

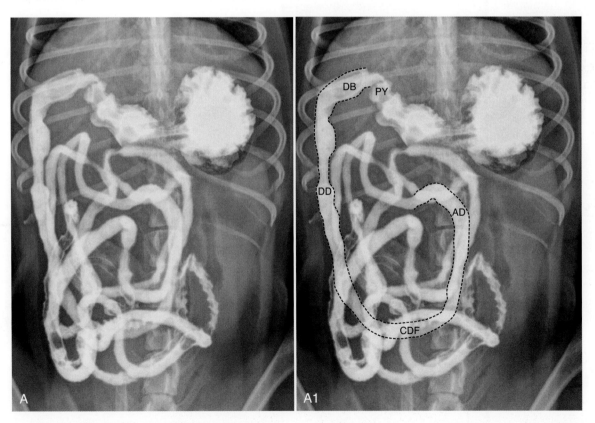

图7-60　在7岁迷你雪纳瑞犬使用硫酸钡后拍摄的腹背位片（A）和相应的标记（A1）。硫酸钡位于胃、十二指肠和空肠中。在图A1中，使用虚线标出了十二指肠走向。AD，升十二指肠；CDF，十二指肠后曲；DB，十二指肠球部；DD，降十二指肠；PY，幽门

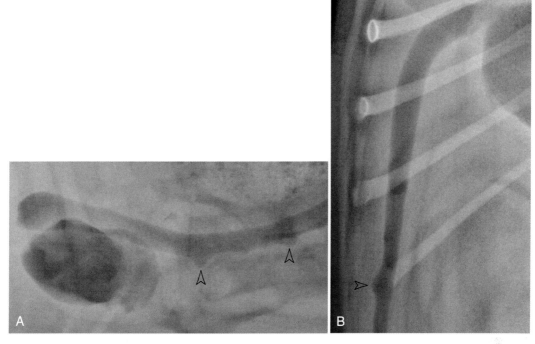

图 7-61 6 月龄拉布拉多寻回犬的左侧位片（A）和腹背位片（B）。十二指肠中含有气体，两张图都可看到假溃疡（黑色无尾箭头）

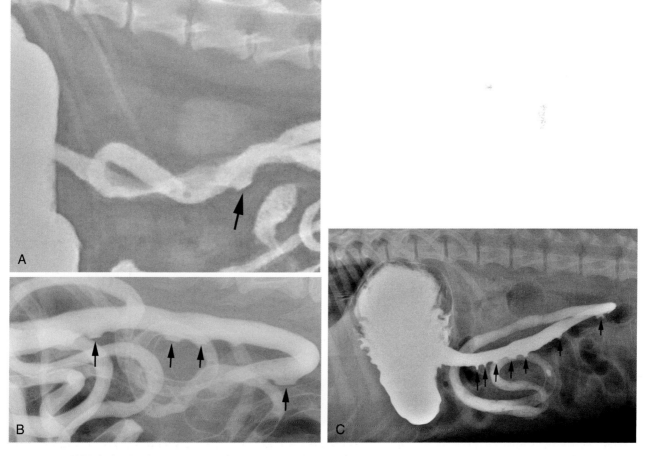

图 7-62 6 岁博美犬（A）、6 岁拉布拉多寻回犬（B）和 6 月龄混种犬（C）的上消化道特写。降十二指肠中充满硫酸钡，那些陨石坑样凹陷（黑色箭头）是假溃疡

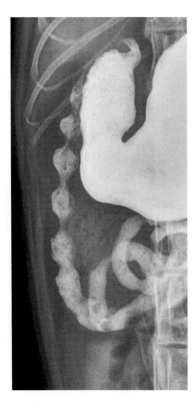

图 7-63　8 岁家猫在服用硫酸钡大约 45 分钟后拍摄的十二指肠区域的腹背位片。十二指肠的分节外观是由于过度蠕动导致的正常变异，在临床上无意义，称为"珍珠串征"。这种分节通常是暂时性的，在后续的图像中消失

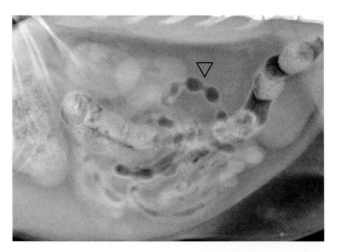

图 7-64　6 岁家猫腹部的侧位片。空肠中既含有气体又含有液体，肠道蠕动导致一些充气的空肠过度分节（黑色空心无尾箭头）。在猫的上消化道造影中，十二指肠的过度分节更常见，但有时在空肠和平片中也能看到，就像这只猫

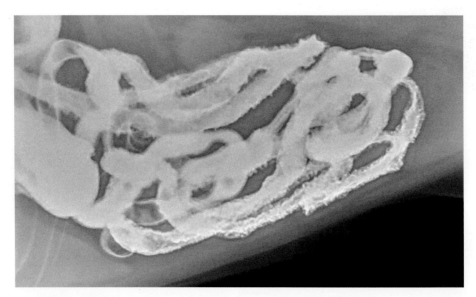

图 7-65　6 岁博美犬的硫酸钡造影图像（与图 7-62A 是同一只犬）。空肠黏膜表面均不规则，这种外观被称为菌毛样变化，是一种正常变异。在上消化道硫酸钡造影中常见菌毛样变化，无临床意义

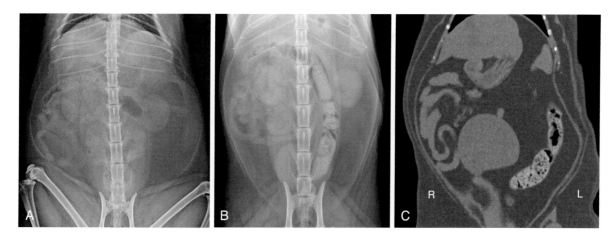

图 7-66　12 岁雌性绝育（A）和 10 岁雄性去势（B）家猫的腹部正位 X 线片。每只猫的空肠都偏向右侧，没有病理性肿物导致偏移，这是一种正常变异。这种偏移在肥胖猫中更常见，可能是由于腹内脂肪的非对称性沉积。C，10 岁家猫腹部背侧冠状面 CT 三维重建图像，其中小肠偏向右侧，注意左腹部的大量脂肪。L，左侧；R，右侧

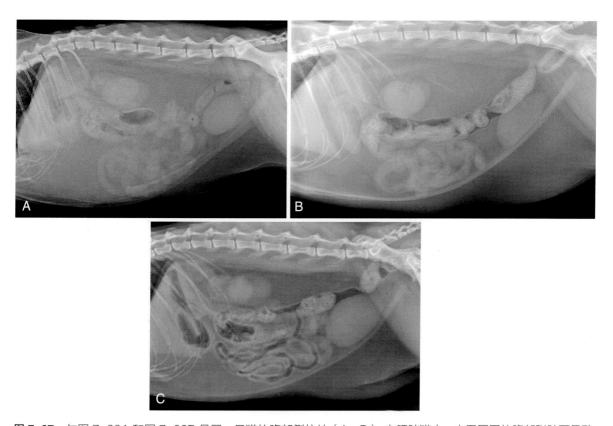

图 7-67　与图 7-66A 和图 7-66B 是同一只猫的腹部侧位片（A、B）。在肥胖猫中，由于周围的腹部脂肪而导致空肠紧邻或集中在腹侧。C，9 岁正常体重家猫的腹部侧位片。在正常体重的猫中，空肠在腹部的分布更均匀，像正常犬一样

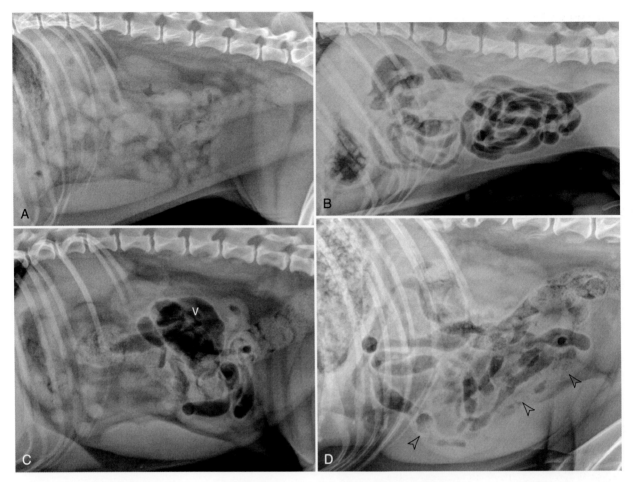

图 7-68　一些正常犬空肠的 X 线片。A，5 岁德国牧羊犬，空肠中几乎没有气体。空肠段空虚或含有少量液体。B，3 岁拳师犬，空肠中充满气体，没有出现异常扩张。C，4 岁迷你雪纳瑞犬，空肠中含有气体或液体，降结肠背侧充满气体的器官（V）是正常的盲肠。D，13 岁边境牧羊犬，偶尔在空肠中可以看到不均质内容物，而不是气体或液体（黑色空心无尾箭头）

及原始资料）。大多数评估小肠直径的方法是相对的，将空肠大小与其他结构进行比较。一项定量评估的研究结果表明，犬的正常空肠直径不应大于 L5 椎体最窄处高度的 1.6 倍[25]（图 7-69）。然而有研究对小肠定量测量诊断梗阻的价值提出质疑[26]，认为无论是绝对还是相对的测量方法都无法完全预测病理性扩张的肠管。对于空肠直径的定性评估通常有效。

与犬一样，正常猫的空肠内容物也很多样。有人认为猫空肠的气体量通常少于犬[27,28]。然而正常猫空肠通常含有气体，不应认为是异常现象（图 7-70）。在猫空肠中发现非矿化不透射线性的不均质影像或矿化影像较犬少见，过度进食或摄入猫砂或异物后可能导致正常空肠含有不均质内容物。

通常无法通过 X 线片评估胃肠道壁的厚度，因

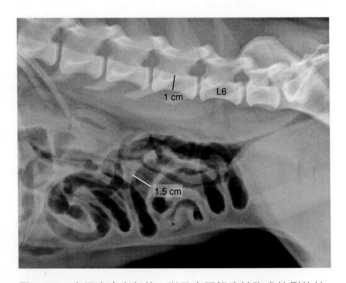

图 7-69　空肠中含有气体，以及空肠轻度扩张犬的侧位片。这只犬的空肠直径 /L5 高度比例是 1.5/1=1.5，根据标准处于正常范围内。然而仅用这种测量方法不足以评估肠梗阻，定性评估通常有效

为腔内的液体和壁无法区分（图7-71）。

空肠在中腹部右侧结束并连接至回肠，在X线片上无法区分空肠和回肠。

大肠

回肠在中腹部右侧与升结肠相连，交界处有一个回结肠括约肌。犬的盲肠发达，是一个从升结肠近端向外凸出的卷曲囊状盲端结构。回肠并未直接与盲肠相连，因此在犬中存在回结肠交界处和盲结肠交界处。犬盲肠中通常充满气体，在中腹部右侧呈卷曲或分隔状结构，通常在侧位片和腹背位片中可见（图7-68C和图7-72）。左、右侧位片中盲肠影像通常没有显著差异，犬的盲肠很少含有粪便，有时也会有但不重要。

和犬一样，猫的回肠也在中腹部右侧与升结肠相连，连接处有一个回结肠括约肌（图7-73）。猫的盲肠比犬小得多，发育小，呈逗号形，从升结肠处凸出（图7-73）。在全腹X线片中有时可见猫的盲肠，在回结肠交界处升结肠的最近端（图7-80）。

在犬中，从回结肠交界处开始，升结肠向头侧延伸，在幽门尾侧左转（结肠右曲）后横穿腹部，横结肠位于肠系膜根部头侧。在脾脏内侧，横结肠向尾侧转向（结肠左曲），成为降结肠。降结肠进入骨盆内成为直肠（图7-74和图7-75）。总的来说，犬

结肠中通常含有气体和不均匀的粪便（图7-74）。有时降结肠位于中线右侧，当膀胱扩张时这种情况更常见。除非可以确定存在异常肿物将结肠推向右侧，否则这是一种正常变异（图7-76）。

在犬中，结肠很少会完全充满粪便，但有时也会出现且是正常情况，取决于具体的直径。主观来说，犬、猫正常结肠的直径范围很广，正常结肠中可能含有气体、气体粪便混合或只有粪便。只含有液体的结肠是异常的，除非最近进行了灌肠。当结肠中主要含有气体时正常蠕动可能呈多个环状狭窄区域（图7-77）。

有时犬的正常结肠较长导致发生折叠（图7-78和图7-79）。这种结肠冗长无临床意义，但由于结肠气体和粪便增多会导致腹部X线片解读变得更加复杂。

在猫中，升结肠与犬相比较短（图7-80），但并非总是如此。此外如前所述，猫的盲肠比犬的更小。猫结肠通常含有粪便，很少完全空虚。与犬一样，猫的结肠完全充满液体是异常的。

其他结构

子宫、肾上腺、肠系膜淋巴结、腹膜后淋巴结和腹股沟淋巴结在正常情况下不可见，偶尔有些可见。肥胖猫的结肠淋巴结有时会呈现为降结肠背侧

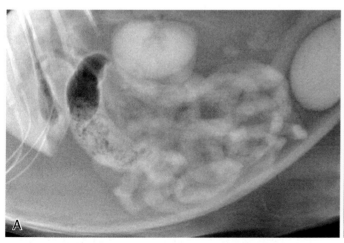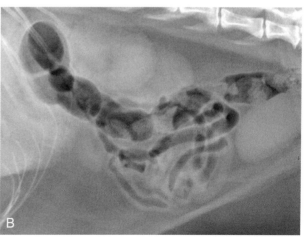

图7-70　正常猫空肠内容物多样。A，1岁家猫，空肠中仅含有少量液体，升结肠中含有粪便。B，8岁家猫，空肠中含有大量气体。发现猫空肠中含有气体没有临床意义。这只猫的降结肠中含有粪便和气体

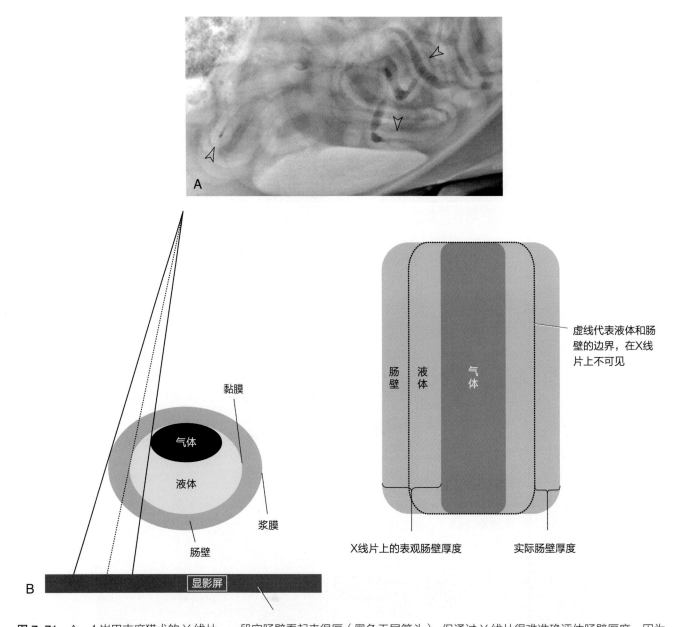

图7-71　A，4岁巴吉度猎犬的 X 线片。一段空肠壁看起来很厚（黑色无尾箭头），但通过 X 线片很难准确评估肠壁厚度，因为腔内的液体会和肠壁融合，无法区分边界。B，含有气体和液体的肠管横断面。由于重力，气体会上升到管腔的非重力侧。黑色实线代表穿过外壁浆膜面、气－液交界处的 X 线轨迹。黑色虚线代表穿过液体黏膜交界处的 X 线轨迹。由于边界融合，空肠壁和腔内液体的边界消失，在 X 线片中呈现为同一个结构。右侧是 X 线片示意图，肠壁显得假性增厚

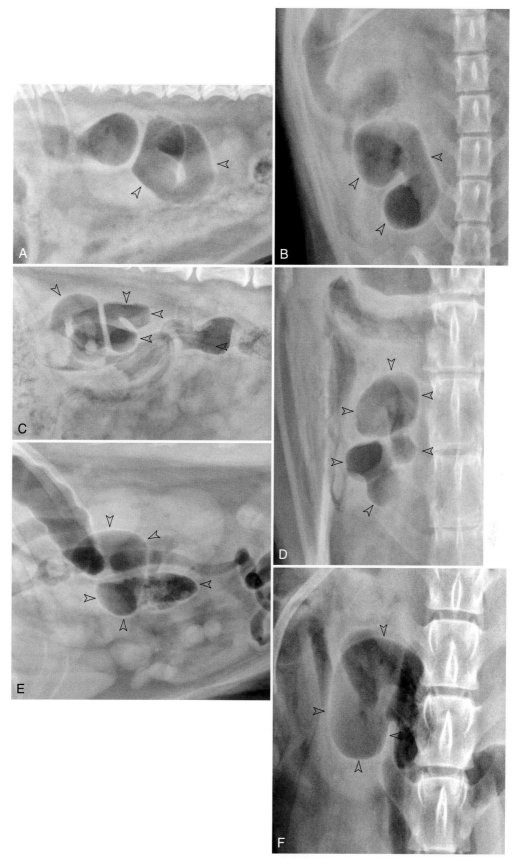

图 7-72　4 岁约克夏㹴犬的左侧位片（A）和腹背位片（B）；9 岁标准雪纳瑞犬的右侧位片（C）和腹背位片（D）；8 岁拉布拉多寻回犬的右侧位片（E）和腹背位片（F）。在每张 X 线片中均可见盲肠充满气体，可在中腹部右侧见到（黑色无尾箭头）。图 E 的盲肠中含有粪便

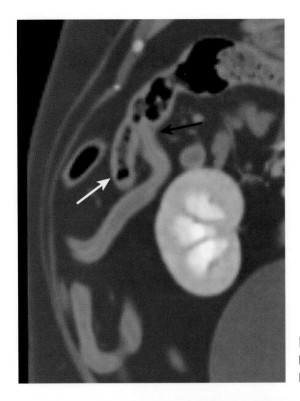

图 7-73 猫腹部的回结肠交界处的增强造影 CT 图像（黑色箭头）。猫的盲肠（白色箭头）是从升结肠凸出的盲端分支，静脉造影剂导致右肾的皮质和髓质的衰减升高

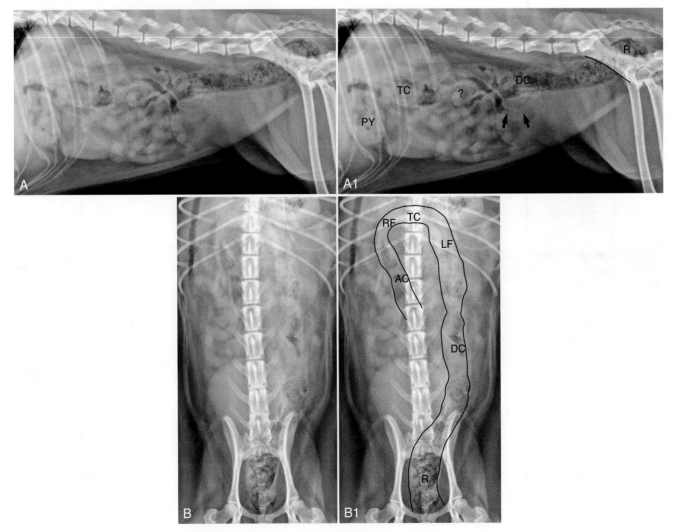

图 7-74　4 岁喜乐蒂牧羊犬的右侧位片（A）和腹背位片（B）及相应标记的 X 线片（A1、B1）。A1 中的问号（？）表示一段由于重叠而无法区分是升结肠还是降结肠的结肠。在图 B1 中，结肠的走向用黑色实线描出。由于直径和内容物的变化，通常不可能在每只犬中都完全识别出结肠走向。图 A 和图 B 中盲肠不可见，这很常见。在图 A1 中，黑色实心箭头指示的是含有不均质内容物的空肠，这是一种常见现象（见小肠部分），可能会导致小肠和结肠变得无法识别或识别更困难。图 A1 中骨盆腔的前界用黑色实线标出，大肠进入骨盆腔后成为直肠。AC，升结肠；DC，降结肠；LF，结肠左曲；PY，幽门；R，直肠；RF，结肠右曲；TC，横结肠

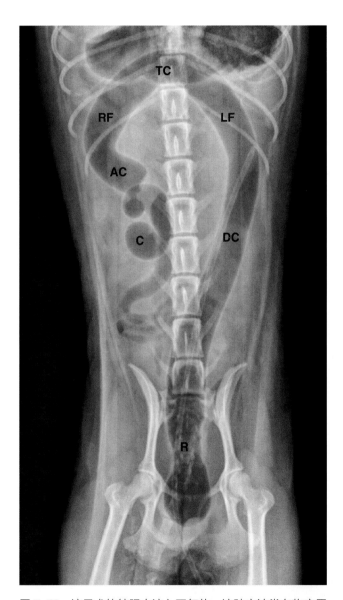

图 7-75　这只犬的结肠中注入了气体，这种方法常在临床用来区分小肠和大肠。降结肠中有一根导管，这种肠道造影技术能够清晰描述出犬结肠的正常解剖结构。C，盲肠；AC，升结肠；RF，结肠右曲；TC，横结肠；LF，结肠左曲；DC，降结肠；R，直肠

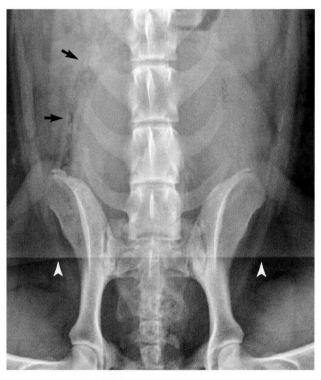

图 7-76　7 岁美国斯塔福德郡㹴犬的腹背位片。膀胱扩张，降结肠（黑色实心箭头）位于右侧而非预期的左侧，除非识别出病理性肿物，否则这是一种正常变异，通常不重要。水平线（白色无尾箭头）是摆位槽的边缘

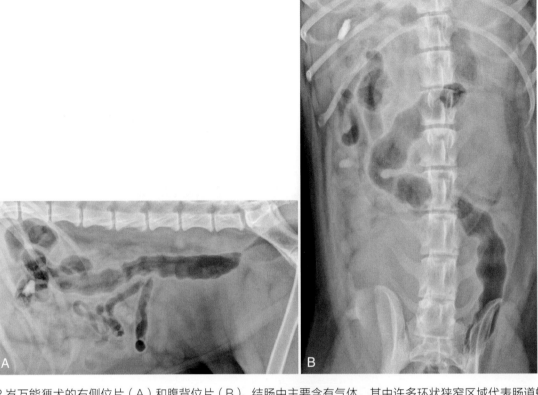

图 7-77　2 岁万能㹴犬的右侧位片（A）和腹背位片（B）。结肠中主要含有气体，其中许多环状狭窄区域代表肠道蠕动收缩，这并非过度蠕动或痉挛。近结肠右曲处的结肠中有一个非阻塞性的矿化异物

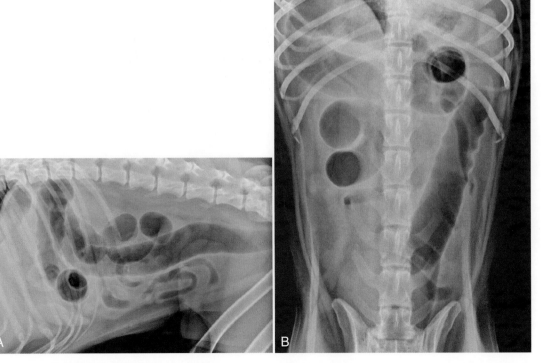

图 7-78　11 岁拉布拉多寻回犬的右侧位片（A）和腹背位片（B）。结肠比一般犬更长，看起来发生了折叠，这是一种正常现象，称为"结肠冗长"。正常盲肠位于预期位置

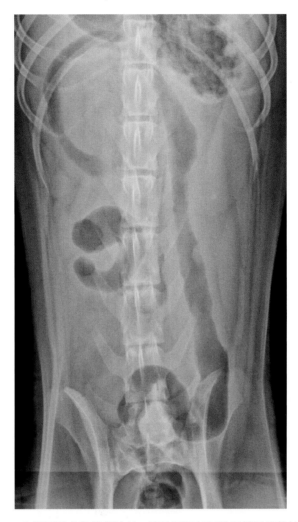

图 7-79　2 岁混种犬的腹背位片。降结肠冗长导致远端呈乙状结肠样

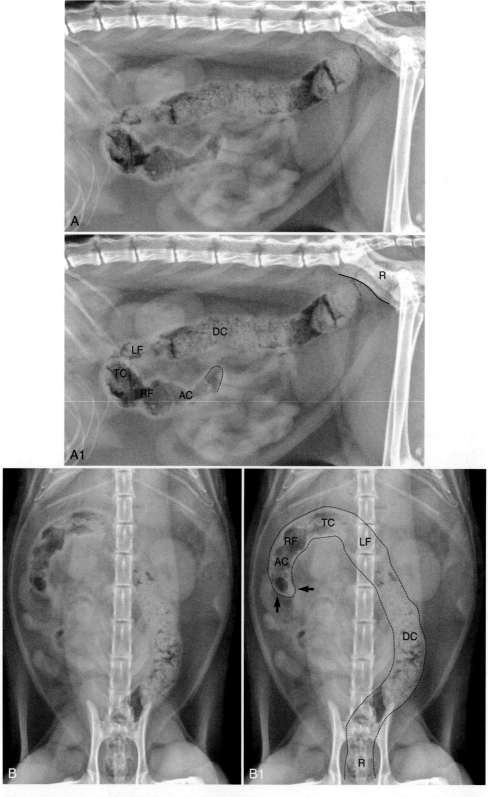

图7-80 1岁家猫的右侧位片（A）和腹背位片（B）及相应带有标记的X线片（A1、B1）。图A1中盲肠的大致位置使用黑色虚线描出，图B1中使用黑色实心箭头指出。猫的升结肠通常比犬短。在图B1中，结肠走向使用黑色虚线描出。在猫中能识别到的结肠长度取决于直径和内容物。在图A1中骨盆腔的前界使用黑色实线描出，经过这一条线后结肠成为直肠。AC，升结肠；DC，降结肠；LF，结肠左曲；R，直肠；RF，结肠右曲；TC，横结肠

的椭圆形软组织不透射线性影像（图 7-81）。同样，肥胖猫中有时也能看到腹股沟淋巴结和淋巴管（图 7-82）。当看到腹股沟淋巴结和淋巴管时可能提示病理性肿大，如有怀疑应该考虑进行淋巴结穿刺。有一种罕见情况是猫的肾上腺矿化，可以看到它们位于肾脏头侧（图 7-83）。虽然肾上腺矿化是一种异常情况而非正常变异，但是通常没有临床意义。

许多腹部手术使用的止血夹都是不透射线性的，可以在 X 线片中看到。最常见的是卵巢子宫切除术使用的止血夹（图 7-84）。有时，卵巢子宫切除术中使用金属缝线，而非止血夹（图 7-85），在这些病例中通常在前腹壁也会使用金属缝线（图 7-85B）。有些类型的非金属缝线可能会随时间推移形成矿化肉芽肿（图 7-86），这些可能被误认为输尿管结石，

但在腹背位片上的位置通常比输尿管更偏外侧（图 7-86B）。睾丸切除术中放置的止血夹也会显影（图 7-87）。

在拍摄腹部 X 线片前进行腹部超声检查的动物可能会出现条纹状伪影，可能是由未完全清除的耦合剂或打湿的被毛所致。大多由湿毛重叠导致的伪影都能被认出，但是偶尔腹部的湿毛重叠会出现一种不正常的影像，可能会被误认为病变（图 7-36B、图 7-38B、图 7-88）。

在有适量腹膜后脂肪的猫中，由于脂肪提供了对比度，可以在腹背位片中看到轴下肌群的外侧缘（图 7-89），这种影像不应被误认为是腹部肿物。肥胖猫的另一种罕见表现是腹壁肌肉尾侧出现不规则外观，可能是由脂肪浸润所致，无临床意义（图 7-90）。

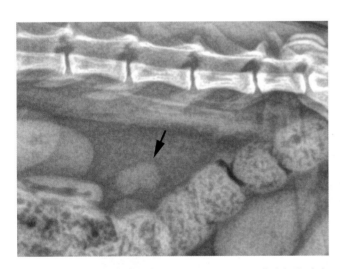

图 7-81 1 岁家猫后腹部背侧的侧位片。这只猫腹部脂肪丰富，位于降结肠背侧的结节状影像（黑色箭头）是结肠淋巴结。这只猫的结肠淋巴结长约 1.5 cm，主观来说这是正常值的上限

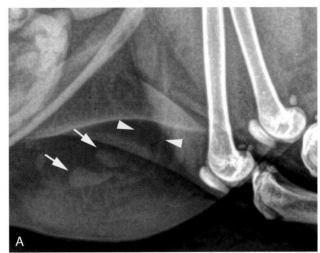

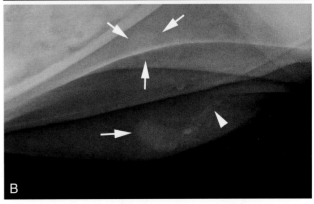

图 7-82 与图 7-81 同一只猫（A）和 6 岁布偶猫（B）的腹股沟区域侧位片。可见腹股沟淋巴结（箭头）和淋巴管或相关血管（无尾箭头）

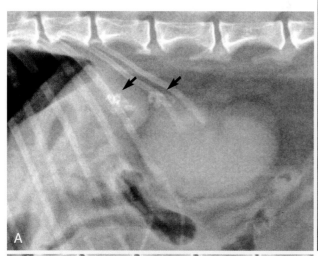

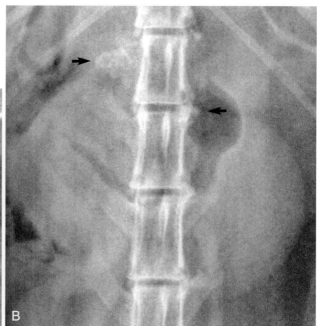

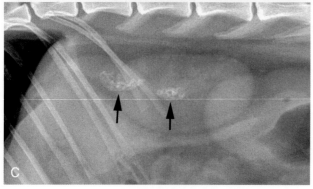

图 7-83　8岁家猫的侧位片（A）和腹背位片（B），9岁家猫的侧位片（C）。每张图中都可见肾上腺矿化（黑色箭头）。图B中左肾上腺与脊椎重叠，并不明显

图 7-84　10岁混种犬的侧位片（A）和腹背位片（B）。可在双肾尾侧和骨盆入口处看到卵巢子宫切除术中放置的止血夹。在图B中，靠近骨盆入口处的止血夹与脊柱重叠（黑色箭头）

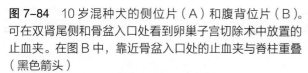

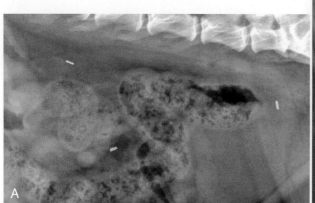

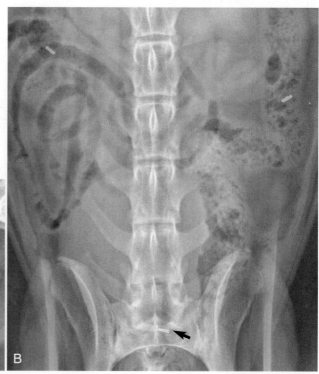

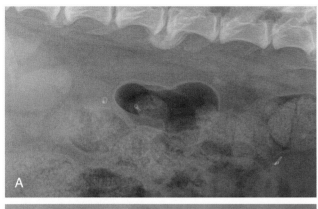

图 7-85 A, 9 岁威尔士柯基犬的侧位片,卵巢子宫切除术中使用的是金属缝线而非止血夹。B, 同一只犬,使用金属缝线闭合腹部切口

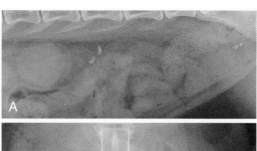

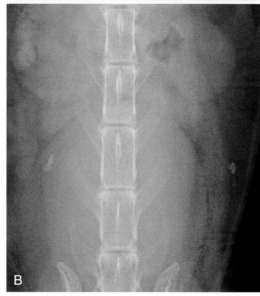

图 7-86 19 岁绝育母猫的侧位片(A)和腹背位片(B)。卵巢子宫切除术中使用的是非金属缝线,但随着时间推移形成了营养不良性矿化的缝线肉芽肿。可能会被误认为输尿管结石,但在腹背位片上比输尿管更偏外侧

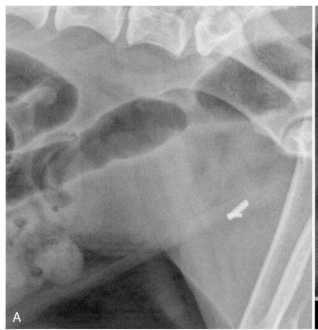

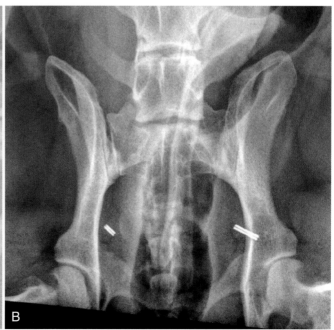

图 7-87 8 岁巴吉度猎犬的侧位片(A)和腹背位片(B)。在双侧腹股沟区域有两个很近的手术止血夹,是睾丸切除术中放置在精索上的,切断的精索收缩后经腹股沟管将止血夹拉到腹股沟管环的位置

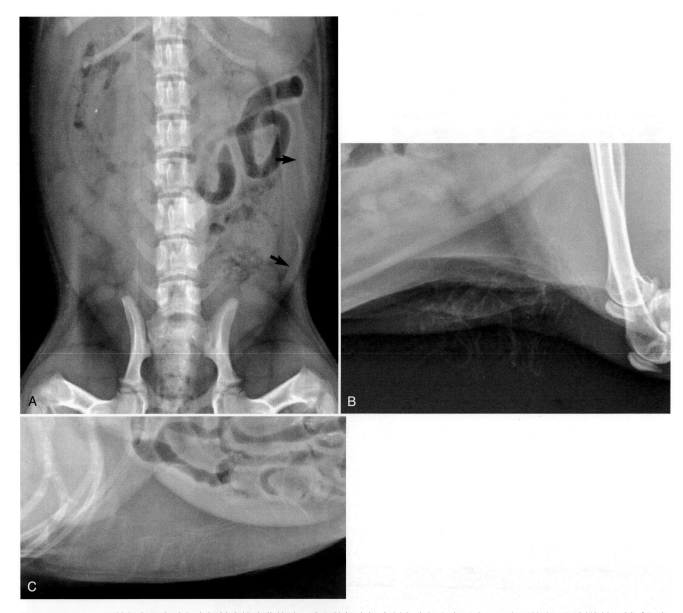

图 7-88　A，4 月龄彭布罗克威尔士柯基犬的腹背位片，残留的超声耦合剂在腹部上方形成了无定形的高不透射线性区域（黑色箭头），较靠前的箭头所指的伪影是由于超声耦合剂与脾脏重叠，可能会被误认为脾脏病变。B，7 岁家养长毛猫的侧位片，腹股沟区域的条纹由残留的超声耦合剂所致。C，10 岁金毛寻回犬的侧位片，残留的超声耦合剂叠加在前腹部脂肪上形成了条纹状高不透射线性区域，容易被误认为腹水或腹膜炎

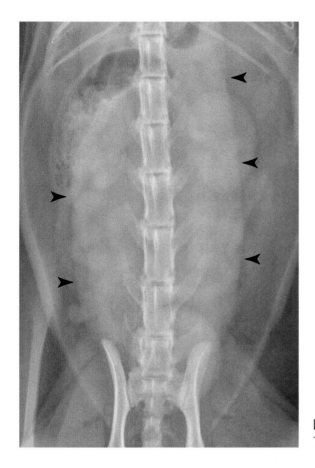

图 7-89　存在腹膜后脂肪的猫的腹背位片。脂肪为棘旁肌的边缘提供了良好对比（黑色无尾箭头）

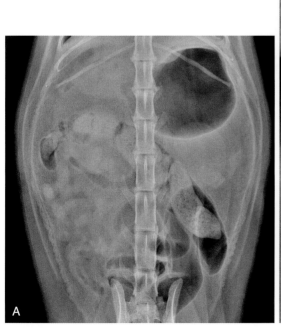

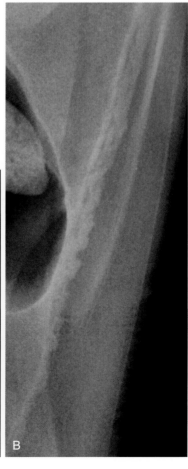

图 7-90　8 岁家猫后腹部的腹背位片（A）和特写（B），腹壁肌肉表面的不规则外观是由轻度脂肪浸润所致，无临床意义

参考文献

[1] Evans HE, de Lahunta A. The digestive apparatus and abdomen. In: Miller's Anatomy of the Dog. 4th ed. St. Louis: Saunders; 2013.

[2] Smallwood J. Digestive system. In: Hudson L, Hamilton W, eds. Atlas of Feline Anatomy for Veterinarians. Philadelphia: Saunders; 1993.

[3] Thrall D. Intraperitoneal vs. extraperitoneal fluid. Vet Radiol Ultrasound. 1992; 33:138–140.

[4] Frank P. The peritoneal space. In: Thrall D, ed. Textbook of Veterinary Diagnostic Radiology. 6th ed. St. Louis: Saunders; 2013.

[5] Bezuidenhout A. The lymphatic system. In: Evans H, de Lahunta A, eds. Miller's Anatomy of the Dog. 4th ed. St. Louis: Saunders; 2013.

[6] Tompkins M. Lymphoid system. In: Hudson L, Hamilton W, eds. Atlas of Feline Anatomy for Veterinarians. Philadelphia: Saunders; 1993.

[7] Valli VEO. The hematopoietic system. In: Jubb KVF, Kennedy PC, Palmer N, eds. Pathology of Domestic Animals. Vol 2. San Diego: Academic Press; 1985:216.

[8] Rossi F, Rabba S, Vignoli M, et al. B-mode and contrastenhanced sonographic assessment of accessory spleen in the dog. Vet Radiol Ultrasound. 2010; 51:173–177.

[9] Evans H, de Lahunta A, eds. Miller's Anatomy of the Dog. 4th ed. St. Louis: Saunders; 2013.

[10] Smith B. The urogenital system. In: Hudson L, Hamilton W, eds. Atlas of Feline Anatomy for Veterinarians. Philadelphia: Saunders; 1993.

[11] Finco DR, Stiles NS, Kneller SK, et al. Radiologic estimation of kidney size of the dog. J Am Vet Med Assoc. 1971; 159: 995–1002.

[12] Barrett RB, Kneller SK. Feline kidney mensuration. Acta Radiol Suppl. 1972; 319:279–280.

[13] Sohn J, Yun S, Lee J, et al. Reestablishment of radiographic kidney size in Miniature Schnauzer dogs. J Vet Med Sci. 2016; 78:1805–1810.

[14] Bartels JE. Feline intravenous urography. J Am Anim Hosp Assoc. 1973; 9:349–353.

[15] Shiroma J, Gabriel J, Carter T, et al. Effect of reproductive status on feline renal size. Vet Radiol Ultrasound. 1999; 40: 242–245.

[16] Tan TH, Boothroyd AE. Uberschwinger artifact in computed radiographs. Br J Radiol. 1997; 70:431.

[17] Sharir A, Israeli D, Milgram J, et al. The canine baculum: the structure and mechanical properties of an unusual bone. J Struct Biol. 2011; 175:451–456.

[18] Piola V, Posch B, Aghthe P, et al. Radiographic characterization of the os penis in the cat. Vet Radiol Ultrasound. 2011; 52: 270–272.

[19] Heng HG, Teoh WT, Sheikh Omar A. Gastric submucosal fat in cats. Anat Histol Embryol. 2008; 37:362–365.

[20] Heng HG, Wrigley RH, Kraft SL, et al. Fat is responsible for an intramural radiolucent band in the feline stomach wall. Vet Radiol Ultrasound. 2005; 46:54–56.

[21] O'Brien T, Morgan J, Lebel J. Pseudoulcers in the duodenum of the dog. J Am Vet Med Assoc. 1969; 155:713–716.

[22] Vander Hart D, Berry CR. Initial influence of right versus left lateral recumbency on the radiographic finding of duodenal gas on subsequent survey ventrodorsal projections of the canine abdomen. Vet Radiol Ultrasound. 2015; 56:12–17.

[23] Thrall DE, Leininger JR. Irregular intestinal margination in the dog: normal or abnormal? J Small Anim Pract. 1976; 17: 305–312.

[24] Riedesel E. The small bowel. In: Thrall D, ed. Textbook of Veterinary Diagnostic Radiology. 7th ed. St. Louis: Saunders; 2017.

[25] Graham J, Lord P, Harrison J. Quantitative estimation of intestinal dilation as a predictor of obstruction in the dog. J Small Anim Pract. 1998; 39:521–524.

[26] Ciasca TC, David FH, Lamb CR. Does measurement of small intestinal diameter increase diagnostic accuracy of radiography in dogs with suspected intestinal obstruction? Vet Radiol Ultrasound. 2013; 54:207–211.

[27] Morgan J. Upper gastrointestinal examination in the cat: normal radiographic appearance using positive contrast medium. Vet Radiol Ultrasound. 1981; 22:159–169.

[28] Weichselbaum R, Feeney D, Hayden D. Comparison of upper gastrointestinal radiographic findings to histopathologic observations: a retrospective study of 41 dogs and cats with suspected small bowel infiltrative disease (1985–1990). Vet Radiol Ultrasound. 1994; 35:418–426.

索　引

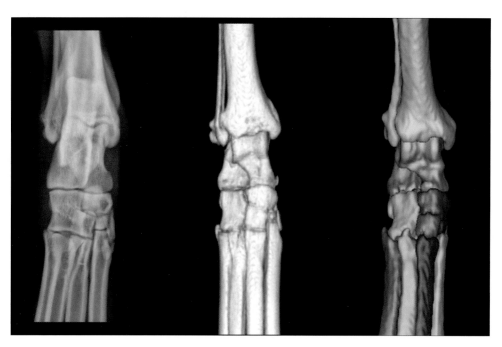

彩图 1　左图为犬足部的背跖位片。中间图为正常犬右足的容积重建图，从拍摄背跖位片时的主 X 线束入射角度观察。右图也为正常犬右足的三维渲染图，观看角度也是从拍摄背跖片时的 X 线束射出的方向，但对图中骨骼进行了彩色渲染。彩色渲染图更利于理解骨骼重叠的程度。注意在 X 线片中，跗骨的内侧面和外侧面投照无遮挡，从而可通过该体位评估（如图 1-8 所示）

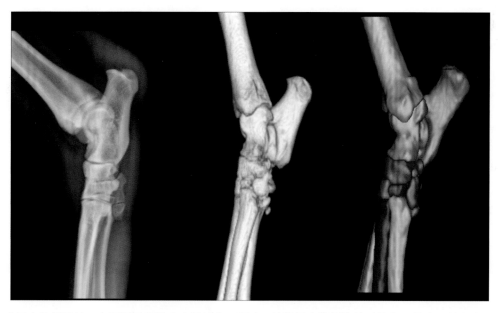

彩图 2　左图为犬足内外侧位片。中间图是正常犬右足的容积重建，从拍摄内外侧位片时的主 X 线束入射角度观察。右图也是一个正常犬的右足的三维渲染图，观看角度也是从拍摄内外侧位片时的 X 线束射出方向，但对图中骨骼进行了彩色渲染。彩色渲染图更利于理解骨骼重叠的程度。注意在 X 线片中，跗骨的背侧面和跖侧面，以及胫骨的头侧面和尾侧面的投照无遮挡。跟骨近端面在这个投照位也是可见的，因为它未与任何其他结构重叠（如图 1-10 所示）

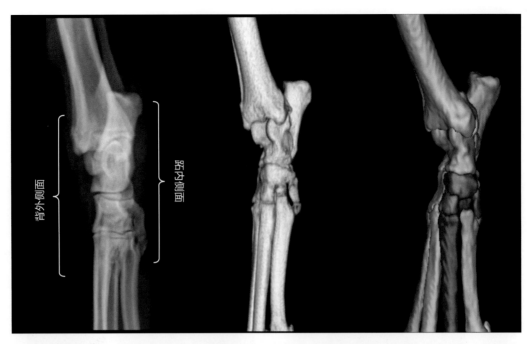

彩图 3 左图是犬足背侧 45°内 - 跖外侧位片。中间图是正常犬右足的容积重建图，从拍摄背侧 45°内 - 跖外侧位片时主 X 线束入射角度观察。右图也是一个正常犬右足的三维渲染图，观看角度为从拍摄背侧 45°内 - 跖外侧位片时 X 线束射出方向，但对图中骨骼进行了彩色渲染。彩色渲染图更利于理解骨骼重叠的程度。注意在该 X 线片中，跗骨的背外侧面和跖内侧面的投照是无遮挡的。尽管跟骨的近端是向跖外侧的，但在这张 X 线片上仍可见，这是因为它足够向近端延伸，在任何一个斜位图中都不会与胫重叠（如图 1-12 所示）

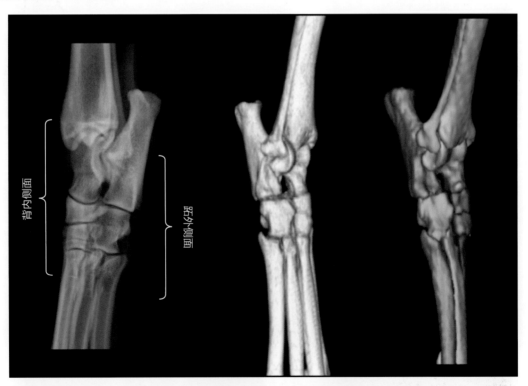

彩图 4 左图为犬足背侧 45°外 - 跖内侧位片。中间图是正常犬右足的容积重建图，从拍摄背侧 45°外 - 跖内侧位片时主 X 线束入射角度观察。右图也是一个正常犬右足的三维渲染图，观看角度为从拍摄背侧 45°外 - 跖内侧位片时 X 线束射出方向。但对图中骨骼进行了彩色渲染。彩色渲染图更利于理解骨骼重叠的程度。注意在该 X 线片中，背侧面是位于读片者的左侧，而三维模型的背侧面位于读片者的右侧。由于三维模型是解剖学上正确的右跗关节模型，这是放射技师将看到的方向。然而，在判读 X 线片时，需将投照结构的头侧或背侧面朝向读片者的左侧，这也就解释了为什么 X 线片与模型的方向不同。请注意在 X 线片中，跗骨的背内侧面和跖外侧面的投照是无遮挡的（如图 1-14 所示）